矿床地下开采学

李　帅　王新民　张钦礼　胡博怡　**编著**

中南大学出版社
www.csupress.com.cn
·长沙·

图书在版编目(CIP)数据

矿床地下开采学 / 李帅等编著. --长沙：中南大学
出版社，2024.9.

ISBN 978-7-5487-5880-8

Ⅰ. TD803

中国国家版本馆 CIP 数据核字第 2024VY0662 号

矿床地下开采学
KUANGCHUANG DIXIA KAICAIXUE

李　帅　王新民　张钦礼　胡博怡　著

□出 版 人	林绵优
□责任编辑	伍华进
□责任印制	李月腾
□出版发行	中南大学出版社

社址：长沙市麓山南路　　　　邮编：410083

发行科电话：0731-88876770　　传真：0731-88710482

□印　　装　长沙市宏发印刷有限公司

□开　　本　787 mm×1092 mm　1/16　□印张 16.25　□字数 434 千字
□互联网+图书　二维码内容　图片 5 张
□版　　次　2024 年 9 月第 1 版　　□印次 2024 年 9 月第 1 次印刷
□书　　号　ISBN 978-7-5487-5880-8
□定　　价　45.00 元

内容简介

　　本书系统介绍了地下矿产资源开发的基本概念、典型采矿方法、矿床开拓系统与总图布置，包括绪论、地下矿床工业特征、矿床开采概述、采矿方法基础、空场采矿法、充填采矿法、崩落采矿法、矿床开拓、开拓工程、矿山生产系统、矿山总图布置、特殊矿床开采技术、采矿方法课程设计共13章。

　　本书是普通高校采矿工程专业必修课教材，也可作为相关专业的选修课教材、国情教育教材和矿山企业在职人员培训教材，以及其他有关人员参考书目。

作者简介

王新民，男，1957年4月生，安徽省安庆市人，汉族，工学博士，中南大学教授、博士生导师，湖南省第三届安全生产专家、国家安全监督管理总局第五届安全生产专家，曾任湖南中大设计院有限公司董事长兼总经理，长期从事采矿工程与安全技术领域教学科研设计工作，主持和完成科研与设计项目100余项，获国家科技进步二等奖2项、省部级科技进步奖10余项，出版著作10部，发表论文200余篇，在复杂难采矿体开采、矿山充填理论与技术方面颇有建树。

张钦礼，男，1965年12月生，山东省临朐人，汉族，工学博士，中南大学教授、博士生导师，中国金属学会委员、中国稀土学会委员，长期从事矿山采矿工程和安全工程的教学科研设计工作，是国内充填采矿领域的知名专家，获省部级科技进步一等奖2项、二等奖3项、三等奖5项，出版著作10部，发表论文200余篇。

李　帅，男，1989年8月生，河南省南阳市邓州人，汉族，工学博士，中南大学副教授、硕士生导师，2012年入选芙蓉学子优秀大学生、2023年入选芙蓉计划湖湘青年英才，长期从事采矿工程与安全技术领域教学科研设计工作，主持完成包括国家自然科学基金等科研与设计项目30余项，获省部级奖励6项，出版著作4部，发表论文50余篇，专利授权10余项。

胡博怡，男，1993年7月生，四川省仁寿县人，汉族，中南大学工学博士，多年来一直从事充填采矿理论与技术领域科研设计工作，主持和完成科研与设计项目20余项，出版专著2部，发表论文10余篇，专利授权7项，获湖南省优秀工程勘察设计奖2项，在采空区充填治理与残矿回收、复杂难采矿体开采、矿山开采系统整合与优化、"三下"开采等方面研究成果丰硕。

前　言

　　矿产资源是不可再生资源，是现代文明和社会发展的重要物质基础。我国虽然矿产资源总量丰富，但人均占有率低，超大型矿床少、低品位贫矿多，开采技术条件复杂、开采难度大，超过 2/3 的战略性矿产资源面临着严重的资源短缺。因此，位于地下矿产资源开发产业链(地质、采矿、选矿、冶炼、加工等)前端的采矿行业，并不会成为一个夕阳产业。相反，由于采矿行业的特殊性(作业空间有限、作业条件艰苦、作业对象不确定性大)，采矿总体技术水平仍有较大提升空间。系统学习采矿工程基础理论、专业知识，利用现代技术改造传统采矿业，提高采矿行业整体技术水平、装备水平是采矿工程专业从业者义不容辞的责任。遵循上述培养目标，编者于 2016 年在中南大学出版社出版了《金属矿床地下开采技术》这本非煤固体矿床采矿工程专业(含采矿与岩土工程专业、矿物资源工程专业)核心骨干课程教材，并在国内高校广泛使用。

　　近年来，机械化采掘装备的快速发展及国家对安全和环保的高度重视，已经成为推动矿山开采模式转型升级和绿色矿山建设的核心动力。2010 年以前，采掘装备有限且落后，我国广大中小型矿山仍沿用 20 世纪的风动凿岩机凿岩、电耙耙运、装岩机出矿、手工装药和人工清扫等落后工艺技术，导致采矿生产能力小、综合成本高、工人劳动强度大等诸多问题。2013 年，国家安全生产监督管理总局提出要加强矿山规模化、标准化、机械化、信息化和科学化的"五化"建设，随后国内矿山开始引进凿岩台车、锚杆台车、装药台车、撬毛台车、铲运机、矿用汽车、天溜井钻机、扒渣机等先进的采掘装备，我国的采矿装备水平也因此得到了快速的提升。2018 年，自然资源部发布《有色金属行业绿色矿山建设规范》等 9 项行业标准，明确要求矿山在 2025 年之前必须建成现代化的绿色矿山。这直接导致传统粗放型的空场采矿法和崩落采矿法的应用比例逐年下降，并需尽快转型升级为更加安全环保、绿色高效的充填采矿法。

　　《矿床地下开采学》一书共分 13 章，系统地介绍了地下矿产资源开发的基本概念、典型采矿方法、矿床开拓系统与总图布置，包括：绪论、地下矿床工业特征、矿床开采概述、采矿方法基础、空场采矿法、充填采矿法、崩落采矿法、矿床开拓、开拓工程、矿山生产系统、矿山总图布置、特殊矿床开采技术、采矿方法课程设计。本书根据最新的国家安全环保政策要求，结合现代化矿业发展趋势，更新了固体矿产资源储量分类方法、新增了现代化的采装运装备，删减了空场采矿法和崩落采矿法篇幅、增加了充填采矿法和绿色矿山建设内容，提供了完整的采矿方法课程设计模板。可根据采矿工程专业本科培养目标、培养计划和课程体系设置，有选择性地讲授。

本书可作为普通高校采矿工程专业必修课教材，也可作为相关专业的选修课教材、国情教育教材和矿山企业在职人员培训教材，以及其他有关人员参考书目。本书在编写过程中，参阅了大量国内外有关书籍、论文和研究报告，虽然在参考文献中已经列出，但仍可能有遗漏，在此谨向这些文献资料的作者及相关机构表示衷心的感谢！同时，感谢湖南省科技创新计划（编号 2023RC3035）、湖南省普通高等学校教学改革研究项目（编号 HNJG-2022-0031）、湖南省自然科学基金项目（编号 2021JJ40745）、国家自然科学基金项目（编号 51804337）、国家重点研发计划（编号 2017YFC0804600）、中南大学教育教学改革研究项目（编号 2024CG023 和 2022jy006-3）、中南大学本科教材建设项目（编号 2020-84），以及中南大学与本书示例矿山合作的项目对本书的资助。

因编者学识与水平所限，不足之处在所难免，衷心期盼同行专家、读者评判指正。

王新民　张钦礼　李　帅　胡博怡

2024 年 6 月

目 录

第 1 章　绪论

　　矿产资源是不可再生资源，是现代文明和社会发展的重要物质基础。目前，世界已知的矿产有 160 多种，超过 80 多种被人类广泛应用，石油、天然气、煤炭、铁矿、铜矿等大宗矿产资源已成为现代工业化的物质基础，深刻影响着当今社会的发展进程。作为世界上最大的资源生产和消费大国，我国虽然矿产资源总量丰富，但人均占有率低，超大型矿床少、低品位贫矿多，开采技术条件复杂、开采难度大，超过 2/3 的战略性矿产资源面临着严重的短缺。因此，矿产资源是发展之基、生产之要，矿产资源保护与合理开发利用事关国家现代化建设全局。

1.1　矿产资源定义与分类

1.1.1　矿产资源定义

　　矿产资源是指经过地质成矿作用，埋藏于地下或出露于地表，并具有开发利用价值的矿物或有用元素的集合体。从地质研究程度来说，矿产资源不仅包括已发现的经工程控制的矿产，还包括目前虽然未被发现、但经预测（或推断）可能存在的矿产；从技术经济条件来说，矿产资源不仅包括在当前技术经济条件下可以利用的矿物质，还包括根据技术进步和经济发展，在可预见的未来能够利用的矿物质。

　　（1）矿物

　　矿物是天然的无机物质，有一定的化学成分，在通常情况下，因各种矿物内部分子构造不同，形成各种不同的几何外形，并具有不同的物理化学性质。矿物有单体矿物，如金刚石、石墨、自然金等，但大部分矿物都是由两种或两种以上元素组成，如石英、黄铁矿、方铅矿、闪锌矿、辉铜矿等。

　　（2）矿石、矿体与矿床

　　凡是地壳中的矿物集合体，在当前技术经济条件下，能以工业规模从中提取国民经济所必需的金属或矿物产品的，都称为矿石。矿石的聚集体叫矿体，而矿床是矿体的总称。对某一矿床而言，它可由一个矿体或若干个矿体组成。

　　（3）围岩

　　矿体周围的岩石称围岩。根据围岩与矿体的相对位置，有上盘围岩与下盘围岩、顶板围岩与底板围岩之分。凡位于倾斜至急倾斜矿体上方和下方的围岩,分别称之为上盘围岩和下盘围岩;凡位于水平或缓倾斜矿体顶部和底部的围岩,分别称之为顶板围岩和底板围岩。矿体周围的岩石,以及夹在矿体中的岩石(称之为夹石),不含有用成分或有用成分含量过少、当前不具备开采条件的,统称为废石。

1.1.2 矿产资源分类

1.按矿产资源的特点和用途分类

根据最新修订的《中华人民共和国矿产资源法》,我国已知的矿产有 173 种,按其特点和用途,可分为能源矿产、金属矿产、非金属矿产和水气矿产四大类。

(1)能源矿产资源

能源矿产资源共有 13 种,细分如下:

固态矿产 8 种:煤、石煤、油页岩、铀、钍、油砂、天然沥青、天然气水合物(可燃冰);

液态矿产 2 种:石油、地热(地热水);

气态矿产 3 种:天然气、煤层气、页岩气。

(2)金属矿产资源

金属矿产资源共有 59 种,细分如下:

黑色金属 5 种:铁、锰、铬、钒、钛;

有色金属 13 种:铜、铅、锌、铝土矿、镍、钴、钨、锡、铋、钼、汞、锑、镁;

贵重金属 8 种:金、银、铂、钯、钌、锇、铱、铑;

稀有金属 8 种:铌、钽、铍、锂、锆、锶、铷、铯;

稀散金属 10 种:铊、锗、镓、铟、铊、铪、铼、镉、硒、碲;

稀土金属 15 种:镧、铈、镨、钕、钐、铕、钇、钆、铽、镝、钬、铒、铥、镱、镥。

(3)非金属矿产资源

非金属矿产共 95 种:金刚石、石墨、磷、自然硫、硫铁矿、钾盐、硼、水晶(压电水晶、熔炼水晶、光学水晶、工艺水晶)、刚玉、蓝晶石、硅线石、红柱石、硅灰石、钠硝石、滑石、石棉、蓝石棉、云母、长石、石榴子石、叶蜡石、透辉石、透闪石、蛭石、沸石、明矾石、芒硝(含钙芒硝)、石膏(含硬石膏)、重晶石、毒重石、天然碱、方解石、冰洲石、菱镁矿、萤石(普通萤石、光学萤石)、宝石、黄玉、玉石、电气石、玛瑙、颜料矿物(赭石、颜料黄土)、石灰岩(电石用灰岩、制碱用灰岩、化肥用灰岩、熔剂用灰岩、玻璃用灰岩、水泥用灰岩、建筑石料用灰岩、制灰用灰岩、饰面用灰岩)、泥灰岩、白垩、含钾岩石、白云岩(冶金用白云岩、化肥用白云岩、玻璃用白云岩、建筑用白云岩)、石英岩(冶金用石英岩、玻璃用石英岩、化肥用石英岩)、砂岩(冶金用砂岩、玻璃用砂岩、水泥配料用砂岩、砖瓦用砂岩、化肥用砂岩、铸型用砂岩、陶瓷用砂岩)、天然石英砂(玻璃用砂、铸型用砂、建筑用砂、水泥配料用砂、水泥标准砂、砖瓦用砂)、脉石英(冶金用脉石英、玻璃用脉石英)、粉石英、天然油石、含钾砂页岩、硅藻土、页岩(陶粒页岩、砖瓦用页岩、水泥配料用页岩)、高岭土、陶瓷土、耐火黏土、凹凸棒石黏土、海泡石黏土、伊利石黏土、累托石黏土、膨润土、铁矾土、其他黏土(铸型用黏土、砖瓦用黏土、陶粒用黏土、水泥配料用黏土、水泥配料用红土、水泥配料用黄土、水泥配料用泥岩、保温材料用黏土)、橄榄岩(化肥用橄榄岩、建筑用橄榄岩)、蛇纹岩(化肥用蛇纹岩、熔剂用蛇纹岩、饰面用蛇纹岩）、玄武岩(铸石用玄武岩、岩棉用玄武岩)、辉绿岩(水泥用辉绿岩、铸石用辉绿岩、饰面用辉绿岩、建筑用辉绿岩)、安山岩(饰面用安山岩、建筑用安山岩、水泥混合材用安山玢岩)、闪长岩(水泥混合材用闪长玢岩、建筑用闪长岩)、花岗岩(建筑用花岗岩、饰面用花岗岩)、麦饭石、珍珠岩、黑曜岩、松脂岩、浮石、粗面岩(水泥用粗面岩、铸石用粗面岩)、霞石正长岩、凝灰岩(玻璃用凝灰岩、水泥用凝灰岩、建筑用凝灰岩)、火山灰、火山渣、大理岩(饰面用大理岩、建筑用大理岩、水泥用大理岩、玻璃用大理岩)、板岩(饰面用板岩、水泥配料用板岩)、片麻岩、角闪岩、泥炭、矿盐(湖盐、岩盐、天然卤水)、镁盐、碘、溴、砷、辉长岩、辉石岩、正长岩。

按其用途可细分为：

冶金辅助原料类：如萤石、菱镁矿和耐火黏土等；

化工原料及化肥原料类：如磷矿、硫铁矿、钾盐等；

工业制造业用矿物原料类：如石墨、金刚石、云母、石棉等；

压电及光学矿物原料类：如压电水晶、光学石英、冰洲石等；

陶瓷及玻璃原料类：如长石、石英砂、高岭土等；

建筑材料及水泥原料类：如砂石、珍珠岩、花岗岩、石墨、石灰岩、石膏等；

宝石及工艺美术类：如宝石级金刚石、红宝石、蓝宝石、翡翠、玛瑙、绿松石、叶蜡石、硬玉等。

（4）水气矿产资源

水气矿产资源共6种：地下水、矿泉水、二氧化碳气、硫化氢气、氦气、氡气。

2. 大宗矿产资源

大宗矿产资源是指在社会经济建设中有举足轻重地位的主体型矿产，具有储量大、采出量大、消耗量大等特点，主要包括能源矿产煤、石油、天然气；黑色金属铁、锰；大宗有色金属铜、铅、锌、铝及主要化工非金属矿产磷、钾、硫、钠、天然碱等。

3. 战略性矿产资源

2016年11月，国务院批复的《全国矿产资源规划(2016—2020年)》首次将6种能源矿产(石油、天然气、页岩气、煤炭、煤层气、铀)，14种金属矿产(铁、铬、铜、铝、金、镍、钨、锡、钼、锑、钴、锂、稀土、锆)，4种非金属矿产(磷、钾盐、晶质石墨、萤石)列入战略性矿产目录。根据统计报告，我国2/3以上的战略性矿产资源储量在全球均处于劣势，将长期处于严峻的供需失衡状态。

4. 十种常用有色金属

十种常用有色金属是指有色金属中生产量大、应用较广的十种金属，在世界各国一般指铝、镁、铜、铅、锌、镍、钴、锡、锑、汞等十种金属；在我国则常指铜、铝、镍、铅、锌、钨、钼、锡、锑、汞等十种金属。

5. 保护性开采特定矿种

目前我国对5个特定矿种(黄金、钨、锡、锑、稀土)开采实行总量控制。自然资源部负责全国保护性开采的特定矿种勘查、开采登记、审批管理；县级以上人民政府负责本辖区特定矿种勘查、开采登记、审批管理。保护性开采的特定矿种的勘查，实行统一规划、总量控制、合理开发、综合利用的原则。

1.2　矿产资源工业应用

自古以来，矿产资源的工业应用程度反映了社会文明的发展进程。从石器时代开始，人类所历经的红铜时代、青铜时代、铁器时代到后来的蒸汽时代、电气时代和信息时代都彰显出矿产资源的工业应用对人类社会文明发展的巨大贡献。随着科技的高速发展，矿产资源已经被广泛应用在农业和工业生产的各个领域，对社会发展产生了显著的推动作用。本节以经济发展所需的大宗矿产资源为例，简述矿产资源的工业应用。

（1）大宗能源矿产的工业应用

我国的能源资源禀赋条件为"富煤缺油少气"，2020年煤炭消费量占能源消费总量的56.8%，天然气、水电、核电、风电等清洁能源消费量仅占24.3%。以被称作工业粮食的煤炭为例，除被用作燃料外，还可用来制造焦炭、煤气、煤焦油、氨水、苯、甲苯等化学工业原料，进而被广泛应用于冶金、化工、动力、炼油、医药、精密铸造和航空航天等工业领域。煤炭作为基础能源和重要工业原料，中华人民共和国自成立以来累计生产原煤1000亿t以上，为社会经济和社会发展提供了可靠的能源保障。2021年12月召开的中央经济工作会议明确指出：要立足以煤为主的基本国情，抓好煤炭清洁高效利用，增加新能源消纳能力，推动煤炭和新能源优化组合。面对现代化强国目标和落实碳达峰碳中和要求，非常有必要科学认识煤炭在新时期的作用和地位，持续推进煤炭消费转型升级，实现煤炭工业的绿色低碳转型，推动能源安全新战略向纵深发展。

（2）大宗黑色金属的工业应用

作为钢铁工业的最主要生产原料和基础环节，大宗黑色金属铁矿石的产量约占世界金属总产量的90%，是支撑经济发展、衡量国力的重要标志。铁矿石主要用于钢铁工业，冶炼含碳量不同的生铁和钢铁制品，进而广泛用于社会经济和人民生活的各个方面。作为世界上最大的钢材生产国和消费国，2021年，我国粗钢产量为10.3亿t，占全球比重的52.9%；铁矿石表观消费量为14.2亿t，占全球比重的51.9%，连续26年稳居世界第一，支撑了建筑行业、机械行业、汽车行业、船舶行业、家电行业、能源行业等国家支柱产业的高速发展。

（3）大宗有色金属的工业应用

在铜、铝、镍、铅、锌、钨、钼、锡、锑、汞等十种常用有色金属中，铜、铅、锌、铝的产量和消费量最大，属大宗有色金属。铜可锻、耐蚀、有韧性，是电和热的优良导体，铜及其合金被广泛地应用于电子电气、轻工、机械制造、建筑工业、国防工业等诸多领域，在我国有色金属材料的消费中仅次于铝。作为全球第一大铜生产国和消费国，2021年我国精炼铜产量1049万t，消费量1387万t，其中超过50%用于电子电气工业中。

（4）大宗化工非金属矿产的工业应用

非金属矿产是人类最早利用的一种矿产，例如石器时代的石刀、石斧，举世闻名的中国瓷器、火药技术等，极大地促进了人类社会的进步，改善了人类的生活条件。非金属矿床往往种类繁多、埋藏较浅、储量较大且大多可直接利用，目前人类所利用的主要非金属矿产有90余种，在农业、陶瓷、建材、玻璃、化工、造纸、橡胶、食品、医药、电子电气、机械、飞机、雷达、导弹、核能、尖端技术工业等诸多方面应用十分广泛。随着现代化城市建筑向高层发展，人们已注意研究和寻找具有轻质、高强、隔热、隔音和防震等性质的非金属原料，仅石灰岩每年的消耗量就有数十亿吨。未来，中国的非金属矿物材料将在节能、电子工程、环境保护、密封、耐火保温、生物工程及填料、涂料等方面得到进一步的发展，也将从低廉的矿物原料开发，向高附加值的深加工非金属矿物材料及高精尖技术功能材料发展。

1.3 矿业在经济发展中的地位

2019 年 10 月，自然资源部中国地质调查局发布了我国首个《全球矿业发展报告 2019》，数据显示：2018 年全球矿业为人类提供了 227 亿 t 矿产资源，其中能源、金属和非金属的产量分别占 68%、7% 和 25%；创造产值高达 5.9 万亿美元，相当于全球 GDP 的 6.9%，其中能源矿业产值 4.5 万亿美元，占世界矿业总产值的 76%，矿业在全球经济社会发展中的地位愈发凸显。澳大利亚是一个资源丰富的国家，矿业是澳大利亚的主要产业，2019 年矿业产值约占其 GDP 的 8.7%。据统计，截至 2018 年 12 月，澳大利亚产出了全球 36% 的铁矿石、63% 的锂、30% 的铝土矿和 10% 的金，2019—2020 年，矿业行业出口额达 3000 亿澳元，超过了其他行业同期出口额的总和。智利是拉美地区重要的矿业大国，矿业产值约占其 GDP 的 10%，矿业带动的相关产业对 GDP 的贡献甚至超过 30%。同时，智利还是世界上铜储量最多的国家，已探明铜储量为 2 亿 t 以上，约占世界铜储藏量的 1/3，2020 年智利铜产量超过 580 万 t。中国矿业产值与 GDP 之比达到 7%，在一些发展中国家，矿业产值与 GDP 之比超过了 50%，有30 多个国家超过了 20%，以中国、印度、东盟为代表的新兴经济体正在加快重塑全球能源矿产资源供需格局。

2020 年 2 月，国家统计局发布《中华人民共和国 2019 年国民经济和社会发展统计公报》，数据显示：2019 年全年国内生产总值 990865 亿元，比上年增长 6.1%；黑色金属冶炼和压延加工业产能利用率为 80.0%，煤炭开采和洗选业产能利用率为 70.6%；非金属矿物制品业增长 8.9%，黑色金属冶炼和压延加工业增长 9.9%，采矿业利润达 5275 亿元，比上年增长 1.7%。全年能源消费总量 48.6 亿 t 标准煤，比上年增长 3.3%。煤炭消费量增长 1.0%，原油消费量增长 6.8%，天然气消费量增长 8.6%，电力消费量增长 4.5%。

此外，矿产资源的开发系劳动密集型产业，能吸纳安置大量剩余劳动力，增加社会有效需求和当地财政收入，提高人民生活水平，是促进社会稳定的有效途径。2013 年，我国非油气矿产资源开发利用矿山企业 9.95 万个，直接吸纳就业人员 634.46 万人，再考虑矿产资源开发所影响和辐射的相关上、下游产业及服务行业，矿业直接带动 1500 余万人就业。

1.4　我国矿产资源的特点

(1)矿产资源总量丰富、但人均占有量严重不足

中国是世界上少有的几个资源总量大、配套程度高的资源大国之一，矿产资源潜在总值居世界第三位。截至 2021 年底，世界上已知的 173 种主要矿产在我国均有发现，其中，居世界第一位的就有钨、锡、铋、钒、钛等 10 余种，居世界前五位的有煤、铅、锌、汞等 20 余种。但是，由于我国人口众多，人均占有资源量仅为世界人均占有量的 50%~60%，部分经济需求量大的铜、铝、铅、锌、镍等大宗矿产资源储量占世界矿产资源储量比例很低，对外依存度极高。

(2)矿产资源消费量全球第一、大宗矿产资源对外依存度高

中国是全球最大的矿产资源的生产大国和消费大国，对世界矿业市场具有重要的影响。据统计，2018 年中国能源总产量占全球 19%、铁矿占 11%、铜矿占 7%、铝土矿占 21%，能源总消费量占全球 24%、钢铁占 49%、铜占 53%、铝占 56%，石油进口量占全球 16%、天然气占 13%、铁矿占 64%、铜矿占 56%、铝土矿占 76%。其中，中国铝土矿的储量仅占世界 2.8%、每年的进口量为 6000 万~8000 万 t、对外依存度超过 60%；铜消费占世界的 50%~60%，对外依存度超过 70%。

(3)贫矿多富矿少，开发利用难度较大

中国矿产种类多、矿产资源产地分布广，但总体上贫矿多、富矿少。例如，我国铁矿的基础储量高达 220 亿 t，但 95% 以上是难以直接利用的贫矿，含铁平均品位仅为 33%。铜矿的平均地质品位仅 0.87%，远低于智利、赞比亚等世界主要产铜国家，其中品位大于 2% 的铜矿仅占总资源储量的 6.4%，而且资源储量大于 200 万 t 的大型铜矿床品位基本上都低于 1%，高于 1% 品位的大型铜矿中的资源储量仅占总资源储量的 13.2%。铝土矿虽有高铝、高硅、低铁的特点，但几乎全部属于难选冶的一水硬铝土矿，目前可经济开采的铝硅比大于 7% 的矿石仅占总量的 1/3。

(4)中小型矿床多，超大型矿床少，矿床规模偏小

作为世界最大的黄金生产和消费大国，我国的大型金矿床仅占 9.58%、中型矿床数量约占 24.55%、小型矿床数量则高达 65.87%。我国迄今发现的铜矿产地 900 个，其中大型矿床仅占 2.7%、中型矿床占 8.9%、小型矿床达 88.4%。我国储量大于 10 亿 t 的特大型铁矿床仅有 9 处，小于 1 亿 t 的铁矿体有 500 多处。同时，我国矿床中共生伴生矿多，单矿种矿床少，由于矿石组分复杂，必然加大选矿难度，也提高了矿山的建设投资和生产成本。

1.5　我国矿产资源开发利用现状及发展方向

1.5.1　采矿发展简史

中国采矿历史悠久，原始人类已能采集石料打磨工具、采集陶土制造陶器，这些就是最

早的采矿萌芽。从湖北大冶铜绿山古铜矿遗址出土的用于采掘、装载、提升、排水、照明等的铜、铁、木、竹、石制的多种生产工具及陶器、铜锭、铜兵器等文物，证明春秋时期已经使用了立井、斜井、平巷等联合开拓，初步形成了地下开采系统。至西汉时期，开采系统已相当完善，河北、山东、湖北等地的铁、铜、煤、砂金等矿都已开始开采。战国末期秦国蜀郡太守李冰在今四川省双流区境内开凿盐井，汲卤煮盐。明代以前主要有铁、铜、锡、铅、银、金、汞、锌的生产。

17世纪初，欧洲人将从中国传入的黑火药用于采矿，用凿岩爆破代替人工挖掘，这是采矿技术发展的一个里程碑。19世纪末至20世纪初，相继发明了矿用炸药、雷管、导爆索和凿岩设备，形成了近代爆破技术；电动机械铲、电机车和电力提升、通信、排水等设备的使用，形成了近代装运技术。从20世纪上半叶开始，采矿技术迅速发展，出现了硝酸铵炸药，使用了地下深孔爆破技术，各种矿山设备不断完善和大型化，逐步形成了适用于不同矿床条件的机械化采矿工艺；提出了矿山设计、矿床评价和矿山计划管理的科学方法，使采矿从生产技艺向工程科学发展。20世纪50年代后，由于使用了潜孔钻机、牙轮钻机、自行凿岩台车等新型设备，实现了采掘设备大型化、运输提升设备自动化，出现了无人驾驶机车。电子计算机技术用于矿山生产管理、规划设计和科学计算，开始用系统科学研究采矿问题，诞生了系统采矿工程学。矿山生产开始建立自动控制系统，利用现代试验设备、测试技术和电子计算机，预测和解算实际问题。

1.5.2 矿产资源开发利用存在的问题

（1）传统粗放型开采工艺落后、亟须转型升级

我国目前共有非油气采矿权近5万个，其中大中型矿山不足20%，通过验收的绿色矿山仅1500余座，大部分尤其是中小型矿山仍采用留矿法、房柱法等空场采矿法，不仅采矿工艺和装备水平落后、生产效率低下、损失贫化严重，而且普遍存在采空区安全隐患突出、残矿资源永久损失严重等问题，严重影响矿山的经济效益、服务年限和可持续发展，有悖于国家"绿水青山就是金山银山"的发展理念，粗放型开采模式转型与绿色矿山建设迫在眉睫。

（2）采空区安全隐患突出、地表沉降塌陷严重

作为矿产资源开采大国，我国每年都要通过开挖数万千米的井巷工程和剥离数亿吨的地表山体，并从地下开采20亿t以上的矿产资源。落后的采矿技术和机械装备化水平及大量推广使用的空场法，导致大范围、大面积的采空区不断累积。目前，采空区塌陷灾害困扰着我国超过80%的中小型地下矿山。作为常见的采空区灾害表现形式，我国因采矿导致地表塌陷的面积就高达1150 km²，超过30个矿业城市正在面临着严峻的采矿塌陷灾害形势，每年因地面沉降和塌陷造成的直接经济损失就超过4亿元。湖南郴州、河北武安、河南平顶山、安徽铜陵等矿业城市在"塌陷—搬迁—再塌陷—再搬迁"的恶性循环中不断丧失机遇，严重阻碍城市可持续发展。

（3）尾矿地表排放环境污染严重、尾矿库风险高

据统计，到2016年我国尾矿废石堆存占地面积将超过$3×10^4$ km²，其中包括大量的农用、林用土地，给社会造成巨大的压力和严重的负担。经过浮选后的尾矿往往含有大量的有毒有害药剂、重金属离子、氰化物等。由于具有强酸性，尾矿泄滤水会对占用土地、农作物、地面水体、地下水源及水生生物造成不可估量的损失。同时，由于酸性尾矿中硫化物等有害成分

的长期暴露，会产生大量有害气体，在大风天气更易诱发扬尘污染。尾矿库系统除需要占用大量的土地外，基建投资及运行费用更是居高不下。我国冶金矿山每吨尾砂需尾矿库基建投资1~3元，生产运营管理费用3~5元。尾矿库不仅是巨大的污染源，更是潜伏的危险源。2005—2011年，全国尾矿库共发生事故70起，死亡和失踪353人。

2020年2月，中华人民共和国应急管理部、国家发展改革委、工业和信息化部、财政部、自然资源部、生态环境部、水利部、中国气象局等有关部门印发《防范化解尾矿库安全风险工作方案》：自2020年起，在保证紧缺和战略性矿产矿山正常建设开发的前提下，全国尾矿库数量原则上只减不增，不再产生新的"头顶库"；强化源头准入，严格控制尾矿库数量；对不符合产业总体布局、国土空间规划、河道保护、安全生产、水土保持、生态环境保护等国家有关法律法规、标准和政策要求的，一律不予批准。严格控制新建独立选矿厂尾矿库，严禁新建"头顶库"、总坝高超过200 m的尾矿库，严禁在距离长江和黄河干流岸线3 km、重要支流岸线1 km范围内新(改、扩)建尾矿库。

(4)矿山整体机械化水平不高、生产效率低下

目前，国内仍有大量的中小型矿山沿用20世纪的气腿式凿岩机凿岩、电耙平场、装岩机出矿等落后工艺和装备，不仅使得井下作业人数多、工人劳动强度大、工作环境恶劣、工作效率低，还极易发生冒顶、片帮，导致伤亡事故。

(5)优质矿柱资源损失严重、残矿回收难度大

广大中小型地下矿山仍大多沿用20世纪的空场采矿工艺，导致采场内遗留了大量的优质矿柱资源，包括顶柱、底柱、间柱、点柱和保安矿柱等。据统计，我国广大中小型矿山的资源综合回收率普遍不足60%，每年的采损矿量高达20亿吨，保有的残矿资源可供100个大型矿山开采300余年。由于残矿资源回收具有显著的时效性，待采空区坍塌后的残矿资源回收难度极大，极易造成永久损失。

1.5.3 矿产资源开发利用发展方向

2008年12月31日，国土资源部发布了《全国矿产资源规划(2008—2015年)》，明确提出了发展"绿色矿业"的要求，并确定了"2020年基本建立绿色矿山格局"的战略目标。2012年6月14日，国土资源部发出通知：到2015年，建设600个以上试点绿色矿山，形成标准体系及配套支持政策措施；2015—2020年，全面推广试点经验，实现大中型矿山基本达到绿色矿山标准、小型矿山企业按照绿色矿山条件规范管理，基本形成全国绿色矿山格局的总体目标；新办矿山达不到绿色标准将不能获批。2018年3月11日，第十三届全国人民代表大会第一次会议通过的《中华人民共和国宪法修正案》中，首次将生态文明写入宪法，绿色矿山建设已经上升为国家战略。因此，践行绿色开采理念、建设绿色矿山已成为我国矿山发展的必由之路。

2018年6月22日，自然资源部发布《有色金属行业绿色矿山建设规范》等9项行业标准，将"绿色矿山"定义为：在矿产资源开发全过程中，实施科学有序开采，对矿区及周边生态环境扰动控制在可控制范围内，实现环境生态化、开采方式科学化、资源利用高效化、管理信息数字化和矿区社区和谐化的矿山。编者基于数十年的采矿工程专业教学和现场工程实践积累，认为在当代的开采技术和装备条件下，"绿色矿山"的关键技术可进一步细化为：采用先进的采矿工艺与装备，实现固体矿产资源的安全高效充填法开采，有效保护地表生态环境；

对矿山产生的固体废弃物进行资源化使用和无害化处置；实现废水的循环利用或达标排放。

思考题

1. 什么是战略性矿产资源？战略性矿产资源有哪些？
2. 论述矿产资源的用途及其在经济发展中的地位。
3. 我国的矿产资源有哪些基本特点？
4. 我国的矿产资源开发利用存在哪些突出问题？
5. 什么是绿色矿山？绿色矿山建设的关键技术包括哪些？

第2章　地下矿床工业特征

2.1　矿床地质条件

矿床地质条件是指决定或影响开采方法和技术措施的各种地质及技术因素，一般涉及水文地质、工程地质和环境地质三个方面，包括矿坑涌水量、矿坑突水危险性、矿山供水方向、矿床顶底板的稳定性、开采对环境的影响等五大问题。

2.1.1　区域地质与矿区地质条件

1.区域地质的主要内容

区域地质条件是指包括矿区在内的，某一较大地区范围内（例如某一地质单元、构造带或图幅内）的岩石、地层、构造、地貌、水文地质、矿产及地壳运动和发展历史等基本地质情况。区域地质与矿区地质的关系是全局与局部的关系，区域地质条件为分析矿产形成的地质条件和分布规律、寻找新的矿床和扩大矿区远景、正确评价矿床等提供重要依据。

2.矿区地质的主要内容

固体矿产勘查报告中一般以1∶50000比例尺的区域地质调查资料为基础，介绍矿床在区域构造中的位置，区域内对矿田（床）成因有影响的主要地层及岩浆岩种类、特征及分布、主要构造的特征及分布；说明矿区（床）所在范围内，对成矿作用有影响和对矿体有破坏作用的地层、构造、岩浆活动、变质作用、围岩蚀变；说明赋矿层位及矿化等特征。

3.矿石加工技术性能

根据矿石加工技术试验结果，做出矿石可选冶性能和工业利用性能的评价，说明矿石中有用组分回收利用和有害杂质处理的可能性，提出共（伴）生组分综合利用的途径。

2.1.2　矿床水文地质条件

1. 矿床水文地质条件的主要内容

据《固体矿产地质勘查规范总则》（GB/T 13908—2020），矿床水文地质条件主要包括：

①区域水文地质条件、勘查区（矿区）所处水文地质单元特征及地下水的补给、径流、排泄条件。

②含水层和隔水层的岩性、厚度、产状、分布及埋藏条件，含水层的富水性、渗透性，含水层间的水力联系，地下水的水位、水量、水质、水温及其动态变化，隔水层的稳定性和隔水性。

③断层破碎带、节理、风化裂隙带及溶洞的发育程度、分布规律、富水性及导水性，地表水体的分布及其与矿床主要充水含水层水力联系的途径和程度等。

④老空区的分布、深度、积水和塌陷情况。

⑤矿床水文地质条件复杂程度。

⑥矿坑正常和最大涌水量、露天开采矿山的降雨汇水量。

⑦供水水源（方向）及水量、水质等。

2. 矿床水文地质条件的分类

2021年12月正式实施的《矿区水文地质工程地质勘查规范》（GB/T 12719—2021），将矿床水文地质条件按照矿床的充水类型、充水矿床勘查的复杂程度进行了分类。

（1）按照矿床的充水类型划分

根据矿床主要充水含水层的容水空间特征，将充水矿床划分为三类：

①第一类以孔隙含水层充水为主的矿床，简称孔隙充水矿床。

②第二类以裂隙含水层充水为主的矿床，简称裂隙充水矿床。

③第三类以岩溶含水层充水为主的矿床，简称岩溶充水矿床。

其中，第三类矿床的岩溶形态主要有溶蚀裂隙、溶洞、地下河三类。

（2）按照充水矿床勘查的复杂程度

根据主要矿体与当地侵蚀基准面的关系，地下水的补给条件，地表水与主要充水含水层水力联系密切程度，主要充水含水层和构造破碎带的富水性、导水性，第四系覆盖情况，水文地质边界的复杂程度，老空水及分布状况，疏干排水引起的地表塌陷和沉降情况，将充水矿床勘查的复杂程度划分为三种类型，见表2-1。

表2-1　充水矿床勘查的复杂程度分型表

划分依据	水文地质勘查复杂程度		
	第一型　简单型矿床	第二型　中等型矿床	第三型　复杂型矿床
矿体排水条件、地表水体与矿体关系	主要矿体位于当地侵蚀基准面以上，地形有利于自然排水，或主要矿体位于当地侵蚀基准面以下，但附近无地表水体	主要矿体位于当地侵蚀基准面以下，但附近地表水不构成矿床的主要充水因素	主要矿体位于当地侵蚀基准面以下，充水含水层与地表水体沟通

划分依据	水文地质勘查复杂程度		
	第一型　简单型矿床	第二型　中等型矿床	第三型　复杂型矿床
主要充水含水层的补给条件	差	一般	好
第四系覆盖	很少或无第四系覆盖	第四系覆盖面积小且薄	第四系覆盖层厚度大，分布广
水文地质边界条件	简单	较复杂	复杂
充水含水层富水性	弱，单位涌水量 $q \leqslant 0.1\,\mathrm{L \cdot (s \cdot m)^{-1}}$	中等，单位涌水量 $q = 0.1 \sim 1.0\,\mathrm{L \cdot (s \cdot m)^{-1}}$	富水性强，单位涌水量 $q > 1.0\,\mathrm{L \cdot (s \cdot m)^{-1}}$
隔水性能	存在良好隔水层	无强导水构造	存在强导水构造沟通充水含水层
老空水及分布状况	无老空水分布	存在少量老空水，位置、范围、积水量清楚	存在大量老空水，位置、范围、积水量不清楚
疏干排水是否产生塌陷、沉降	疏干排水不会产生塌陷、沉降	疏干排水可能产生少量塌陷	疏干排水可能产生大量地表塌陷、沉降

2.1.3　矿床工程地质条件

1. 矿床工程地质条件的主要内容

最新颁布实施的《固体矿产地质勘查规范总则》(GB/T 13908—2020)，工程地质条件研究的主要内容为：

①矿体及顶底板岩石的物理力学性质，如体重、硬度、湿度、块度、抗压强度、抗剪强度、松散系数、安息角、节理密度、岩石质量指标(RQD)等。

②构造、风化带、软弱夹层等对矿床开采的影响。

③第四纪地层的岩性、厚度和分布范围。

④露天采场边坡稳定性(如有)。

⑤矿床工程地质条件复杂程度和工程地质类型。

⑥矿床开采时可能出现的主要工程地质问题。

2. 主要物理力学性质

(1)坚硬程度

《工程岩体分级标准》(GB/T 50218—2014)采用饱和岩石单轴抗压强度 R_c 划分岩石坚硬程度。一般将 R_c 在 0~5 称为极软岩，5~15 称为软岩，15~30 为较软岩，30~60 为较坚硬，60 以上为坚硬。

(2)坚固性

坚固性也是一种抵抗外力的能力，但它所指的外力是机械破碎、爆破等综合作用下的一种合成力。坚固性的大小一般用相当于普氏硬度系数的矿岩坚固系数 f 表示，该系数为矿岩单轴抗压强度、凿岩速度、炸药消耗量等值的平均值，但由于各参数量纲的不同，求其平均值难度较大，一般采用式(2-1)来简化求取：

$$f = R/10 \tag{2-1}$$

式中：R 为矿岩单轴抗压强度，MPa。

一般将 $f<3$ 的矿岩称为软或比较软，$3 \leqslant f \leqslant 6$ 的矿岩称为比较坚固或中等坚固，$6<f$ 的矿岩称为坚固或很坚固。

（3）结块性

高硫矿石、黏土类矿石崩落后，在遇水和受压并经过一段时间后，可能会重新黏结在一起，这一性质称为结块性。矿石的结块性，会对采下矿石的放矿、运输和提升造成困难。

（4）氧化性

含硫矿石在水和空气的作用下，发生氧化反应转变为氧化矿石的性质，称为氧化性。矿石氧化会降低选矿回收指标。

（5）自燃性

煤、硫化矿石、煤矸石等物质在适合的环境中，与空气接触发生氧化而产生热量，当产生的热量大于向周围介质散发的热量时，该物质的温度会自行升高。升高的温度反过来又加快了氧化速度，如此循环，当物质的温度达到其燃点后，就引起其着火自燃。矿石自燃不仅造成了资源的浪费，而且恶化了工作环境。

（6）含水性

矿岩吸收和保持水分的性能称含水性。含水性会影响矿石的放矿、运输和提升作业。

（7）碎胀性

矿岩破碎后，碎块之间的大量空隙使其体积增大的现象，称为碎胀性。破碎后体积与原矿岩体积之比，称为碎胀系数(或称松散系数)，通常在 1.25 至 1.5 之间。

2.1.4 矿床环境地质条件

据《固体矿产地质勘查规范总则》(GB/T 13908—2020)，矿床环境地质条件主要包括：

①勘查区(矿区)内有关环境地质现象(岩崩、滑坡、泥石流、地面沉降、地裂缝、岩溶、地温等)、地表水和地下水的质量、放射性元素及其他有害物质的含量和分布情况。

②地震、新构造活动等地震地质情况和矿区的稳定性。

③矿床开采前的地质环境质量，矿床开采过程中和开采后对矿区环境、生态可能造成的破坏和影响。

④对煤还应研究煤层瓦斯、地温、地压及煤的自燃倾向、煤尘爆炸等。

2.1.5 矿床开采技术条件分类

根据矿体规模、形态复杂程度、内部结构复杂程度、矿石有用组分分布的均匀程度、构造复杂程度等主要地质因素确定勘查类型，通常将勘查类型划分为简单（Ⅰ类）、中等（Ⅱ类）、复杂（Ⅲ类）3 类。由于地质因素的复杂性，允许有过渡类型存在。

矿床开采技术条件分类应遵循水文地质、工程地质、环境地质相统一且突出重点的原则，将矿床开采技术条件的类型分为 3 类 9 型，即开采技术条件简单的矿床（Ⅰ类）、开采技术条件中等的矿床(Ⅱ类)、开采技术条件复杂的矿床(Ⅲ类),除Ⅰ类只有1型外,Ⅱ和Ⅲ类又各自按主要影响因素分为4型,即以水文地质问题为主的矿床(Ⅱ-1、Ⅲ-1型),以工程地质问题为主的矿床(Ⅱ-2、Ⅲ-2型),以环境地质问题为主的矿床(Ⅱ-3、Ⅲ-3型)和复合型的矿床(Ⅱ-4、Ⅲ-4型)。

2.2 矿产资源禀赋特征

在矿山开采技术条件调查和分析的基础上,对矿山保有的资源量、禀赋特征、矿岩工程岩石力学进行系统深入的统计、调查与分类,并构建矿山的三维模型,既是进行采矿方法优化选择和工艺参数确定的重要依据,也是采矿工程设计的必要条件,还可为矿山生产计划和管理提供重要依据。

2.2.1 矿产资源储量调查

2020年,国家市场监督管理总局和国家标准化管理委员会颁布实施最新的《固体矿产资源储量分类》(GB/T 17766—2020),对矿产资源勘查、矿产资源经济评价及固体矿产资源储量分类进行了修订。

1.矿产资源勘查

矿产资源勘查是指发现矿产资源,查明其空间分布、形态、产状、数量、质量、开发利用条件,评价其工业利用价值的活动。矿产资源勘查通常依靠地球科学知识,运用地质填图、遥感、地球物理、地球化学等方法,通过槽探、钻探、坑探等取样工程,结合采样测试、试验研究和技术经济评价等予以实现。按照工作程度由低到高,矿产资源勘查可划分为普查、详查和勘探三个阶段。

(1)普查

普查是矿产资源勘查的初级阶段,通过有效勘查手段和稀疏取样工程,发现并初步查明矿体或矿床地质特征及矿石加工选冶性能,初步了解开采技术条件;开展概略研究,估算推断资源量,提出可供详查的范围;对项目进行初步评价,做出是否具有经济开发远景的评价。

(2)详查

详查是矿产资源勘查的中级阶段,通过有效勘查手段、系统取样工程和试验研究,基本查明矿床地质特征、矿石加工选冶性能及开采技术条件;开展概略研究,估算推断资源量和控制资源量,提出可供勘探的范围;也可开展预可行性研究或可行性研究,估算储量,做出是否具有经济价值的评价。

(3)勘探

勘探是矿产资源勘查的高级阶段,通过有效勘查手段、加密取样工程和深入试验研究,详细查明矿床地质特征、矿石加工选冶性能及开采技术条件,开展概略研究,估算资源量,为矿山建设设计提供依据;也可开展预可行性研究或可行性研究,估算储量,详细评价项目的经济意义,做出矿产资源开发是否可行的评价。

2.矿产资源经济评价

（1）概略研究

概略研究是通过了解、分析项目的地质、采矿、加工选冶、基础设施、经济、市场、法律、环境、社区和政策等因素，对项目的技术可行性和经济合理性进行的简略研究。

（2）预可行性研究

预可行性研究是通过了解、分析项目的地质、采矿、加工选冶、基础设施、经济、市场、法律、环境、社区和政策等因素，对项目的技术可行性和经济合理性进行的初步研究。

（3）可行性研究

可行性研究是通过了解、分析项目的地质、采矿、加工选冶、基础设施、经济、市场、法律、环境、社区和政策等因素，对项目的技术可行性和经济合理性进行的详细研究。

3.固体矿产资源储量分类

储量分类是指矿产资源经过矿产勘查获得的不同地质可靠程度和经相应的可行性评价获不同的经济意义，是固体矿产资源储量分类的主要依据，可分为资源量、储量两大类五种类型。

（1）资源量

资源量是指经矿产资源勘查查明并经概略研究，预期可经济开采的固体矿产资源，其数量、品位或质量是依据地质信息、地质认识及相关技术要求而估算的。按照地质可靠程度由低到高，资源量分为推断资源量、控制资源量和探明资源量。

①推断资源量：经稀疏取样工程圈定并估算的资源量，以及控制资源量或探明资源量外推部分；矿体的空间分布、形态、产状和连续性是合理推测的；其数量、品位或质量是基于有限的取样工程和信息数据来估算的，地质可靠程度较低。

②控制资源量：经系统取样工程圈定并估算的资源量；矿体的空间分布、形态、产状和连续性已基本确定；其数量、品位或质量是基于较多的取样工程和信息数据来估算的，地质可靠程度较高。

③探明资源量：在系统取样工程基础上经加密工程圈定并估算的资源量；矿体的空间分布、形态、产状和连续性已确定；其数量、品位或质量是基于充足的取样工程和详尽的信息数据来估算的，地质可靠程度高。

（2）储量

储量是指探明资源量和（或）控制资源量中可经济采出的部分，是经过预可行性研究、可行性研究或与之相当的技术经济评价，充分考虑了可能的矿石损失和贫化，合理使用转换因素后估算的并满足开采的技术可行性和经济合理性。考虑地质可靠程度，按照转换因素的确定程度由低到高，储量可分为可信储量和证实储量。

①可信储量：经过预可行性研究、可行性研究或与之相当的技术经济评价，基于控制资源量估算的储量；或某些转换因素尚存在不确定性时，基于探明资源量而估算的储量。

②证实储量：经过预可行性研究、可行性研究或与之相当的技术经济评价，基于探明资源量而估算的储量。

（3）资源量和储量的相互关系

资源量和储量类型及转换关系示意图如图 2-1 所示。探明资源量、控制资源量可转换为储量，资源量转换为储量至少要经过预可行性研究或与之相当的技术经济评价。转换因素是指资源量转换为储量时应考虑的因素，主要包括采矿、加工选冶、基础设施、经济、市场、法律、环境、社区和政策等。当转换因素发生改变，已无法满足技术可行性和经济合理性的要求时，储量应适时转换为资源量。

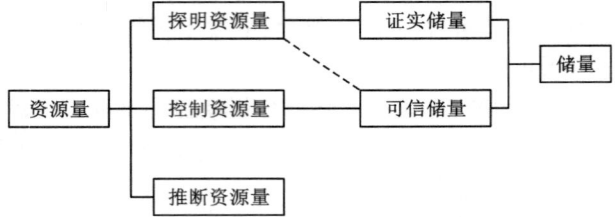

图 2-1　资源量和储量类型及转换关系示意图

4. 矿床工业指标

用以衡量某种地质体是否可以作为矿床、矿体或矿石的指标，或用以划分矿石类型及品级的指标，均称为矿床工业指标。常用的矿床工业指标包括以下几种。

（1）最小可采厚度

最小可采厚度是在技术可行和经济合理的前提下，为最大限度利用矿产资源，根据矿体赋存条件和采矿工艺的技术水平而决定的一项工业指标，亦称可采厚度，用真厚度衡量。

（2）夹石剔除厚度

夹石剔除厚度亦称最大允许夹石厚度，是开采时难以剔除、圈定矿体时允许夹在矿体中间合并开采的非工业矿石（夹石）的最大真厚度或应予剔除的最小厚度。厚度大于或等于夹石剔除厚度的夹石，应予剔除，反之，则合并于矿体中连续采样估算储量。

（3）最低工业米百分值

对一些厚度小于最小可采厚度，但品位较富的矿体或块段，可采用最低工业品位与最小可采厚度的乘积，即最低工业米百分值作为衡量矿体在单工程及其所代表地段是否具有工业开采价值的指标。最低工业米百分值，简称米百分值或米百分率、米克/吨值。高于这个指标的单层矿体，其储量仍列为目前能利用储量。最低工业米百分值指标实际上是以矿体开采时高贫化率为代价，换取资源的最大化回收利用。

2.2.2　资源禀赋特征调查

资源的禀赋特征是指矿体和采空区的空间形态、产状（延伸长度、走向长度、倾角、厚度）、沿走向和倾向的连续性、断层位置及影响等。

1. 矿体空间形态及产状调查

调查主要依据地质勘探报告及相应平面图、剖面图，摸清矿体在中段之间沿走向、倾向上的厚度、品位变化情况，并根据采矿方法选择及采准、切割、回采工艺要求，按厚度、倾角进行分类统计，为采矿方法优选和工艺参数确定提供依据。

2. 采空区空间形态及稳定性调查

如果矿山已经生产多年，可能遗留了大量采空区，随着时间推移和采空区规模的逐步扩大，部分采空区互相贯通，形成了大型采空区群。为实现矿山安全、可持续发展，必须对采空区进行细致的调查分析，查明采空区空间形态及稳定性状态，为采空区充填治理及残矿资源回收提供第一手资料。

3. 节理裂隙调查

为了准确判定矿山岩体的工程质量和稳定性，必须对矿体、顶底板围岩及各个中段进行工程地质调查，全面了解掌握矿区内节理裂隙的分布和发育状况。通过调查矿体及顶底板岩层节理裂隙的产状、密度、结构面特征和充填物情况等，对调查数据进行整合编排，统计各测点的倾向、倾角，按规范绘制节理裂隙调查玫瑰花形图，以便直观地观测各测点结构面优势倾向、倾角分布，如图2-2所示。

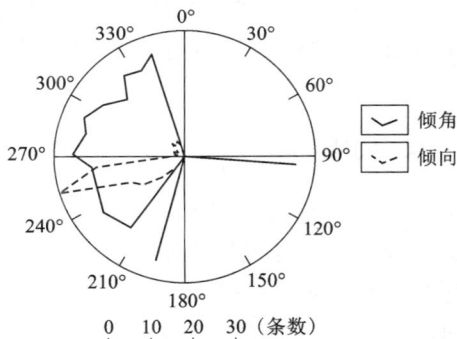

图 2-2　节理裂隙调查玫瑰花形图

4. 岩石力学试验研究

按照《岩石物理力学性质试验规程》，通过开展矿岩试样的剪切试验、压缩试验、劈裂拉伸试验，测量出标准试样的抗拉、抗压、抗剪强度及内聚力、内摩擦角、弹性模量、泊松比等力学特性参数。

5. 矿山三维模型构建

由于矿山地形复杂、矿体形状极不规整，很难通过模拟方法获得比较准确的采空区形态和关键剖面图，对其外部载荷与地形特征的模拟也存在较大误差。为此，有必要对原始地质数据进行收集，建立真实反映复杂地层载荷和地形地貌条件的矿山模型，为矿山相关模型的分析与准确计算提供可靠数据，为开拓系统优化与采矿方法选择提供依据。此外，通过三维立体模型还可以直观反映井下主要井巷工程的立体空间关系，实现井巷工程的优化配置，便于进行开拓工程与采准工程的施工设计，矿山整体三维模型侧视图如图2-3所示。

扫一扫，看彩图

图 2-3　矿山整体三维模型侧视图

2.2.3 可采矿量调查与统计

资源储量调查是矿山生产和设计的核心内容，也是地质部门每年都要开展的最重要的基础工作。但是地质部门提交的资源储量调查报告通常并不能直接用于采矿，往往需要在扣除保安矿柱矿量和采损矿量的基础上，充分考虑采矿过程中的矿石回收率和贫化率，重新进行实际可采矿量的圈定与核算，同时根据采矿工程需要，分中段、矿体、品位、厚度进行可采矿量分解。

1. 保安矿柱

保安矿柱，指为保护地表地貌、地面建筑、构筑物和主要井巷，分隔矿田、井田、含水层、火区及破碎带等而留下不采或暂时不采的部分矿体。按留设的用途，其又分井筒保安矿柱、境界矿柱、防水矿柱、断层破碎带矿柱等。新建矿山必须在可行性研究或初步设计阶段，结合拟布置的工业场地与矿体的空间位置关系划定岩石移动范围，圈定保安矿柱。

2. 采损矿量调查

采损矿量是指实际采矿过程中，受采矿工艺的限制暂无法回收的顶底柱、间柱、点柱等矿柱资源，受出矿结构和设备限制采场内暂无法运出的存窿矿石，开采技术条件复杂或品位较低而暂无开采价值的未动矿体，或受采矿扰动的影响存在一定安全隐患的矿体。因此，采损矿量与开采损失率具有密切的关系。

损失率是指在开采过程中，损失在采场中的未采下和采下未运出的工业矿石或金属含量，可分为开采损失和非开采损失。开采损失包括回采范围内未采下和不能回收的残矿及各种矿柱的损失；已落矿但未能放出或运出采场的损失。非开采损失是指与开采方法及开采条件无关的矿石损失，主要包括因地质条件、水文条件、开采技术条件、安全条件等不能开采的损失，或因保护地表和地下工程而留设的永久保安矿柱损失。

3. 可采矿量调查

矿山可采矿量调查分析方法与地质部门储量计算与核实方法基本相同。首先，按照矿体圈定原则圈定矿体，按照储量计算方法计算地质储量并扣除保安矿柱矿量；然后，统计采空区矿量和巷道工程占用矿量(采损矿量)，地质储量扣除采损矿量后即为可采矿量。需要注意的是，在采矿工艺和装备升级改造后，部分原采损的矿量也可能在进行采空区充填治理或其他安全措施保障到位的情况下，转化为可采的残矿资源。

2.3 矿体埋藏要素及分类

2.3.1 矿体埋藏要素

矿体埋藏要素是指矿体在地壳中的走向长度、埋藏深度、延伸深度、形态、倾角、厚度等几何因素，对矿床开拓和采矿方法选择有直接影响。

1. 矿体形态

矿体形态由控矿地质因素(地层、岩石、构造等)和成矿作用方式(沉积成矿、热液充填成矿、交代作用成矿等)决定。如图2-4所示，根据矿体在三维空间延伸比例的不同，通常将矿体形状分为3类：

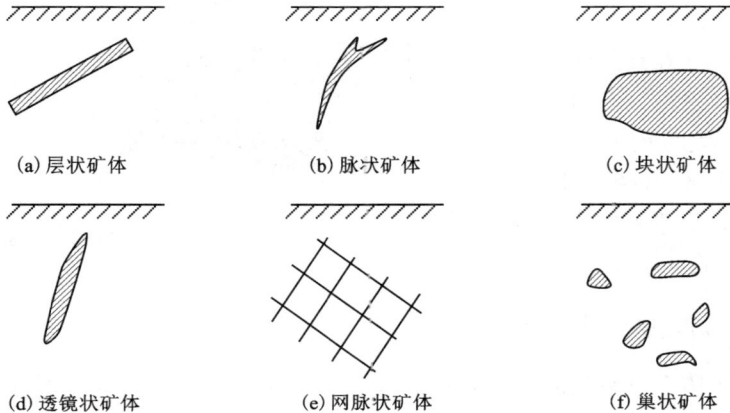

(a) 层状矿体	(b) 脉状矿体	(c) 块状矿体
(d) 透镜状矿体	(e) 网脉状矿体	(f) 巢状矿体

图 2-4　常见的矿体形状

①层状矿床。这类矿床多为沉积或变质沉积矿床。其特点是矿床规模较大，赋存条件(倾角、厚度等)稳定，有用矿物成分组成稳定，含量较均匀。多见于黑色金属矿床。

②脉状矿床。这类矿床主要是由于热液和气化作用，矿物质充填于地壳的裂隙中生成的矿床。其特点是矿床与围岩接触处有蚀变现象，矿床赋存条件不稳定，有用成分含量不均匀。有色金属、稀有金属及贵重金属矿床多属此类。

③块状矿床。这类矿床主要是充填、接触交代、分离和气化作用形成的矿床。它们的特点是：矿体大小不一，形状呈不规则的透镜状、矿巢、矿株等产出，矿体与围岩的界限不明显。某些有色金属矿床(铜、铅、锌等)属于此类。

在开采脉状矿床和块状矿床时，要加强探矿工作，以充分回收矿产资源。

除上述3类矿体形状外，还有一些过渡类型矿体(如透镜状矿体)和复杂形状矿体(如网脉状矿体和巢状矿脉)。

2. 矿体倾角分类

如图2-5所示，矿体所形成的倾斜构造面和任一水平面的交线称为走向线，走向线所指的地理方位角，称为走向；倾向是层面上与走向线垂直并沿斜面向下所引的直线叫倾向线，倾向线在水平面上投影的方向即倾向；倾角是矿体所形成的倾斜构造面与水平面的夹角所成的角。根据矿体的产状和倾角大小，可将矿体分为：

①水平和微倾斜矿体：矿体倾角在15°以下。

②缓倾斜矿体：矿体倾角为15°～30°。

③倾斜矿体：矿体倾角为30°～55°。

④急倾斜矿体：矿体倾角大于55°。

需要注意的是，以往通常将倾角在5°以下的划分为水平和微倾斜矿体，实际在进行采矿方法选择时和采矿工程设计过程中，倾角在5°~15°矿体的采矿方案与5°以下矿体的基本相同，均可采用凿岩台车、铲运机等机械化采掘装备，沿矿体倾向方向顺层开采。因此，为了采矿方案选择的便利性，本书统一将水平和微倾斜矿体的倾角范围扩大至15°以下。

图2-5　矿体埋藏要素

2.3.2　矿体厚度分类

矿体厚度指矿体上下盘之间的垂直距离或水平距离，前者称为垂直厚度或真厚度，后者称为水平厚度。如图2-6所示，矿体厚度与倾角的关系可表示为：

$$H_v = H_1 \sin \alpha \tag{2-2}$$

式中：H_v 为矿体真厚度；H_1 为矿体水平厚度；α 为矿体倾角。

在钢铁行业，根据矿体厚度大小，可将矿体分为：

①极薄矿体：矿体平均厚度小于0.8 m。

②薄矿体：矿体厚度为0.8~5.0 m。

③中厚矿体：矿体厚度为5.0~15.0 m。

④厚矿体：矿体厚度为15.0~50.0 m。

⑤极厚矿体：矿体厚度大于50.0 m。

在有色金属和黄金行业，根据矿体厚度大小，可将矿体分为：

①极薄矿体：矿体平均厚度小于0.8 m。

②薄矿体：矿体厚度为0.8~2.0 m。

③中厚矿体：矿体厚度为2.0~5.0 m。

④厚矿体：矿体厚度为5.0~20.0 m。

⑤极厚矿体：矿体厚度大于20.0 m。

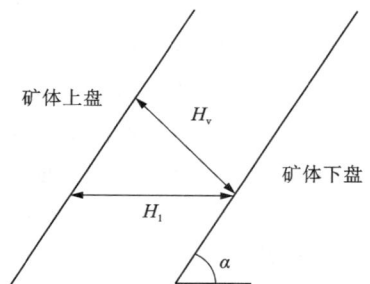

图2-6　矿体厚度与倾角

2.3.3　矿体品位分类

凡是地壳中的矿物集合体，在当前技术经济水平条件下，能以工业规模从中提取国民经济发展所必需的金属或矿物产品的，称为矿石。矿体周围岩石及夹在矿体中的岩石（夹石），不含有用成分或有用成分含量过低，当前不具备矿石开采条件的，统称为废石。如表2-2所示，矿石和废石一般用边界品位来界定。

表2-2　常见矿石的最低工业品位和边界品位

矿产种类	矿床条件	边界品位/%	最低工业品位/%
Cu	地采硫化矿	0.2~0.3	0.40~0.55
	露采硫化矿	0.2	0.4
	难选氧化矿	0.5	0.7
Pb	硫化矿	0.3~0.5	0.7~1.0
	混合矿	0.5~0.7	1.0~1.5
	氧化矿	0.5~1.0	1.5~2.0
Zn	硫化矿	0.5~1.0	1.0~2.0
	混合矿	0.8~1.5	2.0~3.0
	氧化矿	1.5~2.0	3.0~4.0
W	石英大脉型	WO_3:0.08~0.10	WO_3:0.12~0.18
	石英细脉型	WO_3:0.10	WO_3:0.15~0.20
	石英细脉浸染型	WO_3:0.10	WO_3:0.15~0.20
	矽卡岩型	WO_3:0.08~0.10	WO_3:0.15~0.20
	层控型	WO_3:0.10	WO_3:0.15~0.20

矿石品位是指矿石中有用成分的含量，一般用质量分数（%）表示，贵重金属则用 g/t 表示，一般包括最低工业品位和边界品位。最低工业品位是指对工业可采矿体、块段或单个工程中有用组分平均含量的最低要求，亦即矿物原料回收价值与所付出费用平衡、利润率为零的有用组分平均含量。边界品位是地质部门圈定矿体时对单个样品有用组分含量的最低要求，一般由选矿技术确定，通常比尾矿品位高出 1~2 倍。

根据矿石品位的高低，一般可将矿石分为贫矿、中等品位矿石和富矿三类。目前，世界各国并没有统一的贫富矿划分标准，即使在同一个国家，同一个地区，也没有绝对统一的贫富矿的划分标准。贫富矿品位标准的确定，取决于矿产资源状况和采、选、冶技术水平。因此，贫矿既是一个技术上的概念，又是一个经济上的概念。在技术上，贫矿指因矿石品位低，现行采、选、冶技术尚不太成熟，还不能充分利用的矿产资源。在经济上，贫矿可以理解为因矿石品位低，开发利用经济效益差的矿产资源。

2.3.4　矿岩稳固性分类

1. 矿岩稳固性分级方法

矿岩稳固性是采矿方法选择的主要依据之一。虽然地质报告和前期研究对矿岩稳固性进行了分析和分级，但由于所依据的基础资料大多来源于钻探数据，资料可靠性和代表性受到制约。随着矿山采矿工程的推进，具备了根据揭露的矿岩情况进行更深入的岩石力学研究的条件。因此，需随采掘工作面的推进，及时进行相关节理裂隙调查、工程地质条件素描等基础岩石力学工作，采取合理的方法对矿岩体稳固性重新进行科学评价和分级，以便有针对性地采取不同的采矿方法和回采方案，保证作业安全。

岩石稳固性工程分级方法主要有下列 10 种：

①龟裂系数法。

②岩石质量指标 RQD 法。

③抗压强度和岩体平均龟裂间距法。

④RSR 分类法。

⑤地质力学 RMR 分级系统。

⑥巴顿岩体质量分级（Q 分级）。

⑦工程岩体质量 BQ 分级（GB/T 50218—2014）。

⑧动态分级法。

⑨三性综合分级法。

⑩水利水电工程地质勘查规范地下硐室围岩 HC 分类。

RQD 即岩石质量指标，指每次进尺中等于或大于 10 cm 的柱状岩芯的累计长度与每个钻进回次进尺之比（以百分数表示）。从 RQD 本身的指导意义看，RQD 是一个衡量岩石质量的定量指标，由岩石的质量来反映岩体的完整程度，因此 RQD 成为工程岩体评价的一个重要方面。一般将 RQD 值为 0%~25% 的岩体称为极差的岩体，25%~50% 称为差的岩体，50%~75% 称为一般的岩体，75%~90% 称为好的岩体，90%~100% 称为极好的岩体。

2. 矿岩稳固性分类

矿岩稳固性即矿岩允许暴露面积的大小和暴露时间的长短，受矿岩的成分、结构、构造、节理状况、风化程度以及水文地质条件等因素的影响，根据所允许暴露面积的大小，可将矿岩稳固性分为：

①极不稳固：不允许任何暴露面积。

②不稳固：允许 50 m² 内不支护暴露面积。

③中等稳固：允许不支护暴露面积 50~200 m²。

④稳固：允许不支护暴露面积 200~800 m²。

⑤极稳固：允许不支护暴露面积 800 m² 以上。

由于矿岩稳固性不仅取决于暴露面积，而且与暴露空间形状、暴露时间有关，因此，上述分类中允许的不支护暴露面积仅是一个参考值。

3. 采场极限跨度分析

根据《工程岩体分级标准》（GB/T 50218—2014），地下工程岩体自稳能力与岩体的质量级别的关系如表 2-3 所示。

表 2-3　岩体自稳能力与岩体的质量级别

岩体级别	岩体描述	自稳能力	允许跨度/m
I	稳固	可长期稳定，偶有掉块，无塌方	≤20
II	中等稳固	可长期稳定，偶有掉块	<10
		可基本稳定，局部可发生掉块或小塌方	10~20
III	不够稳固	可基本稳定	<5
		可稳定数月，可发生局部块体位移及小、中塌方	5~10
		可稳定数日至 1 月，可发生小、中塌方	10~20
IV	不稳固	可稳定数日至 1 月	≤5
		无自稳能力，数日至数月内可发生松动变形、小塌方，发展为中至大塌方。埋深小时，以拱部松动破坏为主，埋深大时，有明显塑性流动变形和挤压破坏	>5
V	极不稳固	无自稳能力	—

思考题

1. 矿床开采技术条件包括哪些内容？可分为哪些类型？
2. 论述固体矿产资源储量 5 大类型间的相互关系。
3. 论述进行矿产资源禀赋特征调查的意义。
4. 如何进行可采矿量的调查和计算？
5. 查阅文献，对比分析常见岩体稳定性工程分级方法的优缺点。

第3章 矿床开采概述

3.1 矿床开采基本模式

根据矿床赋存条件,矿床开采方式分为露天开采、地下开采及特殊开采等多种类型。合理开采方式的确定是矿山总体设计中的重要问题,取决于许多因素,如矿体埋藏深度、规模、产状、空间分布、地形、地貌及施工技术水平和采掘机械设备等。

1.露天开采

露天开采全貌如图 3-1 所示。露天开采是从地表剥离表土和废石直接采出浅地表有用矿物的矿床开采方式。露天开采是历史悠久的古老采矿方式,20 世纪以后,随着机械制造业的飞速发展,各种高效率的采掘和运输设备不断问世,在露天开采鼎盛时期,70%~90%的黑色金属、50%以上的有色金属、70%以上的化工矿山均采用露天开采,而建筑材料则几乎全部采用露天开采。

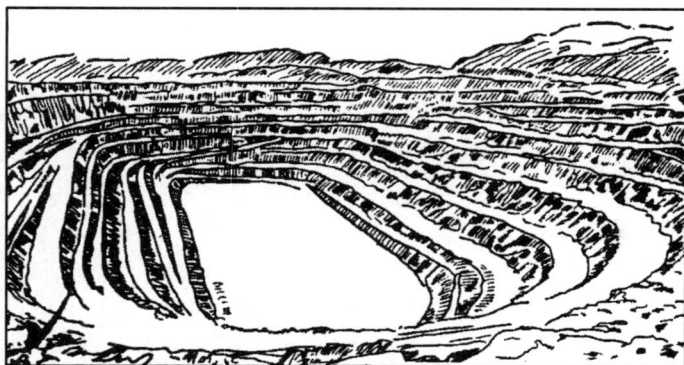

图 3-1 露天开采全貌

2.地下开采

在矿体出露地表且延伸较深、多为中厚或厚大的急倾斜矿床,早期一般采用投产快、初期建设投资少、贫损指标优的露天开采方式，但当露天开采不断延伸、剥采比逐渐增大并接近或超过经济合理剥采比后，矿山必须逐步由露天开采向地下开采过渡并最终转入地下开采。尤其是随着国家对安全环保的高度重视及绿色矿山建设的不断推进，露天矿山开采固废占开采与剥离总量的90%以上，其对地表生态环境的破坏难以修复，露天转地下开采将不可避免。

地下开采示意图如图3-2所示。对于埋藏深度较大的矿床，经济上不允许从地表直接采掘矿石，而只能从地表掘进一系列的井巷工程通达矿体，在地下空间内采用合适的采矿工艺进行矿石开采，采下的矿石通过提升、运输等手段运至地表。随着浅部资源的逐渐消耗殆尽，矿山开采深度越来越大，地下开采已成为固体矿产资源主要的开采方式。

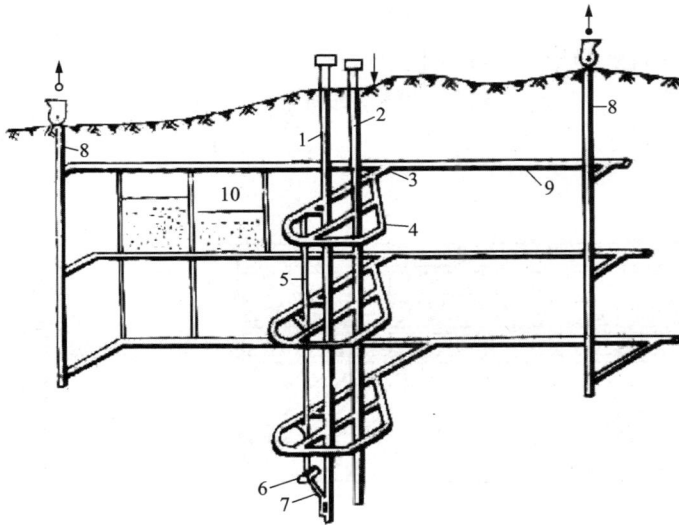

1—主井；2—副井；3—石门；4—井底车场；5—阶段溜矿井；
6—破碎硐室；7—矿仓；8—回风井；9—阶段平巷；10—矿块。

图3-2 地下开采示意图

3. 特殊开采

露天开采和地下开采是固体矿床最基本的开采方式，但是非常规矿床必须采用特殊采矿方法，如溶浸采矿、海洋采矿等，详见本书第12章内容。

3.2 矿床开采单元划分

矿体或矿床是规模较大的矿石聚集体，储量动辄数十万吨甚至数亿吨，延展规模小则数百米，大则数千米。为实现矿产资源的有序、合理化开采，必须首先将矿体(床)划分为不同的开采单元，并根据合理的开采顺序，逐单元进行回采作业。

1. 矿田和井田

划归一个矿山企业开采的全部或部分矿床的范围，称为矿田。在一个矿山企业中，划归一组矿井或坑口开采的全部矿床或其一部分，称为井田。如果矿床范围不大，尤其是沿走向长度较短时，为便于生产管理，可采用 1 个井田开采；如果矿床范围较大，沿走向长度较长，矿体分散，此时应划分为几个井田开采。

2. 阶段和矿块

阶段和矿块是在开采缓倾斜、倾斜和急倾斜矿体时，将井田进一步划分的开采单元。

（1）阶段

在井田中，每隔一定的垂直距离，掘进与矿体走向（矿体延展方向）一致的主要运输巷道，把井田在垂直方向上划分为若干矿段，这些矿段即为阶段，其范围为：沿走向以井田边为界，沿倾斜以相邻上、下两个阶段运输平巷为界（图 3-3）。上、下两个阶段运输平巷之间的垂直距离称为阶段高度，单个阶段一般用所在水平标高表示，如 -200 m 中段。

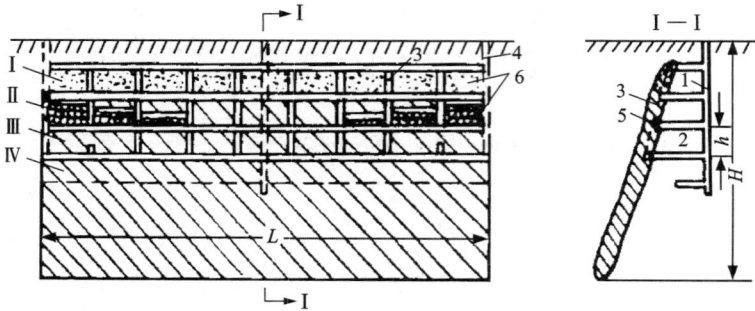

I—采完阶段；II—回采阶段；III—采准阶段；IV—开拓阶段；H—矿体赋存深度；h—阶段高度；
L—矿体走向长度；1—主井；2—石门；3—天井；4—风井；5—阶段平巷；6—矿块。

图 3-3　阶段和矿块（立面图和剖面图）

阶段高度是影响矿山开采水平和经济效益的重要参数：增加阶段高度可降低开拓采准工程量，延长阶段回采时间，为新阶段的准备赢得时间；但阶段高度太大会造成采矿技术条件恶化，天井、溜井掘进困难，矿石的损失与贫化增大。相反，小的阶段高度采矿安全性好，矿石回采率高，但开拓采准工程量增多，掘进成本增加。国内缓倾斜矿床阶段高度一般为 20～30 m，倾斜至急倾斜矿床开采阶段高度一般 40～60 m。

（2）矿块

在阶段中沿走向每隔一定距离，掘进天井连通上下两个相邻阶段运输巷道，将阶段划分为若干独立的回采单元，称为矿块。矿块是缓倾斜、倾斜和急倾斜矿体最基本的回采单元，采矿方法的研究对象也是这样的基本回采单元。

如图 3-4 所示，根据矿体厚度，矿块有两种布置方式：矿体厚度小于 10～15 m 时，沿矿体走向布置，即矿块长轴方向与矿体走向一致；矿体厚度大于 10～15 m 时，一般垂直走向布置矿块，即矿块长轴方向与矿体走向垂直。

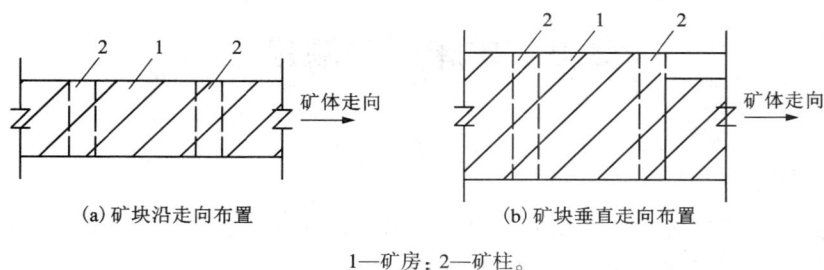

(a)矿块沿走向布置　　　　　　　(b)矿块垂直走向布置

1—矿房；2—矿柱。

图3-4　矿块布置方式(平面图)

3. 盘区和采区

盘区、采区是在开采水平和微倾斜矿体时，将井田进一步划分的开采单元。

开采水平和微倾斜矿体时，在井田内一般不划分阶段，而是用盘区运输巷道将井田划分为若干个长方形的矿段，称为盘区，如图3-5所示。在盘区中沿走向每隔一定距离，掘进采区巷道连通相邻两个盘区运输巷道，将盘区划分为若干独立的回采单元，称为采区。采区是水平和微倾斜矿体最基本的回采单元。

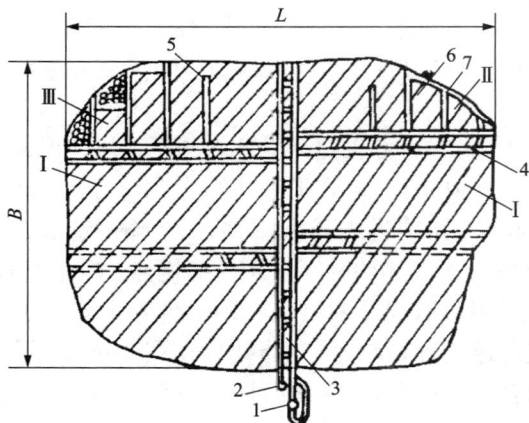

Ⅰ—开拓盘区；Ⅱ—采准切割盘区；Ⅲ—回采盘区；1—副井；2—主井；
3—主要运输平巷；4—盘区平巷；5—回采平巷；6—矿壁(采区)；7—切割巷道。

图3-5　盘区和采区(平面图)

单个矿块(或采区)的生产能力即为基本回采单元(或称采区)的生产能力，多个同时工作矿块(或采区)的生产能力总和即构成矿山的生产能力。

3.3 矿床开采顺序

1.井田开采顺序

当矿田由几个井田组成时，井田间的开采顺序，应根据矿山生产能力、井田基建进度、地表工业场地完备情况确定，一般无特殊要求。

2.阶段开采顺序

井田中阶段的开采顺序有下行式和上行式两种。下行式开采顺序是先采上部阶段，后采下部阶段，由上而下逐段（或几个阶段同时开采，但上部阶段超前下部阶段）开采的方式。上行式则相反。生产实践中，一般多采用下行式开采顺序。因为下行式开采具有初期投资小、基建时间短、投产快，在逐步下采过程中能进一步探清深部矿体赋存状况、避免工程浪费、生产安全条件好、对采矿方法适应性强等优点。

3.矿块开采顺序

按回采工作相对主要开拓井巷（主井）的位置关系，阶段中矿块的开采顺序可分为3种：

（1）前进式开采：当阶段运输平巷掘进一定距离后，从靠近主要开拓井巷的矿块开始回采，向井田边界依次推进（图3-6中Ⅰ）。该开采顺序的优点是基建时间短、投产快；缺点是巷道维护费用高。

（2）后退式开采：在阶段运输平巷掘进到井田边界后，从井田边界的矿块开始，向主要开拓井巷方向依次回采（图3-6中Ⅱ）。该开采顺序的优缺点与前进式基本相反。

（3）混合式开采：即初期采用前进式开采，待阶段运输平巷掘进到井田边界后，再改用后退式开采。该开采顺序虽综合了上述两种开采顺序的优点，但生产管理复杂。

在生产实际中，一般采用后退式开采顺序。只有当矿床埋藏条件简单、矿岩稳固、要求加快投产时，才考虑采用前进式开采顺序。双翼回采[图3-6（a）]因可以形成较长的回采工作线，可同时回采矿块数多，有利于缩短阶段回采时间，在生产中使用最为广泛。单翼回采[图3-6（b）]应用较少。侧翼回采[图3-6（c）]只有在受地形限制、矿体走向长度较短等情况下才使用。

4.矿体间开采顺序

如果存在多条矿体（脉），必须合理确定各矿体（脉）之间的开采顺序，避免因开采顺序不合理增大其他矿体（脉）开采难度。

如果矿体（脉）间无矿带厚度较小，几条矿体（脉）合并开采的出矿品位可满足要求，优先考虑混合式开采。

如果矿体（脉）不能混合式开采，但矿体（脉）间无矿带（夹层）厚度适中，相邻矿体（脉）可以作为一个采场开采时，可将中间夹层作为采场间矿柱处理。

如果矿体（脉）不能混合式开采，且矿体（脉）间无矿带（夹层）厚度较大，相邻矿体

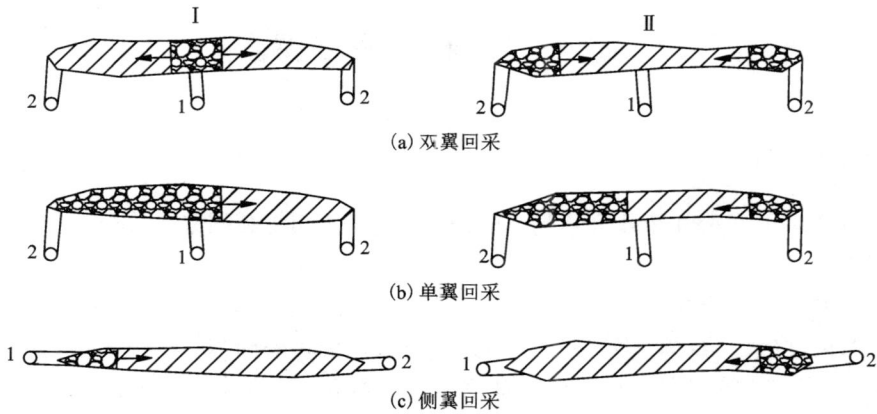

(a) 双翼回采

(b) 单翼回采

(c) 侧翼回采

Ⅰ—前进式开采；Ⅱ—后退式开采；1—主井；2—回风井。

图 3-6　阶段中矿块的开采顺序（平面图）

（脉）不能作为一个采场开采，相邻矿体（脉）应按如下原则分别回采：

①矿体倾角小于或等于围岩的移动角时，应采取从上盘往下盘推进的开采顺序 [图 3-7(a)]。先采上部矿体（脉）Ⅱ，其采空区下盘围岩的移动，不会影响下盘矿体（脉）Ⅰ 的开采。如果采取相反的开采顺序，将使矿体（脉）Ⅱ处于矿体（脉）Ⅰ采空区的上盘移动带 之内，影响矿体（脉）Ⅱ的开采[图 3-7(b)]。

②矿体倾角大于围岩的移动角，两矿体又相近时，无论先采哪个矿体，都会因采空区围 岩移动而相互影响[图 3-7(c)]。此时相邻矿体的开采顺序，应根据矿体之间夹石层的厚度、 矿岩稳固性及所采用的采矿方法和技术措施而定。一般先采上盘矿体、后采下盘矿体。若采 用充填法开采，也可先采下盘矿体、后采上盘矿体。

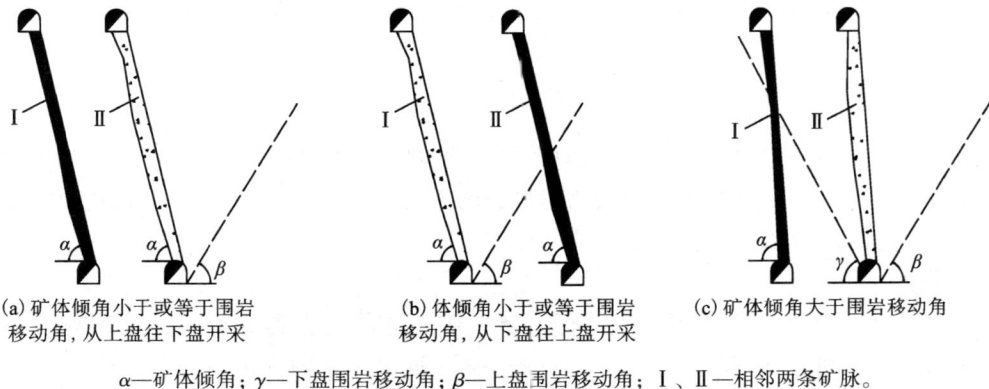

(a) 矿体倾角小于或等于围岩 移动角，从上盘往下盘开采

(b) 体倾角小于或等于围岩 移动角，从下盘往上盘开采

(c) 矿体倾角大于围岩移动角

α—矿体倾角；γ—下盘围岩移动角；β—上盘围岩移动角；Ⅰ、Ⅱ—相邻两条矿脉。

图 3-7　相邻矿体的开采顺序（剖面图）

不同矿体往往品位、厚度、大小及开采技术条件差异较大，在确定矿体间开采顺序时， 应贯彻"贫富兼采、难易兼采、厚薄兼采、大小兼采"的原则，减少资源浪费。

3.4 矿床开采步骤

1. 矿床开采步骤

矿床中井田的开采分4个步骤进行,即开拓、采准、切割和回采。

(1)开拓

井田开拓是从地表掘进一系列的井巷工程通达矿体,使地面与井下构成完整的提升、运输、通风、排水、供水、供电、供气(压气动力)、充填系统(俗称"矿山生产八大系统"),以便把人员、材料、设备、充填料、动力和新鲜空气送到井下,并将井下的矿石、废石、废水和污浊空气等提升运输或排出到地表。为此目的而掘进的巷道称为开拓工程,包括主要开拓工程和辅助开拓工程。前者是指起主要提升运输(矿石)作用的开拓井硐,如主井、主平硐、主斜坡道;后者是指起其他辅助提升运输(人员、材料、设备和废石)、通风、排水、充填等作用的开拓井硐与其他开拓巷道,如石门(连接井筒和主要运输巷道的平巷)、主充填井、主溜矿井、井底车场、专用硐室和主运输巷道等。

(2)采准

在已完成开拓工程的矿床里,掘进必要的井巷工程将阶段划分为矿块作为独立的回采单元,并解决回采单元的人行、通风、出矿、充填等问题的工作称为采准。

(3)切割

在完成采准工作的回采单元中,掘进切割天井(两端都有出口的垂直或倾斜井筒)或其他切割巷道,为大规模回采矿石开辟自由面和自由空间,为大规模采矿创造良好的爆破和放矿条件的工作称为切割。

常用采准切割比来衡量采准切割工作量的大小,简称采切比。千吨采切比 K 是指每采出1000 t矿石所需掘进的采准切割巷道的总长度或总工程量,其单位有 m/kt、m³/kt,表达式为:

$$K = \sum L/T \tag{3-1}$$

式中: $\sum L$ 为回采单元中采准切割巷道的总长度或总工程量,m 或 m³; T 为回采单元中采出矿石的总量,kt。由于各种巷道断面规格不同,用采切巷道总长度计算的采切比不如采用采切巷道总工程量计算的结果准确合理。

(4)回采

在完成采切工作的回采单元中,进行大量采矿作业的过程称为回采,包括凿岩、爆破、通风、矿石运搬、地压管理等工序。采矿方法不同,回采工艺内容也不完全一样。

凿岩、爆破合称落矿,一般根据矿床赋存条件、所采用的采矿方法及凿岩设备,选用浅孔、中深孔、深孔等落矿方式。爆破后,需借助机械通风系统,将采场内的炮烟排出,为后续作业创造良好的环境,这一过程称为通风。矿石运搬是指在矿块内崩落的矿石,通过运搬设备(如电耙、铲运机等)运出采场,卸入溜井内。

地压管理包括采场地压管理和采空区地压管理两部分。狭义的采场地压管理是指矿石崩落后，在炮烟排出的条件下，人员进入工作面，进行顶板浮石清除(俗称撬毛)或顶板支护(锚杆支护、喷浆支护、喷锚支护、喷锚网支护等)，为后续作业创造安全工作环境的管理工作。广义的采场地压管理还包括充填(如分层充填法)和崩落围岩(如削壁充填法和崩落法)。矿石采出后在地下形成的采空区如不及时处理，经过一段时间后，矿柱和上盘(顶板)围岩会发生变形、破坏、移动等地压现象，为保证开采工作的安全所采取的必要技术措施(如封闭、崩落或充填)是采空区地压管理的主要内容。

2. 三级矿量

根据对矿床开采的准备程度，可将矿石资源量分为三级，即开拓矿量、采准矿量和备采矿量，称为三级矿量。

(1)开拓矿量

在井田中已形成了完整的开拓系统所圈定的矿量，称为开拓矿量。

(2)采准矿量

开拓矿量的一部分，凡完成了采矿方法所必需的采准工作量的回采单元中的矿量，称为采准矿量。

(3)备采矿量

采准矿量的一部分，凡完成了采矿方法所要求的切割工作，可进行正常回采作业的回采单元中的矿量，称为备采矿量。

开拓、采准切割和回采三者之间的正常关系，应该是以保证矿山持续、均衡生产，避免出现生产停顿、产量下降等现象为原则。矿山在基建时期，上述三个步骤是依次进行的；在投产后的正常生产时期，应贯彻"采掘并举、掘进先行"的方针，保证开拓超前于采准切割、采准切割超前于回采，使矿山达到持续、稳定生产的目的。超前的值，一般用保有的三级矿量指标来保证，一般三级矿量的保有量按年产量的倍数计为：开拓矿量 3 年以上，采准矿量 1 年以上，备采矿量半年以上。

在生产实际过程中，由于开拓与采准切割不能像回采作业一样，直接产生经济效益，因此容易被忽视。尤其是开拓工作，周期长、投资大，如果不能保持足够的超前量，极易造成进度落后于采矿要求，出现不得不降低产量、甚至无工作面可采的被动局面。

3.5　矿井生产能力

3.5.1　矿床开采强度

矿床开采强度是指矿床开采的快慢程度。当矿床范围及埋藏条件一定时，矿床的开采强度取决于所采用的采矿方法及确定的矿山生产能力。矿床开采强度必须与矿体储量相适应，因为在储量一定的条件下，开采强度越大，矿山服务年限就越短，投资回收期也越短。一般采用年下降速度和开采系数来衡量矿床开采强度。

(1)年下降速度

年下降速度是一个抽象概念，表示矿床在垂直方向上的消耗及下降速度，不代表下降深度的具体位置。该指标可由矿山测量人员按年初和年末测定的数据、采出矿石量、矿石体积、矿体水平面积推算确定。一般单阶段回采时适宜的年下降速度为 10~15 m/a，但当采用大能力采矿方法时，其下降速度可加大为 15~20 m/a。下降速度还取决于矿山所处环境，如沙漠缺水地区可以加大下降速度，在相对较短时间内结束开采作业。在可行性研究报告、初步设计等阶段，一般按单阶段生产时平均年下降速度来验证所确定的生产能力是否合适。

（2）开采系数

在某些情况下，也用单位水平面积每年（或月）采出矿石量来评价矿床的开采强度，该指标称开采系数 C，其表达式为：

$$C = A/S \tag{3-2}$$

式中：A 为矿井（或矿块）生产能力，t/a 或 t/月；S 为矿体（或矿块）水平面积，m^2。

（3）矿山工作制度

受地域气候、矿山规模等因素影响，各矿山工作制度并不相同。如在高海拔、寒冷地区，部分中小型矿山冬季不生产，而在某些地区，许多大中型矿山则可能采取全年无休（矿山生产不间断，但职工轮休）的工作制度。一般矿山多采取年生产 330 d、3 班/d、8 h/班的工作制度。职工多采取 4 班 3 运转方式进行轮休。矿山不同工种之间工作制度也不相同，如行政管理部门可能采取 330 d、1 班/d、8 h/班的工作制度，而排水等工序则必须全年无休。

3.5.2　矿井生产能力

矿井生产能力是指矿山企业在正常生产情况下，在一定时间内所能开采或处理矿石的能力，一般用万 t/a 来表示。

1.影响矿井生产能力的因素

矿井生产能力是矿床开采的重要技术经济指标之一，决定着矿山企业的基建工程、基建投资、主要设备类型和数量、建筑物的规模与类型、车间的规模、人员数量和配置等。矿井生产能力的确定主要取决于以下因素：

①矿种紧缺程度和市场状况。如果开采矿种属国内紧缺资源，价格相对较高，会刺激企业扩大生产规模。如铁矿、铜矿等的自给率不足 30%，使国内铁矿、铜矿企业（河北钢铁集团、江铜集团等）生产能力普遍较大。

②矿床储量和资源前景。矿井生产能力必须与矿床储量相匹配，如果储量少，而又采用较大生产能力，则矿井服务年限短，固定资产折旧大，经济效益差。如果预测资源前景较好，也可采用较大生产能力。

③矿床勘查程度。如果矿床勘查程度不高，稳妥起见，可先以小生产能力生产，待储量探明后，再对生产能力进行调整。

④基建时间和基建投资。生产能力越大，基建投资越大，基建时间越长，应根据企业资金情况，合理确定生产规模。

⑤生产成本和利润等经济指标。一般而言，生产能力越大，投资越大，但成本越低，应通过技术经济分析，确定合理的生产能力，实现资源开采利益最大化。

⑥国家政策要求。为实现规模化开采，提高矿山企业安全生产能力，国家对部分矿种最小生产能力有要求。

⑦施工单位及生产单位技术水平。生产能力越大，系统越复杂，对基建施工单位技术水平要求越高。而且生产能力越大，所采用的设备越多、越大，开采技术越复杂，对开采企业技术要求也越高。因此，必须综合考虑施工单位及生产单位技术水平，确定合理的矿井生产能力。

2. 生产能力过小带来的问题

如上所述，矿山企业在可行性研究和初步设计阶段，必须综合考虑经济、技术、政策、安全等各种因素，确定合理的生产能力，既不能过小，也不能超能力开采。

①安全投入不足，容易忽视安全。生产能力过小的企业一般资金、技术实力有限，为节约成本，安全投入普遍不足，容易产生安全隐患。

②资源综合利用率低。因为企业规模有限，可能采用工艺简单、但回采率低的采矿技术，且容易"采富丢贫、采易丢难"，造成资源损失。

③企业规模小、分散，同一个矿田可能出现多个小矿山同时开采的现象，不仅会造成资源损失，而且容易引发安全事故。

3. 超能力开采带来的问题

矿产品市场活跃、价格高时，容易刺激矿山企业加大生产规模，出现超能力开采现象。

①容易出现重回采、轻掘进的现象，造成采掘不平衡，三级矿量难以保障，生产能力波动大，矿山可持续发展能力降低。

②超能力开采，提升、运输、通风、排水等系统超负荷工作，系统可靠度降低。

③同时工作的矿块数增多，安全管理难度增大，容易出现安全事故。

④扰乱市场秩序，造成市场价格波动加剧。

4. 生产规模划分

根据国土资源部国土资发〔2004〕208 号文件，按照矿山生产规模可将矿山划分为大型、中型和小型矿山，见表 3-1。

表 3-1　矿山生产规模分类一览表

序号	矿种名称		计算单位	开采规模级别			最低生产建设规模
				大型	中型	小型	
1	煤	地下开采	原煤/（万 t·a⁻¹）	≥120	45~120	<45	
		露天开采	原煤/（万 t·a⁻¹）	≥400	100~400	<100	
2	石油		原油/（万 t·a⁻¹）	≥50	10~50	<10	
3	烃类天然气		亿 m³/a	≥5	1~4.9	<1	
4	放射性矿产		矿石/（万 t·a⁻¹）	≥10	5~10	<5	
5	金	岩金	矿石/（万 t·a⁻¹）	≥16	6~15	<6	1.5 万 t/a
		砂金船采	矿石/（万 m³·a⁻¹）	≥210	60~210	<60	10 万 m³/a
		砂金机采	矿石/（万 m³·a⁻¹）	≥80	20~80	<20	10 万 m³/a

续表3-1

序号	矿种名称		计算单位	开采规模级别			最低生产建设规模
				大型	中型	小型	
6	银		矿石/($万 t·a^{-1}$)	≥30	20~30	<20	
7	其他贵金属		矿石/($万 t·a^{-1}$)	≥10	5~10	<5	
8	铁	地下开采	矿石/($万 t·a^{-1}$)	≥100	30~100	<30	3万t/a
		露天开采	矿石/($万 t·a^{-1}$)	≥200	60~200	<60	5万t/a
9	锰		矿石/($万 t·a^{-1}$)	≥10	5~10	<5	2万t/a
10	铬、钛、钒		矿石/($万 t·a^{-1}$)	≥10	5~10	<5	
11	铜		矿石/($万 t·a^{-1}$)	≥100	30~100	<30	3万t/a
12	铅		矿石/($万 t·a^{-1}$)	≥100	30~100	<30	3万t/a
13	锌		矿石/($万 t·a^{-1}$)	≥100	30~100	<30	3万t/a
14	钨		矿石/($万 t·a^{-1}$)	≥100	30~100	<30	3万t/a
15	锡		矿石/($万 t·a^{-1}$)	≥100	30~100	<30	3万t/a
16	锑		矿石/($万 t·a^{-1}$)	≥100	30~100	<30	3万t/a
17	铝土矿		矿石/($万 t·a^{-1}$)	≥100	30~100	<30	6万t/a
18	钼		矿石/($万 t·a^{-1}$)	≥100	30~100	<30	3万t/a
19	镍		矿石/($万 t·a^{-1}$)	≥100	30~100	<30	3万t/a
20	钴		矿石/($万 t·a^{-1}$)	≥100	30~100	<30	
21	镁		矿石/($万 t·a^{-1}$)	≥100	30~100	<30	
22	铋		矿石/($万 t·a^{-1}$)	≥100	30~100	<30	
23	汞		矿石/($万 t·a^{-1}$)	≥100	30~100	<30	
24	稀土、稀有金属		矿石/($万 t·a^{-1}$)	≥100	30~100	<30	6万t/a
25	石灰岩		矿石/($万 t·a^{-1}$)	>100	50~100	<50	

3.5.3 矿山服务年限

1.矿山服务年限计算

矿山服务年限是矿山维持正常生产状态的时间,与矿山生产能力密切相关。矿山服务年限、生产能力与矿床工业储量之间存在如下关系:

$$T = Q\eta / A(1 - \rho) \tag{3-3}$$

式中:T 为矿山服务年限,a;A 为矿山年生产能力,t/a;Q 为矿床工业储量,t;ρ 为矿石贫化率,%;η 为矿石回采率,%。

确定矿山服务年限时应注意如下几点:

①由于矿山生产一般要经过投产、达产、稳产、减产四个阶段，因此，矿山实际服务年限一般高于计算值。

②矿山在生产过程中，可采储量可能会出现增减，从而使矿山服务年限发生变化。

③采矿权设立登记时，采矿许可证有效期限与计算服务年限会有差异，因此应根据矿山实际服务年限，及时延续采矿权。

2. 矿山生产能力验证

矿山生产能力一般由矿山企业根据矿床工业储量、矿产品市场状况、开采技术条件和环境条件等因素自主确定，但在可行性研究及初步设计中，应对确定的生产能力进行验证。

（1）根据矿山资源储量及服务年限验证

计算的矿山服务年限，再加上基建期，并考虑达产期和减产期，即为矿山实际服务年限，应尽量满足表 3-2 所示的参考值。一般情况下，达到设计规模的年限（稳产年限）要超过服务总年限的 2/3。

表 3-2　矿山合理服务年限参考值

矿山规模	矿井生产能力/（万 t·a⁻¹）		矿井服务年限/a
	黑色金属矿山	有色金属矿山	
大型	>100	>100	>30
中型	30~100	20~100	>20
小型	<30	<20	>10~15

（2）根据矿山开采年下降速度验证

根据矿山开采年下降速度计算服务年限，验算是否满足表 3-2 所示的参考值。

（3）按中段可布有效矿块数验证

根据拟定的采场结构参数确定中段可布有效矿块数，并计算每中段可能达到的生产能力：

$$A_z = \sum N_i q_i K_i \tag{3-4}$$

式中：A_z 为中段生产能力，t/d；N_i 为中段同时回采可布有效矿块数，个；q_i 为单个矿块生产能力，t/d；K_i 为矿块利用系数，与矿体赋存状况及所采用的采矿方法有关，一般为 0.2~0.5。

根据计算得出的每个中段可能达到的生产能力，如果单中段不能满足要求，可考虑多中段同时生产，但同时生产中段数一般不应超过 2 个。

（4）按新水平（中段）提前准备时间验证

根据实际采用的采掘装备和工作条件及技术管理水平等情况计算开拓一个新水平所需的时间。新水平准备时间应超前前一阶段的回采时间，以维持三级矿量平衡。新水平准备时间按式（3-5）计算：

$$T_z = Q_z \eta E / A_z (1 - \rho) k \tag{3-5}$$

式中：T_z 为新水平准备时间，a；Q_z 为回采阶段地质储量，t；E 为地质影响系数，0.7~1.0；A_z 为回采阶段生产能力，t/a；k 为超前系数，1.2~1.5；其他符号同式(3-3)。

3.6 矿石损失和贫化

3.6.1 矿石损失和贫化概述

1. 损失贫化的定义

由于各种因素(如地质构造、开采技术条件、采矿方法及生产管理等)的综合影响，在开采过程中造成矿石在数量上减少的现象叫作矿石损失。采矿过程中损失的矿石量与计算范围内工业矿石量的百分比称为矿石损失率，而实际采出并进入选矿流程的矿石量与计算范围内工业矿石量的百分比则称为矿石回采率。损失率和回采率均用百分数(%)表示，矿石回采率+矿石损失率=100%。

采矿、运输过程中，围岩和夹石的混入或富矿的丢失，使采出矿石品位低于计算范围内工业矿石品位的现象称为矿石贫化。矿石贫化有两种表示方法：混入采出矿石中的废石量与采出矿石量之比，称为废石混入率；因废石混入或高品位粉矿流失而造成工业矿石品位降低的百分数(矿石工业品位与采出矿石品位之差与工业品位之比)，称为矿石贫化率。

2. 矿石损失产生的原因

①永久矿柱损失。为保护地表、地物(铁路、公路、村庄、井筒等)或河流而留设的保安矿柱；露天转地下境界顶柱。

②由于开采技术条件复杂而产生的矿石损失。矿体边缘复杂(如三角矿带)，无法全部采出造成的矿石损失；受断层、破碎带影响无法全部采出造成的矿石损失；地下水大量涌入，致使部分不能采出所造成的矿石损失；个别独立小矿体因无法规模化开采而造成的矿石损失。

③开采过程损失。留设的各种顶柱、底柱、间柱、点柱等；爆破参数不合理等技术原因造成的应采而未采的矿石损失；回采顺序不合理造成相邻矿房开采难度加大而造成的矿石损失；采矿方法选择不合理造成的矿石损失。

④采下损失。遗留在采场内无法运出的矿石；矿石渗入采场充填料中而无法运出的矿石；运输途中损失的矿石；硫化矿石自燃损失；崩落法因废石过多混入提前达到放矿截止品位而造成的矿石损失。

3. 矿石贫化产生的原因

受开采技术条件、矿体禀赋特征、采矿方法选择、采场结构参数、回采顺序、回采工艺、装备水平及现场管理等诸多因素的影响，任何一种采矿方法都存在废石混入的问题，即贫化是不可避免的，但可以有效控制。常见的产生贫化的原因有：

①矿山采矿方法、结构参数、回采顺序、回采工艺选择不合理造成贫化。

②极薄矿脉开采过程中，为开辟必要的工作空间，必须采下部分围岩造成贫化。

③存在小于最大夹石剔除厚度的小型夹石时，为提高回采效率，不将夹石剔除而直接混采造成贫化。

④充填体强度不足时，出矿时易因充填体混入造成贫化。

⑤没有专用废石溜井而通过溜矿井下放废石时，易因废石混入造成贫化。

⑥因现场监管不到位，将废石掺入矿石追求产量，或将高品位矿石当作废石转卖等。

4. 降低矿石损失的意义

矿山建设周期长、投资大，在基建投资和开拓投资已经投入的情况下，提高资源回采率，可以充分回收矿产资源，提高矿山经济效益，延长矿山服务年限，提高企业可持续发展水平。

5. 降低矿石贫化的意义

降低矿石贫化，可减少废石混入量，降低提升、运输成本，降低贫化，提高入选品位，提高选矿指标，降低选矿成本，减轻废石地面堆放带来的用地、环境、安全压力。

3.6.2 损失率和贫化率的计算及降低措施

围岩含矿情况下的损失率和贫化率计算较为复杂，实际应用过程中可忽略围岩含矿的影响，采用如下简化计算方法。

1. 损失率和贫化率的计算

(1)矿石贫化率

矿石贫化率 ρ 可用采场矿石的工业品位 a 与采出矿石品位 a' 之差与工业品位之比计算，即

$$\rho = (a - a')/a \times 100\% \tag{3-6}$$

(2)矿石损失率

矿石损失率 α 可用采场矿石的金属量(工业储量 $Q \times$ 工业品位 a)与采出矿石的金属量(采出矿量 $Q' \times$ 采出品位 a')之差与采场矿石金属量之比计算，即

$$\alpha = (Qa - Q'a')/Qa \times 100\% \tag{3-7}$$

(3)矿石回采率

$$\eta = 100\% - \alpha \tag{3-8}$$

矿石损失率与贫化率是影响矿山经济效益的重要指标。为了最大限度地回收宝贵的矿产资源，必须将矿石损失率与贫化率纳入日常生产管理指标，并采取相应的技术和管理手段，降低损失率与贫化率。

2. 降低矿石损失和贫化的措施

当前我国矿山开采总体损失、贫化严重，部分矿山损失率为 30%~50%，贫化率为 20%以上，必须从设计、生产到管理各方面密切配合，降低损失与贫化。

①加强地质勘探及研究工作，查清矿床赋存规律及开采技术条件，提供确切的矿体产状、形态、空间分布、品位变化规律的资料。

②选择合理的开拓系统，尽量避免留设保安矿柱。

③根据矿山开采技术条件、装备水平，确定合理采矿方法、结构参数和回采顺序。

④尽量采用回采率高、损失率低的充填采矿法，保证充填质量，减小充填料混入造成的矿石贫化。

⑤提高充填接顶率，防止上中段回采时，因接顶不充分造成的矿石损失和贫化。

⑥及时处理空区。

⑦避免矿石多次转运。

⑧加强生产管理工作，建立专门机构对矿石的损失和贫化进行监测、管理和分析研究。

思考题

1. 露天开采有什么优缺点？为什么露天转地下开采将不可避免？

2. 相邻矿体的开采顺序如何确定？

3. 论述矿山保持三级矿量平衡的意义。

4. 论述矿山生产能力过小和超能力开采的弊端。

5. 论述矿石产生损失贫化的原因及降低损失贫化的具体措施。

第4章 采矿方法基础

采矿方法是为获取采矿基本单元——矿块内的矿石所进行的采准切割、回采、地压管理等工作的总和。具体而言，采准切割工程是为人员、材料、设备进出采场创造工作通路，并为回采工艺创造通风、爆破自由面、出矿和充填等工作条件；回采作业包括凿岩、爆破、通风、出矿等工序；地压管理包括撬毛、平场、临时支护、充填等工作。

4.1 地下采矿方法分类

4.1.1 采矿方法分类

目前国内外采矿方法分类很多，比较受到认可的是以回采时地压管理方法为主要依据进行的分类。因为地压管理方法是以矿岩物理力学性质为依据的，又与采矿方法的使用条件、采场结构和参数、回采工艺、采空区处理密切相关，且最终影响到开采的安全、效率和经济效果。根据地压管理方法的不同，可将地下采矿方法分为3类，即空场法、充填法和崩落法（表4-1）。

（1）空场法

其实质是在矿体回采过程中采矿房并留设矿柱，主要依靠围岩自身的稳固性和留设矿柱来支撑顶板岩石、管理地压，采空区不做特别处理。由于该类方法适用于矿岩中等稳固及以上，具有工艺简单，成本低等优点，被广泛应用。其缺点是随开采的进行，采空区数量日益增多、安全隐患日益突出，且矿柱难以回收，矿石损失率高（30%~50%），导致该类采矿方法应用比重逐渐降低。

（2）充填法

其实质是利用充填物料将回采过程中形成的采空区进行充填，以消除采空区安全隐患、限制顶板岩层移动和地表沉降。该类采矿方法安全性及资源回采率高，且有利于环境保护，随着矿产品价格的持续走高和对环境问题的日益重视，该类采矿方法应用比重越来越大。

（3）崩落法

崩落法的实质是随着崩落的矿石在覆盖层岩石下被放出，矿石原占的空间被覆盖层的岩石充满，消除了地压发生的根源，属于主动管理地压的一类采矿方法。由于覆盖层岩石和上、下盘围岩的崩落会引起地表沉陷，所以只有地表允许陷落的地方才可考虑采用这种采矿方法，而且该方法出矿工作是在覆盖层岩石下进行的，废石易于混入矿石导致损失率和贫化率较高，产生严重的资源损失与浪费，所以该类采矿方法的应用越来越少。

表 4-1　非煤矿床地下采矿方法分类表

类别	组别	典型采矿方法及配套采装运设备
Ⅰ. 空场法	1. 房柱法 （全面法类似）	(1) 普通房柱法（凿岩机凿岩、电耙出矿）
		(2) 机械化房柱法（凿岩台车凿岩、铲运机出矿）
		(3) 中深孔落矿房柱法（中深孔凿岩台车凿岩、铲运机出矿）
	2. 留矿法	(1) 漏斗结构留矿法（凿岩机凿岩、电耙平场、漏斗放矿）
		(2) 平底结构留矿法（凿岩机凿岩、电耙平场、铲运机出矿）
	3. 分段矿房法	(1) 普通分段矿房法（中深孔凿岩台车凿岩、铲运机出矿）
		(2) 爆力运搬分段矿房法（浅孔和中深孔凿岩机凿岩、铲运机出矿）
	4. 中深孔阶段矿房法	(1) 沿走向布置中深孔阶段矿房法（中深孔凿岩机凿岩、铲运机出矿）
		(2) 垂直走向布置中深孔阶段矿房法（中深孔凿岩台车凿岩、铲运机出矿）
		(3) 预控顶小分段矿房法（浅孔和中深孔凿岩台车凿岩、铲运机出矿）
	5. 深孔阶段矿房法	(1) 垂直崩矿阶段矿房法（潜孔钻机凿岩、铲运机出矿）
		(2) 侧向崩矿阶段矿房法（潜孔钻机凿岩、铲运机出矿）
		(3) 水平崩矿阶段矿房法（潜孔钻机凿岩、铲运机出矿）
Ⅱ. 充填法	1. 分层充填法	(1) 机械化上向水平分层充填法（凿岩台车凿岩、铲运机出矿）
		(2) 机械化上向水平进路充填法（凿岩台车凿岩、铲运机出矿）
		(3) 机械化下向水平进路充填法（凿岩台车凿岩、铲运机出矿）
		(4) 削壁充填法（凿岩机凿岩、电耙平场、顺路溜井放矿）
	2. 空场嗣后充填法	(1) 全面嗣后充填法（凿岩台车凿岩、铲运机出矿）
		(2) 房柱嗣后充填法（凿岩台车凿岩、铲运机出矿）
		(3) 留矿嗣后充填法（凿岩机凿岩、电耙平场、铲运机出矿）
		(4) 分段矿房嗣后充填法（中深孔凿岩台车凿岩、铲运机出矿）
		(5) 中深孔阶段矿房嗣后充填法（中深孔凿岩台车凿岩、铲运机出矿）
		(6) 深孔阶段矿房嗣后充填法（潜孔钻机凿岩、铲运机出矿）
Ⅲ. 崩落法	1. 单层崩落法	(1) 长壁崩落法（凿岩机凿岩、电耙出矿）
		(2) 短壁崩落法（凿岩机凿岩、电耙出矿）
		(3) 进路崩落法（凿岩机凿岩、装岩机出矿）
	2. 分层崩落法	分层崩落法（凿岩机凿岩、电耙出矿）
	3. 分段崩落法	(1) 有底柱分段崩落法（中深孔凿岩机凿岩、电耙出矿）
		(2) 无底柱分段崩落法（中深孔凿岩台车凿岩、铲运机出矿）
	4. 阶段崩落法	(1) 阶段强制崩落法（潜孔钻机凿岩、电耙出矿）
		(2) 阶段自然崩落法（铲运机出矿）

4.1.2　采矿方法应用情况

1.国内矿山采矿方法应用情况

2010 年以前国内非煤矿山地下采矿方法应用比重见表 4-2。国内矿山采矿方法应用情况可归纳为 5 个方面。

表 4-2　2010 年以前国内非煤矿山地下采矿方法应用比重

采矿方法	45 个重点有色金属矿山应用比重/%	15 个重点铁矿山应用比重/%	17 个重点化学矿山应用比重/%	重点核工业矿山应用比重/%
1. 空场法	34.5	5.9	60.6	14.3
1.1 全面法	2.0		1.0	4.4
1.2 房柱法	2.4		25.1	2.8
1.3 留矿法	22.0	5.9	17.9	7.1
1.4 分段矿房法	5.0		16.6	
1.5 阶段矿房法	3.1			
2. 充填法	19.1		0.8	54.8
2.1 上向分层充填法	16.4			
2.2 上向进路充填法	0.3			
2.3 下向进路充填法	2.1			
3. 崩落法	46.4	94.1	38.6	30.9
3.1 有底柱分段崩落法	19.2	6.2	12.0	
3.2 无底柱分段崩落法	7.2	78.6	23.0	
3.3 阶段强制崩落法	18.6			
3.4 阶段自然崩落法		3.5		

①在 2010 年以前，有色金属矿山中空场法、充填法、崩落法的应用比重分别为 34.5%、19.1% 和 46.4%，这 3 种方法应用相对均衡。这也说明有色金属矿山赋存条件复杂，各种矿床类型都有，故各种方法都有较多应用实例。但是随着国家对安全环保的高度重视及绿色矿山的建设要求的提出，目前超过 90% 的有色金属矿山已经改用充填法。

②以铁为代表的黑色金属矿山传统上大多采用崩落法，比例一度达到 94.1%，其中主要是无底柱分段崩落法，比例高达 78.6%。这主要是因为 2003 年以前，铁矿石价格偏低，矿山企业为保持最大利益化，只能采用贫化率高、损失率大，但矿块生产能力相对较大、成本较低的崩落法。但是随着国家对安全环保的高度重视及绿色矿山的建设要求的提出，目前超过 80% 的铁矿山也已经普遍采用充填法。

③化学矿山传统上亦大多采用空场法（60.6%）和崩落法（38.6%）开采，原因与铁矿山相

似，但是随着国家对安全环保的高度重视及绿色矿山的建设要求的提出，特别是近年来充填成本的不断降低，目前超过 70% 的化学矿山也已经普遍采用充填法。

④核工业矿山则以充填法为主，主要与抑制放射性元素逸出有关。

⑤各大类采矿方法中，应用较多的采矿方法包括：空场法中的留矿法、房柱法和分段矿房法；充填法中的上向水平分层充填法；崩落法中的无底柱分段崩落法。

2.国外采矿方法应用情况

从表 4-3 中对国外 32 个国家及地区 232 个非煤矿山地下采矿方法应用情况统计结果来看（2010 年统计数据），三大类采矿方法应用比例差别不大，但是充填法也在逐渐取代空场法和崩落法。同时，在各类采矿方法中，中深孔、深孔采矿方法（分段矿房法、分段崩落法、阶段崩落法）所占比重较大，说明与国内矿山相比，国外矿山机械化程度更高。

表 4-3　国外 32 个国家及地区 232 个非煤矿山地下采矿方法应用比重

采矿方法	按矿山计/%	按产量计/%
1.空场法	45.8	36.5
1.1 全面法	0.9	0.4
1.2 房柱法	13.4	11.9
1.3 留矿法	9.9	3.0
1.4 分段矿房法	20.3	12.7
1.5 阶段矿房法	0.9	8.3
2.充填法	34.8	14.5
2.1 上向分层/进路充填法	28.4	13.0
2.2 下向进路充填法	3.4	0.7
2.3 VCR 嗣后充填法	1.3	0.4
3.崩落法	19.4	49.0
3.1 分段崩落法	12.1	26.3
3.2 阶段崩落法	6.0	22.5

4.1.3　采矿方法未来发展趋势

长期以来，国内外的地下矿山普遍采用粗放的空场法和崩落法进行开采，不仅产生了规模庞大的采空区群，成为诱导大规模地压灾害和地表沉降塌陷的主因，还遗留了大量的优质矿柱资源，造成了严重的资源损失。随着国家对安全和环保的高度重视，更加安全环保、绿色高效的充填法开始取代传统的空场法和崩落法，已成为现代绿色开采技术和绿色矿山建设的核心内容。可以预计，在不远的未来，充填法将占据统治地位，空场法和崩落法的应用比重将越来越小，尤其是崩落法将逐渐萎缩，主要原因如下。

①与空场法、崩落法相比，充填法损失率降低 20%～30%，贫化率降低 5%～10%。虽然

充填成本增加，但成本增加额度远低于因回采率提高和贫化率降低带来的收益额度，故越来越多的企业开始采用充填法。

②崩落法开采引起地表大范围塌陷，空场法则会产生大规模采空区群和大量优质资源损失，而充填法对采空区及时进行处理，可有效抑制地表变形和塌陷，符合国家环境保护政策。随着全社会对环境保护问题的日益重视，应用充填法的矿山将越来越多，国家也已下文规定新建矿山必须优先采用充填法，并严格限制崩落法矿山审批。

③充填法可以充分利用掘进废石、选矿尾砂等固体废弃物，可大大减少废石和尾砂地面堆放压力。

④随着充填技术的发展，充填成本将会进一步降低，充填法的优势也将越来越明显。

4.2　采矿方法选择步骤

采矿方法在矿山生产中占有十分重要的地位，对矿山生产能力、矿石损失率和贫化率、劳动生产效率、成本及安全等都具有重要的影响。采矿方法的选择，直接关系到矿山企业的经济效果和安全生产状况。

4.2.1　采矿方法选择主要因素

1. 采矿方法选择原则

①保障生产安全，确保安全的作业条件。

②保证良好的通风条件。

③尽可能降低贫化损失率，提高生产效率。

④充分考虑矿山复杂多变的开采技术条件，分别选择适宜的采矿方法，贯彻"贫富兼采、厚薄兼采、大小兼采、难易兼采"的原则。

⑤在保证产能的前提下，尽量集中作业，减少同时生产的中段数。

⑥技术成熟，工艺简单可靠，便于工人掌握。

⑦部分矿段开采技术条件复杂，应尽量提高作业强度，缩短顶板暴露时间。

⑧为保护地表环境，控制地压，应及时充填采空区，有效控制上覆岩层的位移和变形，减少地表尾矿排放，延长尾矿库服务年限。

2. 矿床地质条件对采矿方法选择的影响

矿床地质条件对采矿方法的选择起控制性作用，主要包括：

①矿石和围岩的物理力学性质：尤其是矿石和围岩的稳固性，直接影响采场地压管理方法、采场构成要素、回采顺序及落矿方式等，是采矿方法选择的主要考虑因素。

②矿体倾角和厚度：矿体倾角主要影响矿石在采场中的运搬方式。急倾斜矿体既可采用机械运搬，也可用重力运搬；倾斜矿体可考虑爆力运搬和机械运搬；缓倾斜矿体可采用电耙运搬；而水平和微倾斜矿体则可采用无轨设备出矿。矿体厚度主要影响落矿方法的选择及矿块的布置方式：薄矿体只能采用浅孔落矿，中厚以上矿体则可考虑中深孔、深孔落矿；薄矿

体矿块只能沿矿体走向布置，而中厚至厚矿体既可沿走向布置，也可垂直走向布置；极厚矿体则一般垂直走向布置矿块。

③矿体形状和矿石与围岩的接触情况：主要影响落矿方式和损失贫化指标。如果矿岩接触面不明显，矿体形态变化较大，矿体间存在大的夹石，或矿体分支、尖灭再现现象严重，则不宜采用大直径中深孔或深孔作业，否则会因围岩混入造成大的损失贫化。

④矿石的品位和价值：开采品位较高的矿石时，往往采用回收率高、贫化率低的采矿方法，即使这类采矿方法成本较高，提高出矿品位和多回收资源所获得的经济效益往往会超过成本的增加额。反之，则应采用成本低、贫化率高的采矿方法。

⑤矿体中品位分布情况及围岩含矿情况：矿体中品位分布不均匀且差别较大时，应考虑采用分采的可能性，还可将低品位矿石留作矿柱。如果围岩含矿，则回采过程中对围岩混入的限制可以适当放宽。

⑥矿体埋藏深度：与浅部开采相比，深井（如超过 800 m）开采这一特殊环境将带来一系列安全问题，主要包括岩爆、高温、采场闭合和地震活动等，尤以岩爆为主要危害。此时必须优先考虑采用充填法。

⑦矿石氧化性、自燃性和结块性：矿床为硫化矿时，须考虑有无自燃危险的问题。高硫（硫含量 20% 以上）矿石发生自燃可能性较大，不宜采用积压矿石量大和积压时间长的采矿方法。

3. 其他特殊条件对采矿方法选择的影响

①地表是否允许陷落：如果地表有重要工程（公路、铁路、村镇等）、水体（河流、湖泊等）及其他需要保护的因素（风景区、良田、文化遗址、森林），不允许陷落，则在采矿方法选择时必须优先考虑能保护地表的采矿方法，如充填法。

②加工部门对矿石质量的特殊要求，如贫化率指标、矿石块度等：某些加工部门对矿石品位及品级有特殊要求，如直接入炉冶炼的富铁矿石、耐火原料矿石等，对品位及有害成分含量有较高要求，不允许有较大贫化率，特别是当工业品位临近入选或入炉品位时，更不允许有较大贫化，应选择低贫化率的采矿方法。矿石块度关系到箕斗提升、矿车规格、选矿设备选型，其大小与大块率和采场凿岩爆破参数密切相关。如果矿石块度要求较小，则不宜采用大直径深孔或中深孔落矿，尤其是不宜采用扇形炮孔落矿。

③若开采含放射性元素的矿石，则应采用通风效果好的采矿方法。

4.2.2 采矿方法初选

1. 采矿方法选择步骤

一般情况下，在初选几个方案后，通过主要技术经济指标（生产能力、开采成本、贫化率、回采率、劳动生产率）和优缺点比较，就可确定采矿方法。在经过技术经济对比分析，仍然无法确定哪一种采矿方法最优的情况下，可对难分优劣的 2 种（最多 3 种）方案，进行详细技术经济计算，通过综合分析比较确定最优方案。

2. 采矿方法初选

按照采矿方法选择基本要求,分析影响采矿方法选择的各主要因素,初步选择 2~3 个技术可行、经济相对合理的采矿方法方案。具体选择方法如下。

①根据地质报告和现场踏勘收集到的地质资料,对矿岩稳固程度、采场回采后形成的采空区体积、最大允许暴露面积和暴露顶板最大跨度等做出估计。

②根据地质平面图、剖面图,将矿体按倾角、厚度进行分类,并确定各类矿体的分布区域。

③根据采矿方法选择要求和影响因素,以及①、②统计分析结果,对主要矿体提出 2~3 种技术可行、经济相对合理的采矿方案,对其他所占比例相对较小的矿体的采矿方法则本着方法尽量统一的原则进行确定。

④绘制选定采矿方法标准图,并给出采准切割和回采工艺的要点。

4.2.3　采矿方法优选

1. 主要技术经济对比分析

(1)技术经济对比分析
①采矿成本和主要材料消耗。
②劳动生产率。
③矿块的生产能力。
④矿石损失率和贫化率。
⑤安全条件。
⑥采矿设备配套和技术的难易程度。
⑦采准工作量(千吨采切比)。
⑧其他。

(2)采场结构参数
按照经济、安全和低贫损的原则,全面衡量各种采矿方法方案的利弊,确定合理的采矿方法方案,绘制选用采矿方法的标准图,给出采场结构参数,包括:

①矿块布置(沿走向或垂直走向)方式。
②阶段高度。
③分段高度。
④分层高度。
⑤矿房长度和宽度。
⑥间柱和点柱尺寸。
⑦顶柱和底柱尺寸。
⑧工作面形式,工作面长度。
⑨矿块底部结构形式(漏斗、堑沟或平底)、间距和布置方式。
⑩其他。

2. 详细技术经济计算

如果通过主要技术经济分析对比仍不能确定最终采矿方法方案,则需对2~3种难分优劣的采矿方法进行详细技术经济计算,计算内容包括:

①采出矿石成本、最终产品成本。

②年盈利、总盈利及其净现值。

③基建投资、投资收益率、投资回收期。

④敏感性分析。

4.2.4　采矿方法选择实例

(1)矿山开采技术条件简述

某金矿矿体主要分布在近东西向的断裂破碎带中,矿化带长大于800 m,宽20~60 m。矿体长20~560 m,厚度1.28~17.38 m。金品位一般为1.0~6.36 g/t,平均品位4.5 g/t。矿体分布标高+3540~+3846 m,控制矿体延伸20~180 m。矿体顶、底板由灰质砾岩、白云质灰岩组成,f=6~12,岩石受地质构造破坏影响一般,节理裂隙发育。暴露面高5~10 m、宽10~15 m时,无支护能保持稳定。矿体为紫红色、褐红色赤铁矿化、硅化灰质砾岩型金矿石,f=5~8,矿石碎块间不具黏结性、氧化性和自燃性。矿石比较坚固,稳固性好。矿床周围无任何地表水体存在,地下水埋藏较深,矿床高出潜水面近50 m,因此矿区地表水、地下水对矿床开采均无影响。矿山设计生产能力为40万 t/a。经计算,空区最大允许暴露面积为400 m²,当空顶高度为5 m时顶板暴露跨度不应超过25 m。

(2)矿体分类

为了对矿体有更全面的掌握,同时便于采矿方法选择,根据矿山提供的剖面图和平面图,在设计开采范围内,按照矿体的倾角和厚度进行统计分类,将具有工业价值的矿体按厚度分为3类,即厚度小于5 m,倾角25°~45°,占总储量的6.53%;厚度5~10 m,倾角>45°,占15.23%;厚度大于10 m,倾角25°~45°,占78.24%。

(3)方案初选

从表4-4可以看出,该金矿属缓倾斜、倾斜薄至中厚金矿脉。由于矿石品位较高,采用充填采矿法。适宜的采矿方法包括分段矿房嗣后充填采矿法(方案Ⅰ)、上向水平进路充填法(方案Ⅱ)和上向水平分层充填法(方案Ⅲ)。

表4-4　某金矿矿体倾角和厚度分类统计表

厚度/m	倾角/(°)	所占比例/%	主要分布区域
<5	25~45	6.53	+3570 m与+3602 m中段的154~160线与168~172线
5~10	>45	15.23	+3570 m与+3630 m中段的168~172线及+3630 m的156~166线
>10	25~45	78.24	+3570 m与+3602 m中段的158~170线

(4)技术经济对比分析

3种初选采矿方法方案主要技术经济指标和优缺点见表4-5,从表4-5中可以看出,虽然方案Ⅰ采矿强度大，生产安全，但因技术要求高，且贫化、损失指标难以控制，故不予推荐。从生产效率角度出发，选用方案Ⅲ，即上向水平分层充填；局部地段矿岩稳固性差，不容许有较大暴露面积的区段，可以使用方案Ⅱ，即上向水平进路充填法，以确保生产安全。

表 4-5　某金矿采矿方法主要技术经济指标和优缺点比较表

项目名称	方案Ⅰ	方案Ⅱ	方案Ⅲ
采场生产能力/(t·d⁻¹)	250	85	140
采矿直接成本/(元·t⁻¹)	35.6	54.5	40.4
矿石损失率/%	37	5	8
矿石贫化率/%	12	5	8
采切比/(标准米·kt⁻¹)	25	8	27
采场暴露面积/m²	405	166	240
方案灵活适应性	差	好	好
通风条件	好	差	好
实施难易程度	难	容易	容易
地压控制效果	好	好	较好
优点	(1)回采强度大，劳动生产率高； (2)作业安全性好； (3)通风效果好	(1)灵活性强，对矿体形态变化适应性好； (2)进路采矿安全性好； (3)回采率高、贫化率低	(1)灵活性强，对矿体形态变化适应性好； (2)回采率高、贫化率低； (3)采场通风效果好
缺点	(1)施工难度大，采场边界难以控制； (2)顶底柱所占比例高，损失贫化大； (3)矿石块度不均匀、大块率高	(1)作业循环较多，采场生产能力小； (2)通风效果差	(1)工人在采场内作业，安全性稍差； (2)作业循环较多，采场生产能力低

4.3　采准与切割工程

为获得采准矿量，在已完成开拓工作的区域内，按不同采矿方法工艺要求掘进的各类井巷工程称为采准工程，如在采场底部开掘的出矿巷道和穿脉巷道；采场人行、通风、设备、充填、泄水、回风等专用天井及溜矿井等。

为获得备采矿量，在开拓及采准矿量的基础上按采矿方法要求，在回采作业之前必须完成的井巷工程，称为切割工程，如采场切割天井(或上山)、切割平巷、拉底平巷、堑沟；放矿漏斗的漏斗颈；深孔凿岩硐室等。

4.3.1　主要采准工程

采准工程一般包括主运输巷道、主要运输水平之上的主要平巷(分段平巷、分层平巷、联络道等)、穿脉工程、采场天井(人行天井、设备天井、通风天井、充填天井、泄水天井等)、采场溜矿井、斜坡道等。按主要采准巷道与矿体的位置关系，采准工程可分为脉内采准和脉外采准；按通行的装载运输设备的不同，可分为有轨采准和无轨采准。

1. 运输巷道

主要运输巷道一般属于开拓工程，靠近矿体部分且与采准关系极为密切的中段和分段运输巷道，通常将其划为主要采准巷道。运输巷道需结合开拓系统和采矿方法进行布置，详见各采矿方法的采准工程布置。

2. 天井

与平巷相比，天井掘进条件差，速度慢，效率低，可采用普通法、爬罐法、吊罐法、深孔分段爆破成井法和钻进法施工。近年来随着天井掘进设备的更新，天井钻机已广泛应用于天井掘进施工中，极大提高了天井成井效率，降低了劳动强度。天井布置应满足如下要求：

①保证使用安全，与回采工作面联系便利。

②人行天井、通风天井、设备天井应具有良好的通风条件。

③天井规格应根据用途确定，保证矿石下放和人员、材料、设备通行顺利，并有利于其他采切巷道的施工。

④有利于探采结合。

⑤天井应尽量直立布置。

3. 溜矿井

与矿山溜破系统的主溜井属于开拓工程不同，在一个阶段之内，用来为一个采区或一个盘区服务的溜井属于采准工程。采区溜井与所采用的采矿方法密切相关，为便于矿石转运，缓解采场间断出矿与矿车集中装矿矛盾，一般均需设置采区溜井避免搬运和运输相互干扰。采区溜井是采场崩落矿石与井下矿石运输系统之间的中间环节，也是容易因堵塞而影响矿山正常生产的薄弱环节，应引起足够重视。条件允许的情况下，应尽量加大溜井规格，并在上方设置格筛，避免大块进入造成堵塞；废石量较大时，应设置废石溜井，与矿石溜井分开，避免废石混入。为避免压矿，应尽量布置下盘脉外溜井。当矿体极薄时为降低采切比，或矿体极厚时为减少矿石运搬距离，也可采用脉内布置。采区溜井的间距，与所采用的采矿方法及出矿设备有关：采用装岩机出矿时，采区溜井的间距一般为50 m左右；使用电动铲运机出矿时，溜井间距为100 m左右；使用柴油铲运机时，溜井间距可以扩大到150~300 m。除根据出矿设备确定溜井间距外，还应考虑溜井的通过能力，根据与采场生产能力相适应的原则确定溜井数目和间距。

采区溜井的位置，一般应满足下列条件：

①因溜井受矿石反复冲撞容易磨损破坏，故溜井穿过的岩层应坚硬、稳固，尽量避开断

层、破碎带、褶皱、溶洞及节理裂隙发育地段。

②黏性大、易结块矿石尽量不用溜井放矿，若必须采用溜井时，应适当加大溜井断面，减小因矿石结块而堵塞溜井的可能性。

③采区溜井应尽量靠近采区或矿块中央布置，以减少装卸矿石运距。

④采区溜井应尽量布置在下部运输阶段装矿巷道的直线段，且直线段距离要满足一列车装矿需要。

⑤采区溜井应尽量直立布置，必须采用倾斜溜井时，溜矿段倾角要大于矿石自然安息角，一般不小于 55°。

⑥溜井高度不宜过高，因为过高溜井堵塞后处理难度较大。如果溜井服务多个中段，最好采用错段布置，错段之间用振动放矿机连接。

⑦一般采用圆形溜井，因为圆形溜井稳固性好、受力均匀、断面利用率高、冲击磨损小。

⑧溜井可以采用天井钻机施工，以提高成井速度。

⑨溜井底部一般安装振动放矿机，实现均匀、连续强制放矿。

4. 采准斜坡道及联络道

随着无轨设备的大量应用，采用无轨采准的矿山日益增加。无轨采准工程主要包括无轨采准巷道和采准斜坡道。无轨采准巷道包括阶段平巷、分段平巷、分层平巷及其与采场、溜井、斜坡道之间的各种联络巷道。无轨采准斜坡道是指专门为采场服务的，阶段与阶段、阶段与分段、分段与分段或它们与采矿场之间相互联系的各种斜坡道及其联络道。无轨采准斜坡道一般布置在矿体下盘，且多采用折返式布置。

4.3.2　矿块底部结构

崩落的矿石要通过布置在矿块底部的一系列井巷工程放出。矿块底部布置的受矿巷道、二次破碎巷道和放矿巷道的不同形状和布置方式的总和，称为矿块底部结构。矿块底部结构类型很多，按矿石的运搬形式，主要有漏斗式、平底式和堑沟式 3 种。

1. 漏斗底部结构

漏斗布置可以对称布置，也可以交错布置(图 4-1)。由于交错布置放矿口分布均匀，对底部结构破坏相对较小，应优先选用。由于与其他形式底部结构相比，漏斗底部结构对底柱破坏性大，底部结构稳固性差，漏斗辟漏工程量大，电耙巷道维护困难，已逐步被淘汰。

2. 堑沟底部结构

V 形堑沟底部结构(图 4-2)与漏斗底部结构相比，具有如下优点：

①堑沟可与矿块拉底一次进行，简化了底部结构形成工艺。

②开凿堑沟可用中深孔爆破工艺，提高了工作效率。

③放矿口尺寸较大，减少了放矿口堵塞事故。

(a) 对称布置

(b) 交错布置

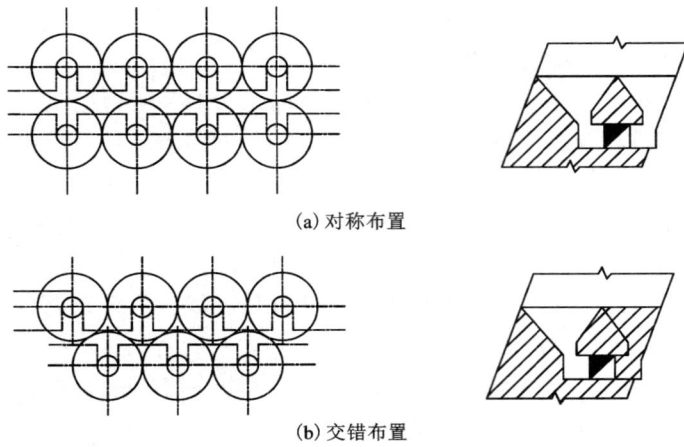

图 4-1　漏斗布置形式

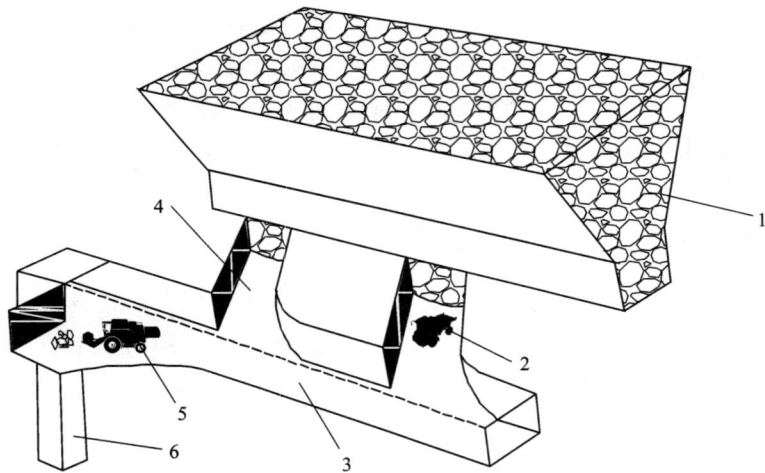

1—V 形堑沟；2—铲运机；3—出矿巷道；4—出矿进路；5—铲运机向溜井卸矿；6—溜井。

图 4-2　V 形堑沟底部结构

3.平底底部结构

当矿体厚度<5 m时，采用 V 形堑沟底部结构放矿口尺寸过大，极易导致矿石贫化，因此可取消上部 V 形结构，仅保留底部的堑沟拉底巷道、出矿进路，采用更为简单的平底底部结构。

4.3.3　采准切割工程量

采准切割工程是为矿块大规模开采创造必要条件，与采矿方法密切相关。由于采准切割工作空间有限，条件艰难，效率较低，因此，应在满足开采条件下应尽量减少采准切割工程量。采准切割工程量是衡量采矿方法合理性的一个重要方面，一般用千吨采切比衡量，寓意为每采出 1 千吨矿石所需掘进采准切割巷道的长度或工程量。

（1）采准工程

采准工程包括直接为采场出矿服务的运输巷道（为全矿服务的主运输巷道属于开拓工程）、穿脉巷道、运输横巷、分段平巷、分层平巷、采场联络道、回风平巷、天井或上山（人行天井、设备天井、通风天井、充填天井）、电耙巷道、采场溜矿井、泄水井等。

（2）切割工程

切割工程包括切割天井（或上山）、切割平巷、拉底平巷、堑沟，放矿漏斗的漏斗颈及斗穿、深孔凿岩硐室等。

（3）采准切割工程量计算

详见第 12 章采矿方法课程设计计算示例。

4.3.4　天溜井钻机

使用普通法、吊罐法、爬罐法等方法掘进天溜井的难度和强度极大，采用天溜井钻机的施工人员无须进入天溜井，在平巷内操作设备即可，劳动强度低，且可以避免使用普通方法施工过程中的爆破安全事故。目前，国内外常用的天溜井钻机设备见表 4-6。

表 4-6　国内外常用的天溜井钻机设备

规格型号	主要技术参数	设备厂家
Robbins 91RH C	天溜井直径 2.4~5.0 m	Atlas Cop
Robbins 73RVF C	天溜井直径 1.5~3.1 m	Atlas Cop
Robbins 53RH C	天溜井直径 1.2~2.4 m	Atlas Cop
Robbins 44RH C	天溜井直径 1.0~1.8 m	Atlas Cop
Robbins 34RH C	天溜井直径 0.6~1.5 m	Atlas Cop
RHINO400	导向孔径 229~279 mm，天溜井直径 1.0~2.4 m，功率 115~137 kW，天井角度 0°~90°，设备尺寸及天井深度可调	SANDVIK
RHINO1000	导向孔径 279~311 mm，天溜井直径 2.1~3.5 m，功率 315~375 kW，天井角度 0°~90°，设备尺寸及天井深度可调	SANDVIK
CY-R120	天溜井直径 3.0~3.5 m	创远矿机
CY-R80C	天溜井直径 2.0 m	创远矿机
AT1200	天溜井直径 1.2 m	有色重机
AT1500	天溜井直径 1.5 m	有色重机
AT2000	天溜井直径 2.0 m	有色重机

矿山采矿中存在大量切割天井的施工需求，湖南创远 CY-R80C 切割槽天井钻机主机通过锚杆与顶撑机构固定，无须浇筑混凝土基础，与常规天井钻机相比，可省去混凝土基础浇筑过程，节省工期 7~10 d，简化施工流程，提高作业效率，节省成本。其主要技术参数如下：

公称扩孔直径 2000 mm、最大钻深 400 m、导孔直径 241 mm、天井角度 15°~90°；设备长 5060 mm、宽 3070 mm、高 3865 mm、总重 10.7 t，行走速度 0~1.5 km/h、爬坡能力 0°~14°。

4.4 回采主要过程

在完成采切工作的回采单元中，进行大量采矿作业的过程，称为回采。回采作业包括凿岩、爆破、采场通风(合成落矿)、矿石运搬(出矿)、采场地压管理等工序。

4.4.1 落矿

1. 凿岩

在矿岩开采中，广泛采用浅孔凿岩(孔径<45 mm、孔深<5 m)、中深孔接杆式凿岩(孔径≥45 mm、孔深≤15 m)和深孔潜孔凿岩(孔径≥90 mm、孔深>15 m)等方式。目前，国内外还有大量的中小型矿山的凿岩装备仍以 YT-28、YSP-45 等风动凿岩机为主，存在工人劳动强度大、安全性差、凿岩效率低，工作面噪声和粉尘大等诸多问题。按照国家绿色矿山及矿山"五化"的建设要求，应引进先进的凿岩台车或潜孔钻机，降低工人劳动强度、提高掘进效率、改善作业环境。

(1)小型浅孔凿岩台车

对于生产规模不大或主要采掘巷道断面较小的地下矿山，可考虑引进尺寸较小的小型凿岩台车替代传统的 YT-28、YSP-45 等风动凿岩机。如图 4-3 所示，Boomer K41 是阿特拉斯·科普柯公司生产的适用于狭窄隧道和矿山巷道的小型液压凿岩台车。设备主要尺寸如下：宽度 1220 mm；顶棚高度(最低)2010 mm；长度(配 BMH2X37 推进梁)10735 mm；最小离地间隙 240 mm；最小转弯半径 4570 mm；可覆盖最大断面 4190 mm(宽)×4910 mm(高)。

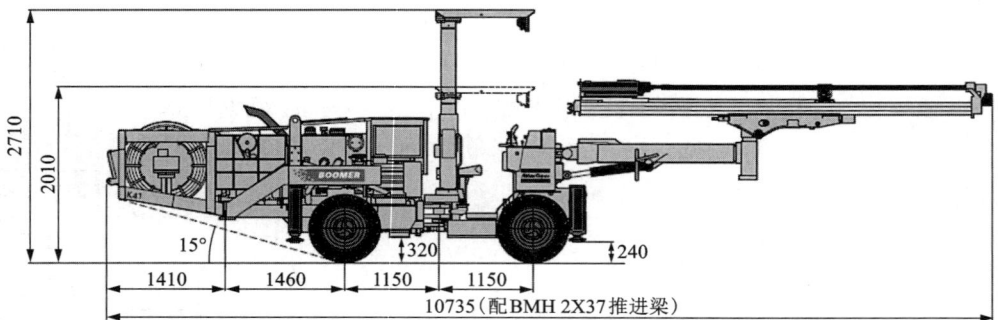

图 4-3 Boomer K41 小型液压凿岩台车侧视图

(2)大型浅孔凿岩台车

大中型矿山由于矿山规模较大或矿体规整、厚度较大，根据采矿工艺要求，可引进大型或多臂凿岩台车进一步提高采掘效率，满足大规模机械化开采的要求。阿特拉斯·科普柯公司生产的 Boomer 292 双臂液压凿岩台车宽度 1978 mm，顶棚高度(最低)2248 mm，顶棚高度

（最高）2948 mm，长度（配 BMH2837/43/49 推进梁）11158 mm、11768 mm、12378 mm；最小离地间隙 196 mm，覆盖面积可达 51 m²（图 4-4）。

图 4-4　Boomer 292 双臂液压凿岩台车

（3）中深孔凿岩台车

传统的风动导轨式钻机（例如 YGZ 系列）是以压缩空气为动力的中深孔凿岩机具，存在设备重量大、转运不变、凿岩效率低、粉尘大等问题，逐渐被可接杆钻凿大直径中深孔和深孔的凿岩台车所替代。如图 4-5 所示，阿特拉斯·科普柯公司生产的 Simba E7 中深孔凿岩台车可采用多种钻头、凿岩机和潜孔锤施工孔径为 51 ~ 127 mm 的中深孔，设备宽度 2380 mm，防护顶棚最大高度 2960 mm，长度（配 BMH214/215/216 推进梁）8209 mm、8486 mm、8763 mm，离地间隙 280 mm，转弯半径（内径）2890 mm。

图 4-5　Simba E7 中深孔凿岩台车

此外，Simba 1254 是专为小尺寸巷道断面打造的中深孔凿岩台车，设备宽度 2380 mm，行车高度 2660 mm、2770 mm、2810 mm，顶棚最大高度 2920 mm，离地间隙 260 mm，转弯半径（内径）2500 mm。由于采用接杆式凿岩，目前先进的中深孔凿岩台车可施工的最大炮孔深度可达 30~40 m。

(4)潜孔钻机

潜孔钻机是为了使活塞冲击钎杆的能量不随炮孔加深和钎杆加长而损耗所研制的一种凿岩设备,其本质仍采用高压风作为动力,风压需为 1~1.5 MPa。在凿岩作业时,钻机的冲击部分(冲击器)深入孔内,在钻机推进机构的作用下,通过钻具给钻头施以一定的轴向压力,使钻头紧贴孔底岩石。井下潜孔钻机包括回转机构、推进调压机构、操纵机构和凿岩支柱等部分。回转机构是独立的外回转结构,功能是使钻具不断转动;冲击器是深入孔内冲击岩石的动力源。钻头在轴向压力作用和连续旋转的同时,间歇受到冲击器的冲击,对孔底岩石产生冲击—剪切破坏作用,产生的岩粉在经钻杆送至孔底的压缩空气和高压水的作用下,沿钻杆与孔壁之间的环形空隙不断排出。潜孔钻机的钻孔速度不随孔深的增加而降低,国内外常用潜孔钻机设备见表 4-7。

表 4-7　国内外常用潜孔钻机设备

规格型号	主要技术参数	设备厂家
Simba 364	孔径 90~165 mm,最大孔深 51 m,行走高度 3180 mm,宽度 1950 mm,功率 65 kW	Atlas Cop
Simba M4	孔径 51~178 mm,最大孔深 63 m,驾驶室高度 3100 mm,宽度 2386 mm	Atlas Cop
Simba M6	孔径 51~178 mm,最大孔深 63 m,驾驶室高度 3100 mm,宽度 2210 mm	Atlas Cop
CUBEXAries	孔径 69~160 mm,最大孔深 60 m,最小巷道宽度 3.15 m,巷道高度 3.15 m,最大爬坡 35%(轮胎式)	SANDVIK

图 4-6 为 Simba M6 潜孔钻机,设备宽度 2350 mm,顶棚高度(最低)2300 mm,顶棚高度(最高)3000 mm,长度 10500 mm,最小离地间隙 265 mm,转弯半径(内径)4300 mm。

图 4-6　Simba M6 潜孔钻机

(5)软岩掘进机

掘进机是隧道工程和煤矿常用于平直地面开凿巷道的机器,主要由行走机构、工作机构、装运机构和转载机构组成。随着行走机构向前推进,工作机构中的切割头不断破碎岩石,并将碎岩运走,具有安全、高效和成巷质量好等优点,在煤矿中广泛应用。在矿石较破碎的情况下，可考虑采用高效掘进机代替凿岩爆破装备，提高回采效率和回采强度。如图 4-7 所示，由三一重型装备有限公司设计制造的 SCR200Z 型掘进机可截割岩石硬度 f≤7、适应巷道最大坡度 ±16°、外形 11.5 m（长）×2.6 m（宽）×1.7 m（高）、机重 60 t、设备总功率 332 kW、定位可掘最大高度 4 m、定位可掘最大宽度 4.5 m、供电电压 1140 V；在矿岩硬度 f<6 时，截割效率 8~10 m³/h，截齿消耗 0.05~0.08 个/m³，成本较爆破降低 10%~20%。

图 4-7　SCR200Z 型掘进机外形图

2. 爆破

（1）炮孔布置方式

①浅孔爆破

浅孔爆破炮孔直径在 45 mm 以下、炮孔深度 5 m 以下，崩矿药量分布较均匀，一般破碎效果较好而不需要进行二次破碎。浅眼炮孔分水平孔和垂直（含倾斜）孔两种。炮孔水平布置，有利于顶板维护，但受工作面限制，一次施工炮孔数目有限，爆破效率较低；炮孔垂直布置优缺点恰好与水平布置相反。因此，矿岩比较稳固时可采用垂直炮孔，而矿岩稳固性较差时，一般采用水平炮眼。浅眼爆破通常采用直径 32 mm 的药卷，炮眼直径 d 一般为 38~42 mm，最小抵抗线 W 一般为 (25~30)d，炮眼间距 a 一般为 (1.0~1.5)W，单位炸药消耗量一般为 0.8~1.6 kg/m³。

②中深孔和深孔爆破

炮眼直径超过 45 mm、炮孔深度为 5~15 m 的炮孔称为中深孔，孔深大于 15 m 的为深孔。中深孔和深孔布置方式可分为平行孔和扇形孔两类，按炮眼凿钻方向不同又可分为上向孔、下向孔和水平孔三类。扇形孔因其具有凿岩巷道掘进工程量小、炮孔布置较灵活且凿岩设备移动次数少等优点，得到广泛应用。但是，由于扇形孔呈放射状布置、孔口间距小而孔底间距大，崩落矿石块度没有平行孔爆破均匀，故在矿体形状规则和对矿石破碎程度有较严格要求的场合，应尽量采用平行孔。

ⓐ孔径。中深孔、深孔直径 d 主要取决于凿岩设备、炸药性能及岩石性质等。采用接杆法凿岩时孔径多为 55~65 mm，采用潜孔凿岩时孔径多为 90~165 mm。

ⓑ最小抵抗线。当单位炸药消耗量、炮孔密集系数、装药密度及装药系数等参数为定值时，最小抵抗线一般为 (25~35)d。

ⓒ孔距。对于平行孔，孔距 a 是指同排相邻孔之间的距离；对于扇形孔，孔距可分为孔底垂距 a_1（较短的中深孔孔底到相邻孔的垂直距离）和药包顶端垂距 a_2（堵塞较长的中深孔装药端面至相邻中深孔的垂直距离）。平行中深孔、深孔可按最小抵抗线 W 进行布置，扇形孔则应先以最小抵抗线确定排间距，然后逐排进行扇形分布设计。

ⓓ填塞长度。扇形孔填塞长度一般为 (0.4~0.8)W，相邻孔采用不同的填塞长度，以避

免孔口附近炸药过分集中。中深孔和深孔的单位炸药消耗量一般为 $0.3\sim0.8$ kg/m³。

中深孔和深孔必须严格控制炮孔偏斜率($5‰\sim1\%$)和爆破孔底距,以控制大块率。

(2)炸药与起爆方法

①浅孔爆破

浅孔爆破多使用乳化卷状炸药,如广泛采用的岩石乳化炸药,药卷直径 32 mm,药卷长度 200 mm,炸药量 150~200 g。在工程爆破中,常用的起爆方法有电力起爆法、导爆索起爆法、导爆管起爆法。过去经常使用的导火索起爆法已被禁止,现多采用导爆管起爆法,传统的火雷管也已被淘汰,现多采用数码电子雷管。

②中深孔、深孔爆破

中深孔、深孔爆破一般使用粒状或粉状铵油炸药或乳化炸药,采用装药器机械装药。装药器是中深孔、深孔地下矿山不可缺少的装药设备。目前常用的装药器为 BQF 系列(BQF-50、BQF-100、BQF-100Ⅱ等),采用风力输送(风压 0.2~0.4 MPa),具有装药速度快、装填密度大、装药效率高、爆破效果好、使用方便等优点。如图 4-8 所示,装药台车是集炸药原料运输、炸药混制、炸药填装三项功能于一体的矿用爆破专用设备,可以装载炸药原料或半成品进入爆破现场,进行现场配制炸药,同时填充炮孔,提高了工作效率和安全性,实现了装药作业的机械化。

图 4-8　装药台车

(3)控制爆破

①微差爆破

微差爆破又叫毫秒爆破,它是利用毫秒延时雷管实现几毫秒到几十毫秒间隔延期起爆的一种控制爆破方法。实施微差爆破可降低爆破地震效应和空气冲击波及飞石作用;增大一次爆破量而减少爆破次数;使破碎块度均匀、大块率降低、爆堆集中。一般矿山爆破工作中实际采用的微差间隔时间为 15~75 ms,排间微差间隔可取长些,以保证破碎质量、改善爆堆挖掘条件并减少飞石。

②挤压爆破

挤压爆破是在爆区自由面前方人为预留矿石，以提高炸药能量利用率和改善破碎质量的控制爆破方法。地下深孔挤压爆破常用于中厚和厚矿体崩落采矿中。挤压爆破第一排孔的最小抵抗线比正常排距大些（一般大 20%～40%），以避开前次爆破后裂的影响，第一排孔的装药量也要相应增加 25%～30%。一次爆破矿层厚度可适当增加，中厚矿体取 10～20 m，厚矿体取 15～30 m。多排微差挤压爆破的单位炸药消耗量比普通微差爆破要高，一般为 0.4～0.5 kg/t，时爆间隔也比普通爆破延长 30%～60%，以便使前排孔爆破的矿岩产生位移并形成良好的空隙槽，为后排创造补偿空间，发挥挤压作用。挤压爆破的空间补偿系数一般仅需 10%～30%。

③光面爆破

光面爆破是能保证开挖面平整光滑且不受明显破坏的控制爆破技术。采取光面爆破技术通常可在新形成的岩壁上残留清晰可见的孔迹，使超挖量减少 4%～6%，从而节省了装运、回填、支护等工程量和费用。由于爆破产生的裂隙很少，光面爆破能有效地保护开挖面岩体的稳定性，还可减少岩爆发生的危害。光面爆破的机理为：在开挖工程的最终开挖面上布置密集的小直径炮眼，在这些孔中不耦合装药（药卷直径小于炮孔直径）或部分孔不装药，各孔同时起爆以使这些孔的连线破裂成平整的光面。当同时起爆光面孔时，由于不耦合装药，药包爆炸产生的压力经过空气间隙的缓冲后显著降低，已不足以在孔壁周围产生粉碎区，而仅在周边孔的连线方向形成贯通裂纹并在需要崩落的岩石一侧产生破碎作用，周边孔之间贯通的裂纹即形成平整的破裂面（光面）。

④预裂爆破

预裂爆破是沿着预计开挖边界面人为制造一条裂缝，将需要保留的矿岩与爆区分离开，有效保护矿岩，降低爆破地震危害的控制爆破方法。沿着开挖边界钻凿的密集平行炮孔称作预裂孔。在主爆区开挖之前首先起爆预裂孔，由于采用小药卷不耦合装药，在该孔连线方向形成平整的预裂缝，裂缝宽度为 1～2 cm。然后再起爆主爆炮孔组，就可降低主爆炮孔组的爆破地震效应，提高保留区矿岩壁面的稳定性。预裂缝形成的原理基本上与光面爆破中沿周边眼中心连线产生贯通裂缝形成破裂面的机理相似，不同之处在于预裂孔是在最小抵抗线相当大的情况下提前于主爆孔起爆的。

3.采场通风

采场爆破后产生的炮烟含有大量有毒有害气体，必须经过充分通风，排出炮烟并经测定确认工作面有毒有害气体浓度及工作面温度达到规定值（表 4-8）后，人员方能进入工作面进行下一工序。《爆破安全规程》（GB 6722—2014）规定，采场爆破后通风等待时间不能低于 15 min，考虑到采场通风条件一般较差，故送风等待时间应适当延长，一般不低于 45 min。采矿方法不同，其通风线路也不同，一般是新鲜风流由下阶段运输平巷经通路（泄水井、人行天井、联络道等）进入工作面，污风从回风天井进入上阶段回风平巷。

表 4-8 地下爆破作业点有害气体允许浓度

有害气体名称		CO	N_nO_m	SO_2	H_2S	NH_3	R_n
允许浓度	体积/%	0.0024	0.00025	0.0005	0.00066	0.004	3700 Bq/m³
	质量分数/(mg·m⁻³)	30	5	15	10	30	—

采矿方法不同，需通风的地点也不同，如人员在采场内作业，应加强采场内通风；人员在专用巷道内作业，通风的重点则是作业巷道。空场法、水平分层充填法通风线路顺畅，通风效果较好；进路充填法系独头掘进，通风效果较差，人员进入独头工作面之前，应开启局部通风设备通风，确保空气质量满足作业要求。

4.4.2 出矿

出矿结构和出矿装备是影响出矿效率和矿块生产能力的主要因素之一。地下矿山主要有铲运机出矿、扒渣机出矿、电耙出矿、装岩机出矿 4 种形式。其中，装岩机和电耙出矿属于低效落后的出矿方式，已逐渐被淘汰。

(1) 铲运机出矿

铲运机出矿具有机动灵活、出矿能力大、劳动生产率高等优点，随着尾气净化技术的进步，铲运机出矿已成为目前最主要的出矿方式。铲运机根据铲斗大小的不同，可分为 0.75 m³、1 m³、1.5 m³、2 m³、4.0 m³、6.0 m³ 等多种型号，其出矿效率为 50~500 t/台班。目前，中小型矿山常用的 1.5 m³ 铲运机的长度为 6.9 m、宽度为 1.64 m、高度为 2.1 m，出矿效率可达 150 t/台班。如果矿山通风效果较好，可以选用柴油铲运机，以扩大铲运机运行距离；如果矿山通风压力较大，则宜选用电动铲运机。

(2) 电耙和装岩机出矿

使用电耙平场或出矿，不仅需要频繁地在采场内打锚杆、挂葫芦才能耙运矿石，而且电耙仅能耙运一条线，导致采场内的矿石二次损失严重。使用装岩机出矿，不仅需要铺设轨道至采掘工作面才能装运矿石，而且也仅能装运一条线上的矿石，导致采场内的矿石装运工程量大、效率极低且损失严重。

(3) 扒渣机出矿

如图 4-9 所示，扒渣机是一种连续高效率的出矿设备，是矿山耙斗装岩机和立爪装载机的替代产品，采用独特的反铲系统来扒取矿石，将矿石扒入中央的刮板运输槽，并依靠刮板运输机构将矿石从前部输送至后部的接续设备(各类矿车、皮带机、汽车等)中。国产 ZWY-80/30L 扒渣机长度 6.0 m、宽度 1.75 m、高度 1.75 m，装载能力可达 80 m³/h，尤其适用于无轨开拓、汽车运输的矿山。

(4) 大块二次破碎

如图 4-10 所示，采场爆破过程中，不可避免地会出现大块矿石，国家严令禁止采用二次爆破的方式破碎大块，因此，一般采场还需配置液压破碎锤进行大块破碎。

图 4-9　扒渣机

图 4-10　液压破碎锤

4.4.3　采场地压管理

1. 采场地压管理的内容

（1）采准巷道支护

当矿岩稳固性一般或较差时，在施工采准切割工程时就应加强支护，对围岩松软不稳固的回采工作面、采准和切割巷道采取支护措施；因爆破或其他原因而受破坏的支护，应及时修复，确认安全后方准作业。

（2）采场顶板管理

采场爆破，经充分通风排出炮烟后，人员进入采场进行顶板管理、清除浮石工作。撬毛台车(图 4-11)适用于各类矿山的排险工作，设备尺寸紧凑、转弯半径小，适合在狭窄的巷道内运行，具有移动转场灵活、安全系数高、操作维护简单等特点。

图 4-11　撬毛台车

（3）采空区处理

在采场回采结束后，应及时对采空区进行处理，比如充填、封堵或崩落等。其中，充填是最有效的采空区处置手段，可以从根本上消除采空区的安全隐患。如果采空区暂时无法充填处理，则应加强采空区稳定性监测工作，发现大面积地压活动预兆，应立即停止作业，将人员撤至安全地点。

2.支护方法

根据支护材料和支架种类,采场支护分为锚杆支护、长锚索支护、喷射混凝土支护、支架支护、特殊支护和联合支护等六类。其中,采场支架支护一般采用液压或水压等可移动式支架,巷道经常采用的钢支架、木支架、砌筑支护等在采场内一般不采用。

(1)锚杆分类

锚杆支护种类繁多,材料来源广泛,加工制作简单,运输安装方便,使用安全可靠,使用范围广,是国内外矿山广泛使用的支护形式。常用的锚杆长度一般为 1.5~2.2 m,楔缝式锚杆直径一般为 20~32 mm,涨壳式锚杆直径一般为 12~20 mm,管缝式锚杆直径一般为 32~40 mm,钢筋砂浆锚杆直径一般为 12~20 mm;锚杆间距一般为 0.7~1.5 m,可按矩形、方形及梅花形排列。

(2)锚杆台车

如图 4-12 所示,锚杆台车可实现锚杆支护施工的高度机械化、智能化,从而减轻了工人负担,提高了工作效率和施工质量。阿特拉斯·科普柯公司生产的 Boltec 235 锚杆台车采用 MBU 全机械式锚杆装置,锚杆仓可储存 10 根锚杆,长度 1.5~2.4 m。设备宽度 1930 mm、驾驶棚高度 2300~3000 mm、行走长度 11216 mm、离地间隙 316 mm、转弯半径 3000 mm。

图 4-12 锚杆台车

(3)长锚索支护

当矿岩稳固性较差的范围较广,锚杆无法打入稳定岩层时,以锚索作为承受拉力的杆状构件,通过钻孔将钢绞线或高强钢丝固定于深部稳定岩层中,达到稳定加固和限制其变形的目的。锚索除具有普通锚杆的悬吊作用、组合梁作用、组合拱作用、楔固作用外,还可对顶板进行深部锚固而产生强力悬吊作用,并将其牢固悬吊在上部稳定岩体中。由于锚索支护能提高巷道顶板的承载能力,改善巷道受力条件,使顶板得到有效控制,故巷道和采场的片帮问题也得到了较好的解决。锚索按锚固段结构受力状态可分为拉力型、压力型、荷载分散型等,另外还有可拆除式锚索、观测锚索等。

如图 4-13 所示,在矿岩中钻凿深孔或中深孔,然后放入 1 根或多根钢丝绳或钢绞线,并向钻孔中灌注水泥砂浆,凝固后即可加固和支撑顶板。长锚索分普通长锚索和预应力长锚索两种,常用普通长锚索。钻孔长度根据长锚索用途变化较大,主要取决于顶板冒落带高度,一般要高于冒落带 1~2 m。钻孔间距(网度)应根据岩层稳定性及节理裂隙发育程度选定:岩层稳定且整体性较好时,网度可取为(3~4)m×(3~4)m;节理裂隙发育地段可取为(1.5~2)m×(1.5~2)m。钻孔直径一般取所用长锚索直径的 2~3 倍。

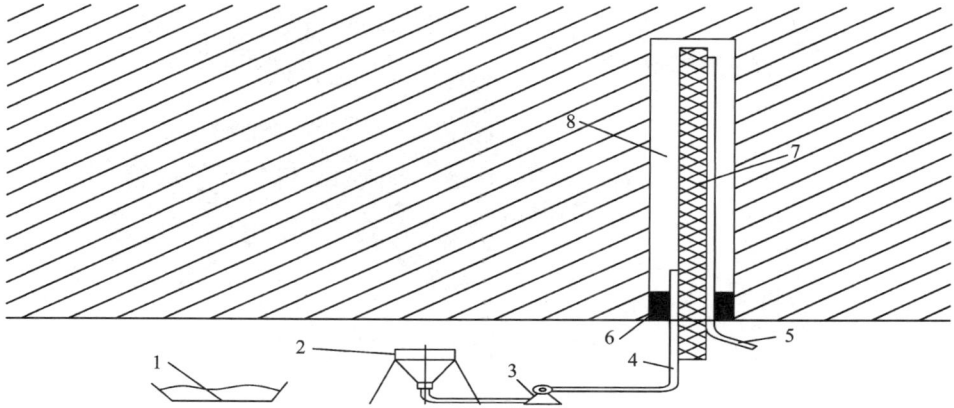

1—搅拌槽;2—上料装置;3—压力注浆机;4—注浆管;5—排气管;6—孔塞;7—钢丝绳;8—水泥砂浆。

图 4-13 普通锚索安装示意图

(4)锚索台车

如图 4-14,阿特拉斯·科普柯公司生产的 Cabletec LC 锚索台车是一款用于中深孔凿岩和锚索支护的全机械化台车,采用独特的双钻臂设计,允许同一操作人员在钻孔的同时安装锚索,锚索最长达 25 m。

图 4-14 Cabletec LC 锚索台车

3. 喷浆支护

喷浆支护主要用于巷道支护,水泥砂浆配比一般为水泥:砂:石子(25 mm 以下)= 1:2:2;水灰比 0.4~0.5,喷射厚度一般为 30~50 mm,矿岩稳固性差、进路跨度大时,喷射厚度为 70~100 mm。为减少混凝土喷射时的返粉率，改善喷浆工作面环境，提高喷射质量，应大力推广湿喷技术。如图 4-15 为先进的混凝土喷射台车，工作时无尘、噪声低、回弹率小，喷射能力 10~20 m^3/h。

图 4-15　混凝土湿喷台车

4. 支架支护

采场支架支护主要采用液压或水压单体支架(柱)，该类支架可重复使用，主要用于层状矿岩或整体性较好矿岩的临时支护，如果节理裂隙发育，则支护效果欠佳。支柱体主要由杆体和缸套组成，杆体顶部的活塞与缸套紧密配合，形成液压加载系统。关键部分是安装在支柱缸套上的单向阀和置于杆体活塞中心部位的快速让压阀。工作时高压泵输入的高压水由单向阀注入活塞与缸套形成的封闭充水腔内，在高压水的作用下，支柱缸套缓缓上升，直至接触到采场顶板。这时，高压泵继续工作，支柱紧紧地支撑在顶板岩石上，直到高压泵自动停止工作。

5. 特殊支护法和联合支护

采场支护还有许多特殊的方法，如水泥注浆法、化学注浆法、沥青注浆法、黏土注浆法、冻结法、电化学法、热力加固法等，这类方法仅在特殊条件下使用。如果矿岩稳固性差，节理裂隙发育，单一支护方法不能提供有效支撑，可采用两种或两种以上的支护形式，称为联合支护。常见的联合支护方式有：喷锚支护(喷浆+锚杆)、锚网支护(锚杆+金属网)和喷锚网支护(喷浆+金属网+锚杆)。

思考题

1. 论述采矿方法的应用现状和发展趋势。
2. 论述采矿方法选择的步骤及需要考虑的主要因素。
3. 论述常见的采准切割工程类型及其作用。
4. 列举采矿过程中常见的现代机械化装备。
5. 论述采场地压管理的具体对象和方法。

第5章 空场采矿法

空场采矿法实质是在矿体回采过程中采矿房、留设矿柱，主要依靠围岩自身的稳固性和留设的矿柱来支撑采场顶板、管理地压，采空区不做特别处理。空场采矿法具体形式很多，但应用较为广泛的主要包括房柱法、全面法、留矿法、分段矿房法、分段矿房法和阶段矿房法。本章仅着重介绍采用凿岩台车凿岩、铲运机出矿的现代机械化空场采矿法，对采用风动凿岩机凿岩、电耙出矿的普通空场采矿法仅作简略概述。

5.1 房柱法和全面法

1. 方案基本特征及适用条件

房柱法是回采矿岩中等稳固及以上、水平或微倾斜、中厚以上矿体的常用采矿方法，其基本特点是在回采单元中划分相互交替排列的矿房、矿柱，回采矿房时留设规则的矿柱以支撑采空区顶板、保障回采作业安全。全面法的基本特点和主要回采工艺与房柱法基本相同，主要区别在于通常适用于薄矿体开采，且在矿房回采时留设的矿柱并不规则，通常会留设夹石或低品位矿石等不规则矿柱，以减少矿柱损失。

之前，我国采用房柱法和全面法的矿山常常采用风动凿岩机凿岩、电耙两次耙运矿石、木漏斗放矿和手推矿车装矿的方式。近年来，随着凿岩台车、铲运机等机械化采掘设备在矿山的不断普及，新型的机械化房柱法开始采用现代化的采装运设备，不仅克服了传统房柱法回采效率低、生产能力小的缺陷，而且可以有效减少井下的用工数量、降低采矿综合成本。

机械化房柱法的适用条件为：

①稳固性：为保障回采作业安全，顶板矿岩应达到中等稳固以上。

②倾角：为便于机械化采掘设备的作业，矿体倾角应≤15°。

③厚度：为了便于顶板管理，矿体厚度应≤6 m。

④对矿体沿走向连续性较好、形态规则的层状矿体具有较好的适用性。

2. 采场结构参数

房柱法采矿方法图如图5-1所示，机械化的房柱法对倾角较缓的层状矿体具有较好的适用性，一般沿矿体倾向划分不同的阶段、沿矿体走向划分盘区和采场，自下而上或自上而下逐阶段、逐盘区回采。

①阶段高度：10～30 m。

②盘区长度：100～200 m。

③采场宽度：8～20 m。

④采场暴露面积：200～1000 m^2。

⑤盘区顶柱、底柱、间柱宽度：3～5 m。

⑥采场点柱直径：3～6 m。

⑦采场点柱间距：5～12 m。

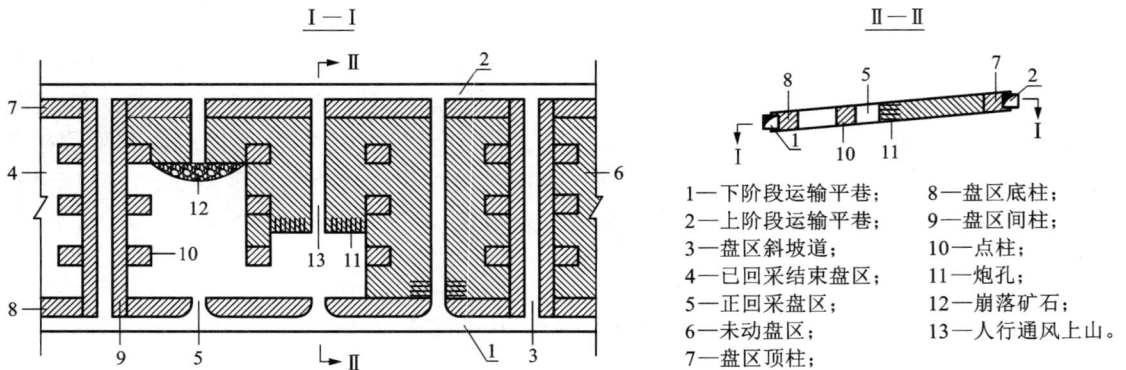

1—下阶段运输平巷；　　8—盘区底柱；
2—上阶段运输平巷；　　9—盘区间柱；
3—盘区斜坡道；　　　　10—点柱；
4—已回采结束盘区；　　11—炮孔；
5—正回采盘区；　　　　12—崩落矿石；
6—未动盘区；　　　　　13—人行通风上山。
7—盘区顶柱；

图5-1　房柱法采矿方法图

3. 采准工程

采准工程主要包括阶段运输平巷、盘区斜坡道、人行通风上山等采准巷道。

（1）阶段运输平巷

根据矿体倾角变化情况，沿矿体倾向划分不同的阶段，阶段高度10～30 m，沿矿体走向在脉内施工阶段运输平巷。

（2）盘区斜坡道

在上、下两条阶段运输平巷之间施工盘区斜坡道，斜坡道是凿岩台车、铲运机、材料、设备及人员在不同盘区采场和阶段之间移动的重要通道，也是运矿卡车进行矿石运输的重要通道，断面尺寸规格依无轨设备通行要求确定。

（3）人行通风上山

沿矿体走向在盘区内划分采场，采场宽度8～20 m，根据顶板稳定性控制采场暴露面积为200～1000 m^2。在采场中央施工贯穿上、下两条阶段运输平巷的人行通风上山，作为采场回采期间人员通行及回风的通道。

4. 切割工程

由于采场回采的首个循环只有一个自由面，可将其称为整个采场的切割工作。待首个循环开采完毕后，后续回采循环可以人行通风上山为自由面，用凿岩台车向两边扩帮，扩至采场两边边界。

5. 回采工艺

（1）凿岩爆破

采用液压凿岩台车凿岩，为了便于分层采场顶板的安全管理，采用水平炮孔的爆破方式。装药采用乳化炸药，起爆方式为导爆管和数码电子雷管起爆，各排炮孔间微差起爆。

（2）通风与顶板安全管理

每次爆破后须经充分通风并清理顶帮松石后，人员方能进入采场。新鲜风流由下阶段运输平巷进入采场，贯穿采场冲洗工作面后，污风经人行通风上山排入上阶段巷道。

（3）出矿

经充分通风排出炮烟、顶板安全检查后，采用铲运机铲装矿石，直接卸载至运矿卡车上（或经扒渣机转运至运矿卡车），经下阶段运输平巷和斜坡道将矿石运至主提升井位置，或直接由主斜坡道运出地表。

6. 方案综合评价

（1）优点

①采准工程量小、采准时间短、投入生产快。

②回采工艺简单、机械化程度高、生产能力大。

（2）缺点

①采场内留设大量点柱、顶底柱及连续矿壁，矿石损失率 30% 以上。

②顶板不稳固或矿体厚大时，顶板维护困难、作业安全性差。

③回采结束后遗留大规模采空区群，安全隐患突出。

5.2 留矿法

1. 方案基本特征及适用条件

留矿法是回采矿岩中等稳固及以上、急倾斜、薄矿脉的常用采矿方法，其基本特点是将矿块划分为矿房和矿柱，在矿房中自下而上逐层回采矿体，每次仅放出崩落矿石的 1/3（称局部放矿），剩余部分留存于采场中作为继续上采的工作平台，并临时支撑上、下盘围岩，待整个矿房回采完毕后再将采场中的矿石全部集中放出（称集中放矿）。

之前，我国采用留矿法的矿山常常采用漏斗式的底部出矿结构，存在漏斗施工工艺复杂、放矿效率低、易堵塞等问题，目前已经被铲运机出矿的平底式出矿结构所替代。本节仅详细介绍铲运机平底出矿结构的留矿法，普通漏斗出矿结构的留矿法不再赘述。

留矿法的适用条件为：

①稳固性：为保障回采作业安全并减少矿石贫化，矿体及上、下盘围岩应为中等稳固及以上。

②倾角：为便于崩落的矿石放出，矿体倾角应 ≥55°。

③厚度：为便于平场，矿体厚度应≤5 m。

④为便于矿石放出，要求矿石无结块性和自燃性。

⑤适用于矿体沿走向和倾向连续性好、形态变化小的情况。

2.采场结构参数

留矿法采矿方法图如图 5-2 所示，沿矿体倾向划分不同的阶段、沿矿体走向划分采场，自下而上逐分层回采。

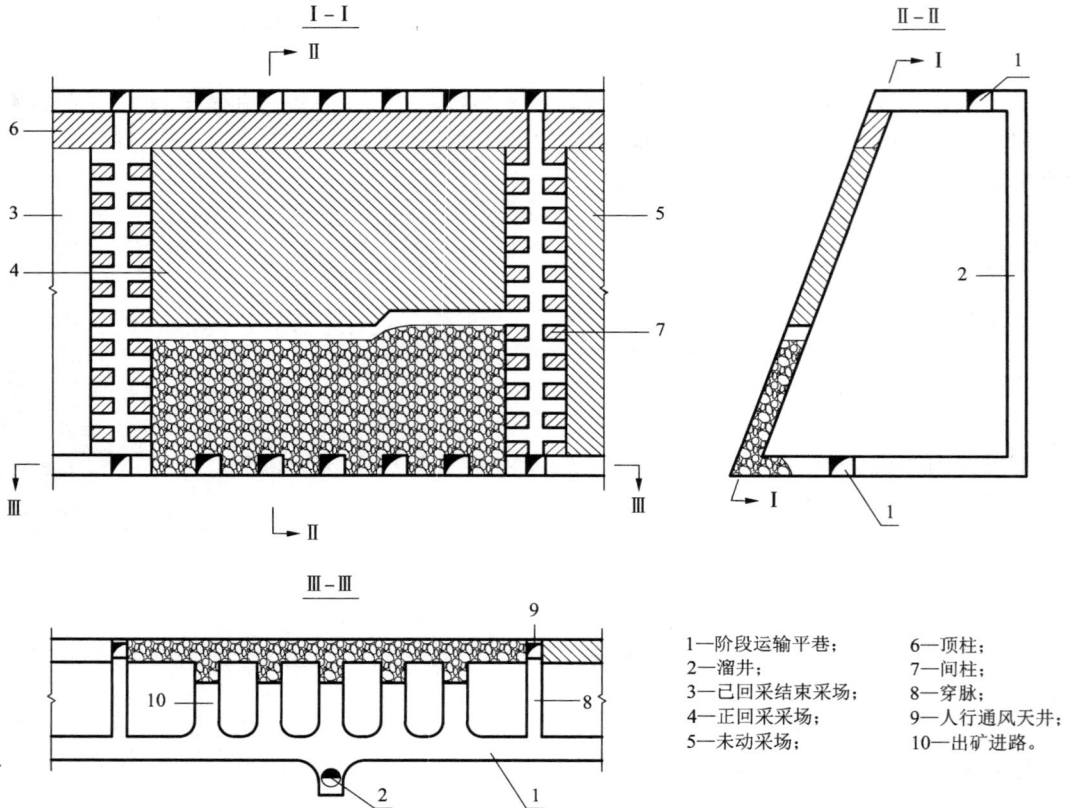

1—阶段运输平巷；	6—顶柱；
2—溜井；	7—间柱；
3—已回采结束采场；	8—穿脉；
4—正回采采场；	9—人行通风天井；
5—未动采场；	10—出矿进路。

图 5-2 留矿法采矿方法图

①阶段高度：40~60 m。

②采场长度：40~60 m。

③顶柱厚度：3~5 m。

④间柱宽度：6~8 m。

⑤分层高度：2~3 m。

⑥出矿进路间距：5~10 m。

3. 采准工程

采准工程主要包括阶段运输平巷、溜井、穿脉、人行通风天井和出矿进路等采准巷道。

(1)阶段运输平巷

根据矿体倾角变化情况，沿矿体倾向划分不同的阶段，阶段高度 40~60 m，在矿体下盘、平行矿体走向施工阶段运输平巷。

(2)溜井

在矿体下盘、靠近阶段运输平巷，每隔 200~300 m 设置一个溜井，贯穿上、下阶段运输平巷，溜井上部设筛网，底部设置振动放矿机。

(3)穿脉

自下阶段运输平巷、垂直采场两侧的间柱中央位置，施工穿脉巷道直达矿体上盘，便于设备和人员进入采场。

(4)人行通风天井

人行通风天井是采场通风、人员和材料上下的重要通道，一般布置在穿脉巷道的尽头，靠近矿体上盘的位置，内设梯子间和安全平台。

(5)出矿进路

自阶段运输平巷施工数条出矿进路直达采场，出矿进路间距 5~10 m。

4. 切割工程

切割工程主要为矿房最底部分层的拉底工作，完成矿房最底部分层的开采即可为上一分层的回采创造爆破自由面和落矿空间。

5. 回采工艺

(1)凿岩爆破

人员和设备通过人行通风天井进入采场，采用风动凿岩机钻凿水平炮孔、乳化炸药药卷爆破、数码电子雷管起爆，各排炮孔间微差起爆。

(2)通风

新鲜风流由下阶段运输平巷经一侧的人行通风天井进入采场，贯穿采场冲洗工作面后，污风经另一侧的人行通风天井排入上阶段巷道。

(3)少量出矿

采用铲运机铲装矿石，每次将崩落矿石的 1/3 运搬至布置在阶段运输平巷一侧的溜井内，溜入下一个中段进行矿石运输，剩余矿石留作继续上采的作业平台。

(4)顶板安全管理与平场

每次爆破后须经充分通风并清理顶帮松石后，人员方能进入采场。在采场内挂设葫芦，采用电耙进行平场作业，将采场矿石耙平。

(5)集中出矿

重复上述回采作业循环，待整个矿房所有分层矿体回采结束后，采用铲运机集中出矿，将采场内矿石全部运搬至溜井，溜入下一个中段进行矿石运输。

6.方案综合评价

（1）优点

①工艺简单、管理方便。

②可利用矿石自重放矿、采准工程量小。

（2）缺点

①矿柱矿量大、矿石损失贫化难以控制。

②凿岩和平场工作量大、工人劳动强度大。

③凿岩和平场设备低效、采场生产能力小。

④采场内积压大量矿石、影响资金运转。

⑤回采结束后遗留大规模采空区群、安全隐患突出。

5.3　分段矿房法

1.方案基本特征及适用条件

分段矿房法适用于矿岩中等稳固及以上、倾斜、厚矿体的开采，其基本特点是沿矿体倾向划分阶段和分段，每个分段内再划分矿房和矿柱（顶柱、底柱和间柱），每个矿房均设有独立的凿岩和出矿巷道，可视为单独的回采单元；在矿柱的支撑作用下，采用中深孔爆破的方式回采矿房，将矿石崩落至矿房底部的出矿巷道内，再经铲运机运搬至溜井内。

目前，国内外虽然有少量的缓倾斜矿体开采使用分段矿房法的实例，但是其上、下盘三角矿体的损失贫化十分严重，因此，本节仅介绍适用于倾斜矿体的分段矿房法典型方案。同时，根据矿房内炮孔的布置方式和回采工艺不同，分段矿房法又可分为普通分段矿房法和爆力运搬分段矿房法（应用较少）。

分段矿房法的适用条件为：

①稳固性：为保障回采作业安全并减少矿石贫化，矿体及上、下盘围岩应为中等稳固及以上。

②倾角：适用于倾斜矿体的开采，倾角30°~55°。

③厚度：为便于中深孔炮孔布置，矿体厚度应>10 m。

传统的分段矿房法采用YGZ 90等风动导轨式凿岩机凿岩，其采矿方法如图5-3所示，本处不再深入讲述。

2.采场结构参数

目前的分段矿房法采矿方法图如图5-4所示，采用可接杆的中深孔或深孔凿岩台车凿岩，天井钻机掘进天井且无须设置副中段。沿矿体倾向划分阶段和分段，沿矿体走向布置采场，自上而下逐分段回采矿体。

①阶段高度：40~60 m。

②分段高度：10~15 m。

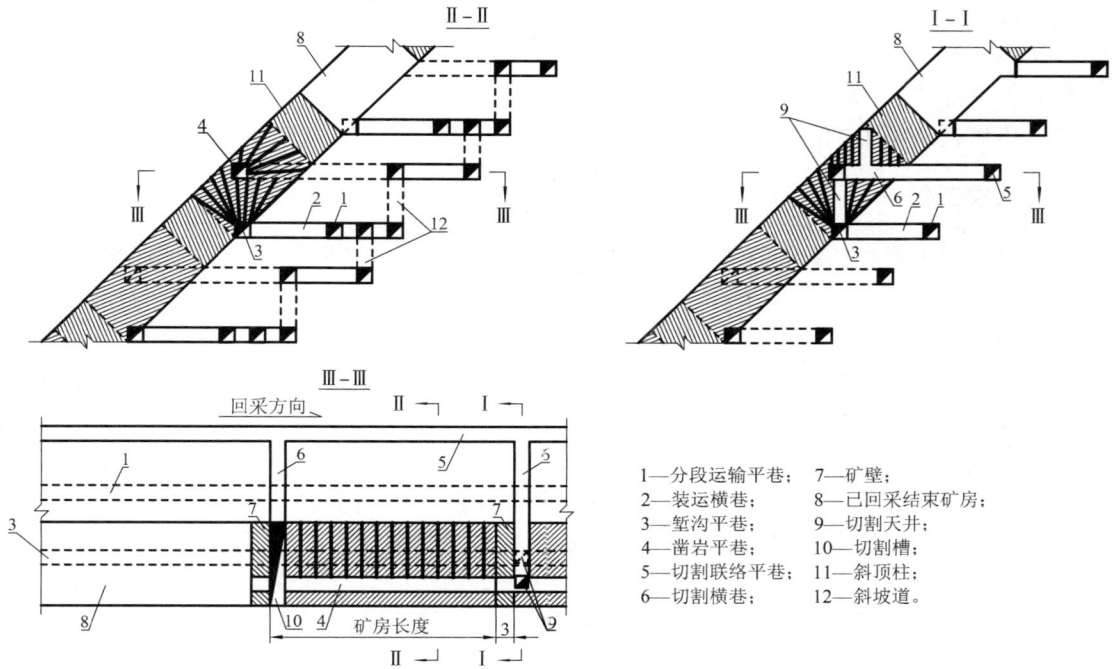

1—分段运输平巷； 7—矿壁；
2—装运横巷； 8—已回采结束矿房；
3—堑沟平巷； 9—切割天井；
4—凿岩平巷； 10—切割槽；
5—切割联络平巷； 11—斜顶柱；
6—切割横巷； 12—斜坡道。

图 5-3 传统分段矿房法采矿方法图

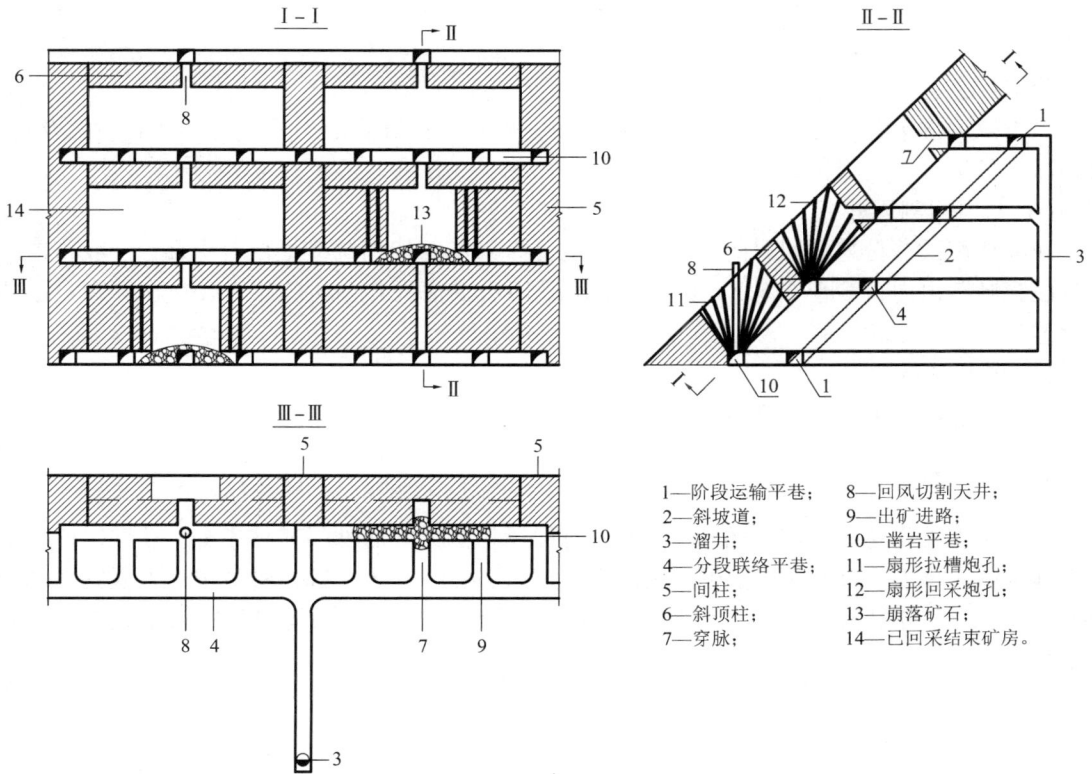

1—阶段运输平巷； 8—回风切割天井；
2—斜坡道； 9—出矿进路；
3—溜井； 10—凿岩平巷；
4—分段联络平巷； 11—扇形拉槽炮孔；
5—间柱； 12—扇形回采炮孔；
6—斜顶柱； 13—崩落矿石；
7—穿脉； 14—已回采结束矿房。

图 5-4 分段矿房法采矿方法图

③矿房长度：40~60 m。

④间柱宽度：6~8 m。

⑤斜顶柱厚度：5~6 m。

⑥出矿进路间距：5~10 m。

3. 采准工程

采准工程主要包括阶段运输平巷、斜坡道、溜井、分段联络平巷、穿脉、回风切割天井和出矿进路等采准巷道。

（1）阶段运输平巷

根据矿体倾角变化情况，沿矿体倾向划分不同的阶段，阶段高度40~60 m，在矿体下盘、平行矿体走向施工阶段运输平巷。

（2）斜坡道

斜坡道是机械化的采掘设备(如凿岩台车和铲运机)、人员和材料在不同分段和阶段之间实现自由快速移动的重要通道，断面尺寸规格依无轨设备通行要求确定。

（3）溜井

在矿体下盘、靠近阶段运输平巷，每隔200~300 m设置一个溜井，贯穿上、下阶段运输平巷，溜井上部设筛网，底部设置振动放矿机。

（4）分段联络平巷

在阶段内划分若干分段，分段高度10~15 m，在矿体下盘、平行矿体走向施工分段联络平巷。

（5）穿脉

自阶段运输平巷和分段联络平巷向矿房的中央施工穿脉穿过斜顶柱直达矿体，为设备、材料和人员进入采场提供通道。

（6）回风切割天井

回风切割天井是采场回风的重要通道，也可为采场的切割拉槽提供自由面，一般布置在本分段穿脉巷道内，靠近矿体下盘的位置，可采用切割槽天井钻机施工，天井顶部穿过矿体上盘边界。

（7）出矿进路

自阶段运输平巷和分段联络平巷施工数条出矿进路直达矿房底部，出矿进路间距5~10 m。

4. 切割工程

切割工作首先是矿房底部的拉底工作，自回风切割天井底部沿矿体走向，靠近矿体下盘脉内施工凿岩平巷，为中深孔钻机的凿岩作业创造必要的空间。另一重要切割工程为采场的拉槽工作，自每分段的穿脉进入，以回风切割天井为自由面，在采场中央扩大爆破形成爆破自由面。

5. 回采工艺

（1）凿岩爆破

人员和设备通过斜坡道进入各分段联络平巷，经穿脉进入矿房底部的凿岩平巷内，采用中深孔凿岩台车钻凿上向扇形中深孔；采用散装乳化炸药爆破、数码电子雷管起爆，各排炮孔间微差起爆。

（2）通风

新鲜风流由下阶段运输平巷经斜坡道进入各分段联络平巷，再经穿脉进入采场，贯穿采场冲洗工作面后，污风经回风切割天井和上分段穿脉排入上阶段巷道。

（3）出矿

每个分段均设有独立的出矿进路，采用铲运机铲装矿石，将崩落矿石运搬至布置在分段联络平巷一侧的溜井内，溜入下一个阶段进行矿石集中运输。

（4）顶板安全管理

每次爆破后须经充分通风并清理凿岩平巷顶板及两帮松石后，人员方能进入。

6. 方案综合评价

（1）优点

①采场布置灵活，可以多分段同时回采。

②在专门的凿岩和出矿巷道中作业，安全性好。

③便于机械化设备作业，回采强度高、生产能力大。

（2）缺点

①矿柱矿量大、资源损失严重。

②采准切割工程量大、采场准备周期长。

③由于采用中深孔爆破，矿石的大块率和贫化率难以控制。

④回采结束后遗留大规模采空区群，安全隐患突出。

5.4　中深孔阶段矿房法

与分段矿房法相比，阶段矿房法不在分段内设置出矿结构，而是在阶段底部设置集中出矿结构，采用中深孔钻机分段凿岩阶段出矿（又称中深孔阶段矿房法）或深孔钻机阶段凿岩阶段出矿（又称深孔阶段矿房法）。

中深孔阶段矿房法是回采矿岩中等稳固及以上、急倾斜、中厚至厚大矿体的常用采矿方法，其基本特点是在矿块的垂直方向上将阶段划分为若干分段，在每个分段均设置独立凿岩平巷、在最底部设置集中的出矿结构；在各分段凿岩平巷内施工扇形中深孔，崩落各分段的矿石至矿房底部的 V 形堑沟出矿结构内，再采用铲运机将矿石运搬至最近的溜井内。之前，采用中深孔阶段矿房法的矿山常常采用漏斗式的出矿结构，存在漏斗施工工艺复杂、放矿效率低、易堵塞等问题，目前已经被铲运机出矿的 V 形堑沟式出矿结构替代。本节仅详细介绍 V 形堑沟式出矿结构的中深孔阶段矿房法，普通漏斗出矿结构的中深孔阶段矿房法不再赘述。

中深孔阶段矿房法的适用条件为：

①稳固性：为保障回采作业安全并减少贫化，矿体及上、下盘应为中等稳固及以上。

②倾角：适用于急倾斜矿体的开采，倾角≥55°。

③厚度：适用于厚矿体，矿体厚度应>10 m。其中，当矿体厚度≤20 m 时，一般沿走向布置采场；当矿体厚度>20 m 时，一般垂直走向布置采场。

5.4.1 沿走向布置中深孔阶段矿房法

1.采场结构参数

沿走向布置中深孔阶段矿房法采矿方法图如图 5-5 所示，当矿体厚度≤20 m 时，一般沿走向布置采场；沿矿体倾向方向将阶段划分为 3~5 个分段，阶段高度一般 40~60 m，分段高度一般 10~15 m。采场沿走向布置，长度 40~60 m、宽度为矿体水平厚度，顶柱宽度 5~8 m、间柱宽度 8~12 m，底部 V 形堑沟两侧预留桃型底柱、底柱高度 8~10 m，V 形堑沟一侧每隔 5~10 m 设置一条出矿进路。

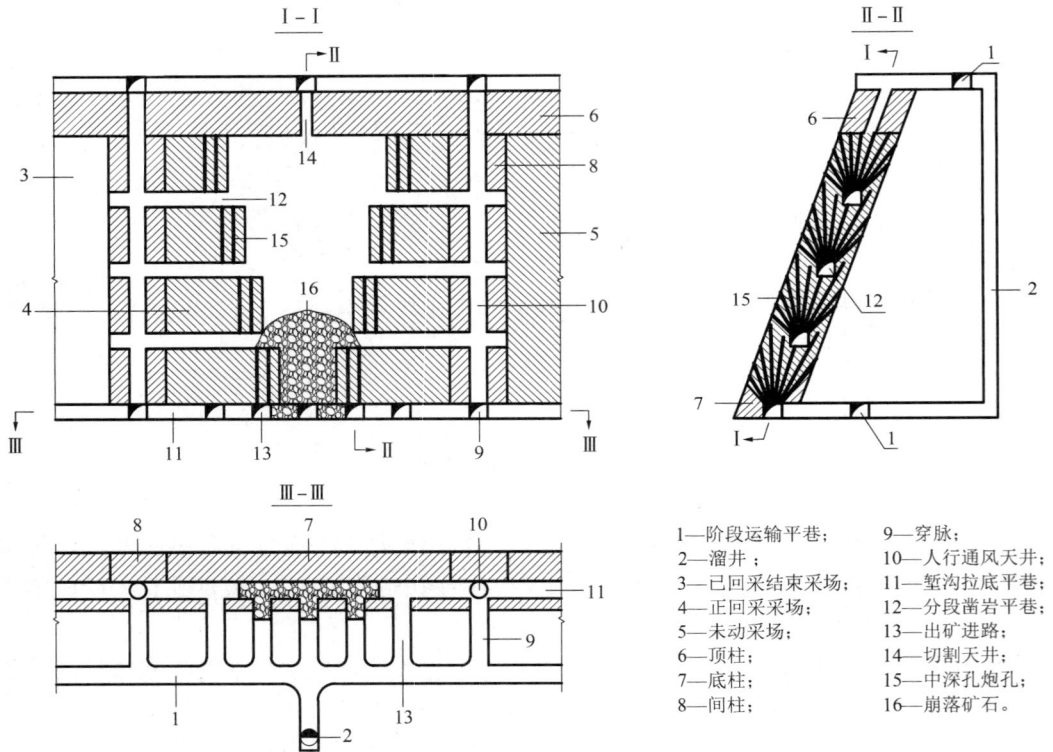

1—阶段运输平巷；   9—穿脉；
2—溜井；   10—人行通风天井；
3—已回采结束采场；   11—堑沟拉底平巷；
4—正回采采场；   12—分段凿岩平巷；
5—未动采场；   13—出矿进路；
6—顶柱；   14—切割天井；
7—底柱；   15—中深孔炮孔；
8—间柱；   16—崩落矿石。

图 5-5 沿走向布置中深孔阶段矿房法采矿方法图

2.采准工程

采准工程主要包括阶段运输平巷、溜井、穿脉、人行通风天井、分段凿岩平巷和出矿进路等采准巷道。

（1）阶段运输平巷

根据矿体倾角变化情况，沿矿体倾向划分不同的阶段，阶段高度 40~60 m，在矿体下盘、平行矿体走向施工阶段运输平巷。

（2）溜井

在矿体下盘、靠近阶段运输平巷，每隔 200～300 m 设置一个溜井，贯穿上、下阶段运输平巷，溜井上部设筛网，底部设置振动放矿机。

（3）穿脉

自阶段运输平巷沿间柱中央施工穿脉直达矿体中央，便于设备和人员进入采场。

（4）人行通风天井

人行通风天井是采场通风、人员上下的重要通道，一般布置在穿脉巷道内，靠近采场中央位置，内设梯子间和安全平台。

（5）分段凿岩平巷

在阶段内划分若干分段，分段高度 10～15 m，人员和凿岩设备自人行通风天井进入，沿矿体走向方向，在矿体中央施工分段凿岩平巷。

（6）出矿进路

自阶段运输平巷施工数条出矿进路，出矿进路间距 5～10 m。

3. 切割工程

切割工作首先是矿房最底部分层的拉底工作，自穿脉沿矿体走向，在矿体中央施工堑沟拉底平巷，为中深孔钻机的凿岩作业创造必要的空间。另一重要切割工程为采场的拉槽工作，自穿脉进入矿体中央采用天井钻机直接钻凿直径 1.0～2.0 m 的圆形切割天井，以切割天井为自由面，在采场中央扩大爆破形成切割槽。

4. 回采工艺

（1）凿岩爆破

人员和设备通过人行通风天井进入各分段凿岩平巷，在各分段凿岩平巷和堑沟拉底平巷内采用中深孔凿岩机钻凿上向扇形中深孔；采用散装乳化炸药爆破、数码电子雷管起爆，各排炮孔间微差起爆，其中上部分段超前下部分段 1～2 排炮孔。

（2）通风

每次爆破后，新鲜风流由下阶段运输平巷经穿脉进入采场一侧的人行通风天井，然后经各分段凿岩平巷进入采场冲洗工作面后，污风经采场另一侧的人行通风天井排入上阶段巷道。

（3）出矿

采用铲运机铲装矿石，将崩落至底部 V 形堑沟内的矿石运搬至布置在阶段运输平巷一侧的溜井内，溜入下一个阶段进行矿石集中运输。

（4）顶板安全管理

每次爆破后须经充分通风并清理各分段凿岩平巷和堑沟拉底平巷顶帮松石后，人员方能进入作业。

5. 方案综合评价

（1）优点

①分段落矿自由面多、同次爆破炮孔排数多、凿岩和矿石运搬平行作业。

②在专门的凿岩和出矿巷道中作业，安全性好。

③可多分段、多工作面同时回采，回采强度高、生产能力大。

（2）缺点

①矿柱矿量大、资源回收率低。

②采准切割工程量大、准备时间长。

③由于采用中深孔爆破，矿石的大块率和贫化率难以控制。

④回采结束后遗留大规模采空区群，安全隐患突出。

5.4.2　垂直走向布置中深孔阶段矿房法

1.采场结构参数

垂直走向布置中深孔阶段矿房法采矿方法图如图5-6所示，当矿体厚度>20 m时，一般垂直矿体走向布置采场；沿矿体倾向将阶段划分为3~5个分段，阶段高度一般40~60 m，分段高度一般10~15 m；矿房垂直走向布置，宽度10~20 m、长度为矿体水平厚度，间柱宽度8~12 m、顶柱宽度5~8 m，底部V形堑沟两侧预留桃形底柱、底柱高度8~10 m，V形堑沟一侧每隔5~10 m设置1条出矿进路。

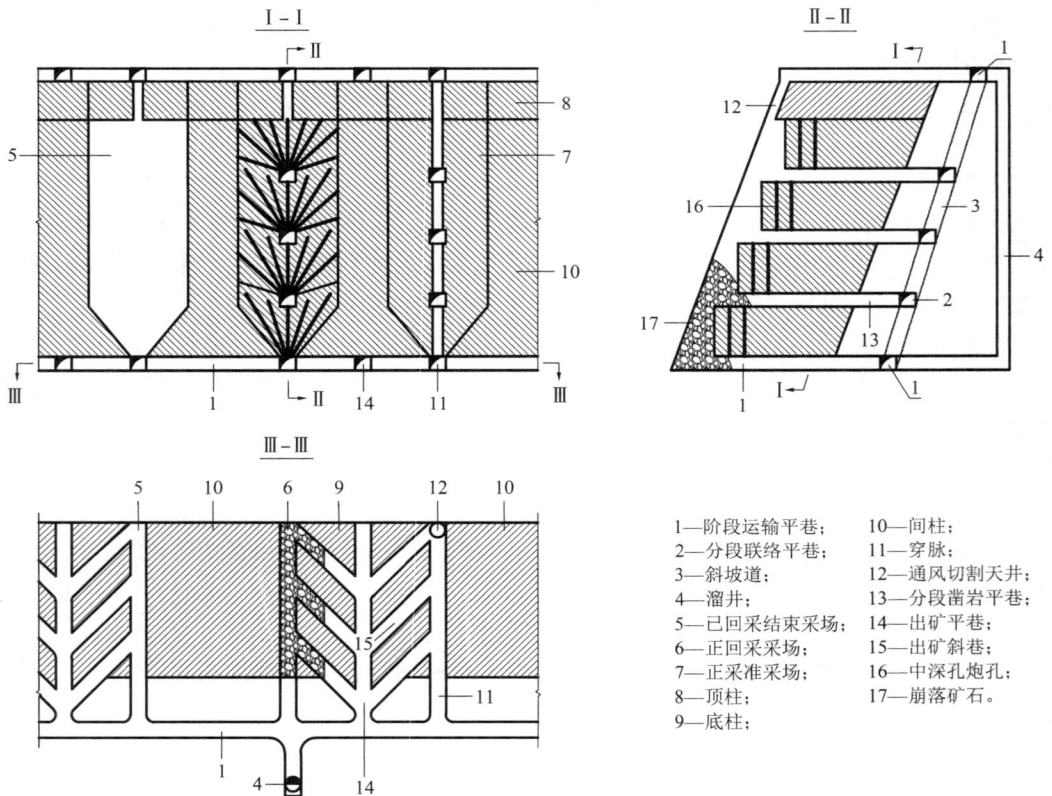

1—阶段运输平巷；	10—间柱；
2—分段联络平巷；	11—穿脉；
3—斜坡道；	12—通风切割天井；
4—溜井；	13—分段凿岩平巷；
5—已回采结束采场；	14—出矿平巷；
6—正回采采场；	15—出矿斜巷；
7—正采准采场；	16—中深孔炮孔；
8—顶柱；	17—崩落矿石。
9—底柱；	

图5-6　垂直走向布置中深孔阶段矿房法采矿方法图

2. 采准工程

采准工程主要包括阶段运输平巷、分段联络平巷、斜坡道、溜井、穿脉、通风切割天井、分段凿岩平巷、出矿平巷和出矿斜巷等采准巷道。

(1) 阶段运输平巷

根据矿体倾角变化情况，沿矿体倾向划分不同的阶段，阶段高度 40~60 m，在矿体下盘、平行矿体走向施工阶段运输平巷。

(2) 分段联络平巷

在阶段内划分若干分段，分段高度 10~15 m，在矿体下盘，平行于矿体走向方向施工分段联络平巷。

(3) 斜坡道

斜坡道是机械化的采掘设备(如中深孔凿岩台车和铲运机)、人员和材料在不同分段和阶段之间移动的重要通道，断面尺寸规格依无轨设备通行要求确定。

(4) 溜井

在矿体下盘、靠近阶段运输平巷，每隔 200~300 m 设置一个溜井，贯穿上、下阶段运输平巷，溜井上部设筛网，底部设置振动放矿机。

(5) 穿脉

自阶段运输平巷沿矿房中央施工穿脉直达矿体上盘，便于设备和人员进入采场。

(6) 通风切割天井

通风切割天井是采场通风的重要通道，也可为采场切割拉槽提供自由面，一般布置在穿脉巷道的尽头，靠近矿体上盘的位置。

(7) 分段凿岩平巷

自分段联络平巷沿矿房中央，施工分段凿岩平巷直达矿体上盘。

(8) 出矿平巷

自阶段运输平巷沿间柱底部的中间位置，施工出矿进路直达矿体上盘。

(9) 出矿斜巷

自出矿进路内施工数条出矿斜巷与矿房穿脉贯通，出矿斜巷间距 5~10 m。

3. 切割工程

切割工作主要是采场的拉槽工作，自穿脉进入采场中央，以通风切割天井为自由面，在矿体上盘扩大爆破形成爆破自由面。底部 V 形堑沟也属于切割工程，但是通常不需单独施工形成，而是在回采过程中，随着底部穿脉内施工的上向扇形中深孔逐排爆破形成。

4. 回采工艺

(1) 凿岩爆破

人员和设备通过斜坡道进入各分段凿岩平巷，在各分段凿岩平巷和底部穿脉内采用中深孔凿岩台车钻凿上向扇形中深孔；采用散装乳化炸药爆破、数码电子雷管起爆，各排炮孔间微差起爆，其中上部分段超前下部分段 1~2 排炮孔。

（2）通风

每次爆破后，新鲜风流由下阶段运输平巷经斜坡道进入各分段凿岩平巷，进入采场冲洗工作面后，污风经采场顶部的通风切割天井排入上阶段巷道。

（3）出矿

采用铲运机铲装矿石，将崩落至底部 V 形堑沟内的矿石运搬至布置在阶段运输平巷一侧的溜井内，溜入下一个阶段进行矿石集中运输。

（4）顶板安全管理

每次爆破后须经充分通风并清理各分段凿岩平巷和底部穿脉顶帮松石后，人员方能进入作业。

5. 方案综合评价

（1）优点

①分段落矿自由面多、同次爆破炮孔排数多、凿岩和矿石运搬平行作业。

②在专门的凿岩和出矿巷道中作业，安全性好。

③可多分段、多工作面同时回采，回采强度高、生产能力大。

④便于机械化设备作业、回采效率高、采矿成本低。

（2）缺点

①矿柱矿量大、资源回收率低。

②采准切割工程量大、准备时间长。

③由于采用中深孔爆破，矿石的大块率和贫化率难以控制。

④回采结束后遗留大规模采空区群，安全隐患突出。

5.5 深孔阶段矿房法

深孔阶段矿房法是回采矿岩中等稳固及以上、厚大矿体的常用采矿方法，其基本特点是将矿块划分为矿房和矿柱，回采过程中在矿房顶部凿岩硐室内全阶段一次性钻凿大直径深孔，侧向或垂直崩矿，崩落的矿石借自重落到矿房底部的 V 形堑沟内，采用铲运机运搬至溜井出矿。通常根据崩矿方式的不同，深孔阶段矿房法分为垂直崩矿阶段矿房法和侧向崩矿阶段矿房法两种。此外，深孔阶段矿房法的炮孔布置还有扇形深孔、水平深孔和垂直深孔三种方式，考虑到扇形深孔偏斜率难以控制、水平深孔大块率较高，本节仅详细介绍垂直深孔的炮孔布置方案。

深孔阶段矿房法的适用条件为：

①稳固性：为保障回采作业安全并减少贫化，矿体及上、下盘应为中等稳固及以上。

②厚度：适用于矿体形态规整的厚大矿体，矿体厚度应大于 20 m。

5.5.1 垂直崩矿阶段矿房法

VCR 法（vertical crater retreat method）是 20 世纪 70 年代引入我国的一种垂直崩矿阶段矿房法，其实质为：利用地下深孔凿岩装备，按最优孔网参数，在矿房顶部的凿岩硐室内钻凿下向垂直或倾斜深孔至拉底层,使用高威力、高密度、高爆速、低感度的炸药以球状药包(直径与长度之比不超过 1 : 6)按照自下而上的顺序,向下部拉底空间进行分层爆破,崩落矿石至底部 V 形堑沟内,并采用铲运机进行矿石运搬工作。

1. 采场结构参数

如图 5-7 所示,垂直崩矿阶段矿房法沿矿体倾向划分阶段、垂直矿体走向布置矿块,矿块划分为矿房和矿柱(顶柱、底柱和间柱)。

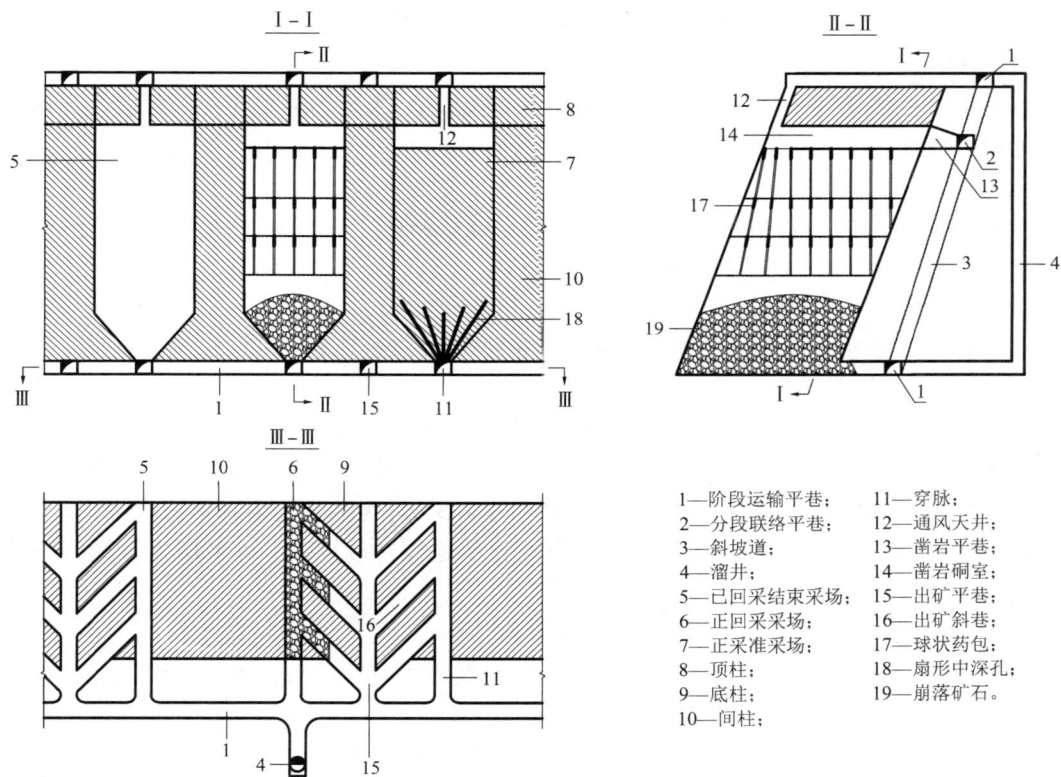

1—阶段运输平巷;　　11—穿脉;
2—分段联络平巷;　　12—通风天井;
3—斜坡道;　　　　　13—凿岩平巷;
4—溜井;　　　　　　14—凿岩硐室;
5—已回采结束采场;　15—出矿平巷;
6—正回采采场;　　　16—出矿斜巷;
7—正采准采场;　　　17—球状药包;
8—顶柱;　　　　　　18—扇形中深孔;
9—底柱;　　　　　　19—崩落矿石。
10—间柱;

图 5-7　垂直崩矿阶段矿房法采矿方法图

①阶段高度:50~80 m。
②顶柱厚度:5~8 m。
③矿房长度:40~60 m。
④矿房宽度:15~20 m。
⑤矿房高度:40~70 m。
⑥间柱宽度:8~12 m。
⑦底部 V 形堑沟角度≥55°,两侧预留桃形底柱,底柱高度 8~10 m。
⑧V 形堑沟一侧出矿进路间距:5~10 m。

2.采准工程

采准工程主要包括阶段运输平巷、分段联络平巷、斜坡道、溜井、穿脉、通风天井、凿岩平巷、凿岩硐室、出矿平巷和出矿斜巷等。

(1)阶段运输平巷

根据矿体倾角变化情况,沿矿体倾向设置阶段,阶段高度50~80 m,在矿体下盘、平行矿体走向施工阶段运输平巷。

(2)分段联络平巷

在矿房顶部设置分段,在矿体下盘,平行于矿体走向施工分段联络平巷。

(3)斜坡道

斜坡道是机械化的采掘设备(如潜孔钻机和铲运机)、人员和材料在不同阶段之间移动的重要通道,断面尺寸规格依无轨设备通行要求确定。

(4)溜井

在矿体下盘、靠近阶段运输平巷,每隔200~300 m设置一个溜井,贯穿上、下阶段运输平巷,溜井上部设筛网,底部设置振动放矿机。

(5)穿脉

自阶段运输平巷沿矿房中央施工穿脉直达矿体上盘,便于设备和人员进入采场。

(6)凿岩平巷、凿岩硐室

人员和设备自斜坡道进入分段联络平巷,沿矿房中间位置,施工凿岩平巷直达矿体上盘。以凿岩平巷为自由面,将矿房顶部全断面扩刷为凿岩硐室,凿岩硐室长度一般比矿房长2 m、宽度比矿房宽1 m、墙高4 m、拱顶处全高为4.5 m,为大直径深孔钻机(工作高度一般为3.8 m)的凿岩作业创造必要的空间。当硐室顶部稳固性较差时,可采用喷锚网支护或在硐室内留设矿柱。

(7)通风天井

通风天井是采场通风的重要通道,一般布置在凿岩平巷的尽头,靠近矿体上盘的位置。

(8)出矿平巷

自阶段运输平巷沿间柱底部的中间位置,施工出矿进路直达矿体上盘。

(9)出矿斜巷

自出矿进路施工数条出矿斜巷与矿房中央的穿脉贯通,出矿斜巷间距5~10 m。

3.切割工程

切割工程为采场底部V形堑沟,通过在矿房底部穿脉内施工上向扇形中深孔逐排爆破形成,可为自下而上垂直崩矿提供爆破自由面和落矿空间。

4.回采工艺

(1)凿岩

人员和设备通过斜坡道进入矿房顶部凿岩硐室,采用潜孔钻机(如 Simba 364、Atlas ROC-360 或国产的 KQTG150 等,需配套风压981~1471.5 kPa 的高压供风网路)钻凿下向平行大直径深孔,炮孔直径多为165 mm、偏斜率应控制在1%以内。炮孔施工完后,应及时采用测孔仪测量炮孔深度、偏斜率和底部补偿空间高度；如炮孔不合格，应重新打孔。

（2）爆破

①球状药包爆破理论。

VCR 法是伴随着球状药包爆破漏斗理论的提出而发展起来的。根据美国 Livingston 的研究成果，在中深孔至深孔爆破中，每次爆破装药长度小于炮孔直径的 6 倍时，破碎原理和效果与球状药包相似。

球状药包爆破时，爆炸气体所产生的全部能量自药包中心向径向呈整体球形均匀放射［图 5-8（a）］，而柱状药包爆破时，爆炸能量绝大部分作用于垂直炮孔轴线的横向，仅有一小部分作用于柱状药包的两端［图 5-8（b）］，因此，球状药包爆破矿岩的体积远大于柱状药包。

球状药包的爆破效果，取决于药包的埋藏深度。爆破崩落矿岩体积最大、爆破矿石块度最优时对应的药包埋置深度称为最佳埋

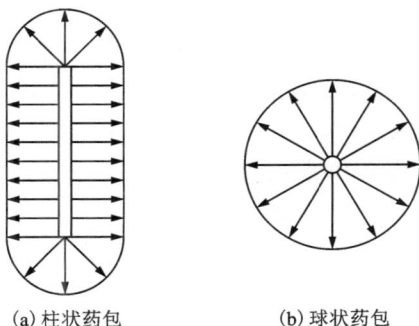

(a) 柱状药包　　　　(b) 球状药包

图 5-8　球状药包与柱状药包爆炸气体的做功形式

置深度。根据能量转化观点，炸药在岩石中爆炸，其释放的爆炸能在岩石中形成 4 个带，即弹性变形带、震动破裂带、碎化带和空爆带。当药包质量 Q 固定时，若药包埋深 L 过大，炸药爆炸的全部能量均由震动传给了岩石，岩石只产生弹性变形而无法形成漏斗。将药包由深处向自由面移动，则岩石开始由弹性变形带向震动破碎带靠近，当药包越过一临界埋深 L_c 继续上移时，岩石即进入震动破碎带。此时，炸药爆炸释放的能量，主要消耗在岩石的弹性震动和碎化上，从而形成了爆破漏斗。爆破漏斗的体积随药包埋深的减小而增大，当 L 减小到一定程度（如 L_o）时，药包能量得到了最大限度的利用，爆破漏斗体积达到最大值，此时的药包埋深称为最优埋深 L_o。药包越过 L_o 继续上移，随着最小抵抗线的减小，表面岩石进入碎化带，甚至空爆带。炸药能量除了用于岩石的震动和破碎以外，还有相当大的一部分消耗于抛掷飞石和爆炸气体的膨胀，造成爆破漏斗体积逐渐减小。

根据上述原理，现场爆破漏斗试验中，可在采场内岩性相同的某一较有代表性的地段，使用同一种炸药，选取不同的埋藏深度进行系列爆破漏斗试验，测量爆破漏斗体积和大块率。以药包埋深为横坐标，以爆破漏斗体积和大块率为纵坐标，绘制爆破漏斗特性曲线，确定临界埋深 L_c 和最优埋深 L_o。Livingston 根据大量爆破漏斗试验得出了 L_c 与药包质量 Q 的关系：

$$E = \frac{L_c}{\sqrt[3]{Q}} \tag{5-1}$$

式中：E 为岩石的变形能系数；L_c 为药包临界埋深，m；Q 为药包质量，kg。

岩石性质、炸药性能一定的条件下，E 是一个常数。L_c 越大，则 E 也越大，岩石易爆；反之，L_c 越小，E 也越小，岩石难爆。因此可根据 E 值的大小来判定岩石爆破的难易程度。

将式（5-1）略加变形，得：

$$L_c = E \cdot \sqrt[3]{Q} \tag{5-2}$$

令 $\dfrac{L_o}{L_c} = \Delta$（称为最佳深度比），则式（5-2）变为：

$$L_o = \Delta E \sqrt[3]{Q} \tag{5-3}$$

实际爆破设计时，可以通过爆破漏斗试验确定的最佳深度比 Δ、变形能系数 E 及药包质量 Q，直接求出最优埋深 L_o，从而得到最小抵抗线 $W = L_o$，并以此作为爆破参数设计的重要参考依据。

②爆破参数设计。

采用自下而上分段装药，分层爆破，必须采用高密度（1.35~1.55 g/cm³）、高爆速（4500~5000 m/s）、高威力（以铵油炸药威力为 100 TNT 时，应达到 150~200 TNT）的炸药，例如我国生产的 CLH 系列乳化炸药。根据球状药包的概念，药包直径与长度之比不超过 1:6。如采用耦合装药，药包直径为 165 mm、长度为 990 mm、单个药包质量约 30 kg；如采用不耦合装药，药包直径选择 150 mm、长度为 900 mm、单个药包质量约 25 kg。

球状药包的孔距和最佳埋置深度是生产爆破设计中的重要参数。受矿石可爆性的影响，球状药包的孔距一般取等于或小于计算得出的爆破漏斗半径值；如孔距过大可能使爆破漏斗之间的矿石不能崩落或使顶板形成不平整爆坑、崩矿量降低；孔距过小则会增加炸药单耗并使矿石过于粉碎。药包最优埋深是指药包中心距离自由面的最佳距离，一般应根据小型爆破漏斗试验结果计算得到，如药包埋深过大，炮孔可能爆成药壶状；埋深过小则会降低炸药利用率、增加飞石和空气冲击波的破坏程度。我国凡口铅锌矿球状药包孔间距一般取 3 m× 3 m，采用交错布置或梅花形布置，周边孔适当加密，药包最优埋置深度一般为 2.5~2.7 m；每米炮孔崩矿量为 20 t/m，炸药单耗为 0.4 kg/t，大块率为 0.98%，矿块生产能力为 482 t/d。

③堵孔底。

炮孔内分段爆破，堵孔效果非常关键。常用的堵孔方式包括水泥塞堵孔、碗形胶皮堵孔和木楔堵孔等。其中，水泥塞堵孔是将系吊在尼龙绳尾端的预制圆锥形水泥塞下放至孔内预定位置，再下放未装满河砂的塑料包堵住水泥塞与孔壁间隙，然后再向孔内堵装散砂至预定高度。

④装药。

根据计算的一次爆破炸药量，可采用连续耦合装药或间隔装药。连续耦合装药是指无间隔装入药包或散装炸药；间隔装药可采用河砂、竹筒、空气间隔球等。以药包直径 165 mm、长度 990 mm、单个药包质量 30 kg 的耦合装药结构为例，装药时采用系结在尼龙绳尾端的铁钩钩住预系在塑料药袋口的绑结铁环，借药袋自重下落的装药方法，先向孔内投入一个 10 kg 的药袋，然后再将装有起爆弹的 5 kg 药袋用导爆线直接投入孔内，再投入一个 5 kg 药袋，上部再投入一个 10 kg 药袋。

⑤填塞。

垂直崩矿阶段矿房法装药示意图如图 5-9 所示，用炮泥或河沙填塞炮孔，填塞高度以 2~2.5 m 为宜。

⑥起爆。

采用起爆弹—导爆线—导爆管—导爆线起爆系统，球状药包采用 250 g 50/50TNT—黑索金铸装起爆弹，中心起爆。孔内导爆线与外部网络的导爆线之间采用导爆管连接，这样可减少拒爆的可能性并便于选取孔段。

（3）通风

每次爆破后，新鲜风流由斜坡道经分段联络平巷、凿岩平巷和大直径深孔（炮孔）进入采场冲洗工作面后，污风经大直径深孔（炮孔）和通风天井排入上阶段巷道。为加速炮烟排出，可增加局扇辅助通风。

（4）出矿

采用铲运机铲装矿石，将崩落至底部 V 形堑沟内的矿石运搬至布置在阶段运输平巷一侧的溜井内，溜入下一个阶段进行矿石集中运输。

（5）顶板安全管理

每次爆破后须经充分通风并清理凿岩硐室顶帮松石后，人员方能进入作业。

5. 方案综合评价

（1）优点

①在专门的凿岩和出矿巷道中作业，安全性好。

②采用大直径球状药包向下爆破、无须克服矿石自重，炸药单耗低、采矿成本低。

③便于机械化设备作业、回采效率高、生产能力大。

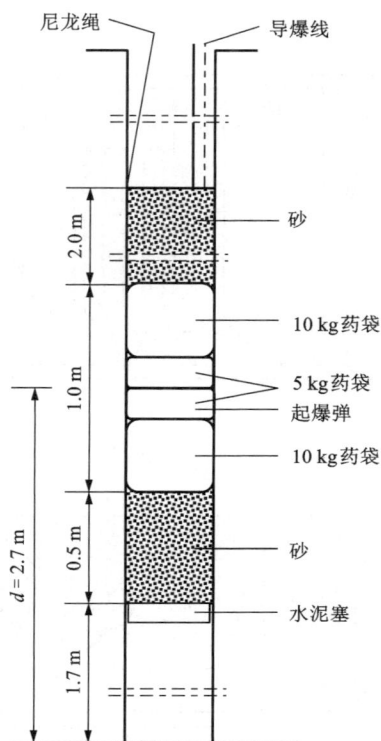

图 5-9　垂直崩矿阶段矿房法装药示意图

（2）缺点

①矿柱矿量大、资源回收率低。

②采准切割工程量大、准备时间长。

③大直径深孔施工复杂、凿岩爆破技术要求高。

④采用大直径深孔爆破，矿石的大块率和贫化率难以控制。

⑤回采结束后遗留大规模采空区群，安全隐患突出。

5.5.2　侧向崩矿阶段矿房法

1. 采场结构参数

如图 5-10 所示，侧向崩矿阶段矿房法沿矿体倾向划分阶段、垂直矿体走向布置矿块，矿块划分为矿房和矿柱（顶柱、底柱和间柱）。

①阶段高度：50~80 m。

②顶柱厚度：5~8 m。

③矿房长度：40~60 m。

④矿房宽度：15~20 m。

⑤矿房高度：40~70 m。

⑥间柱宽度：8~12 m。

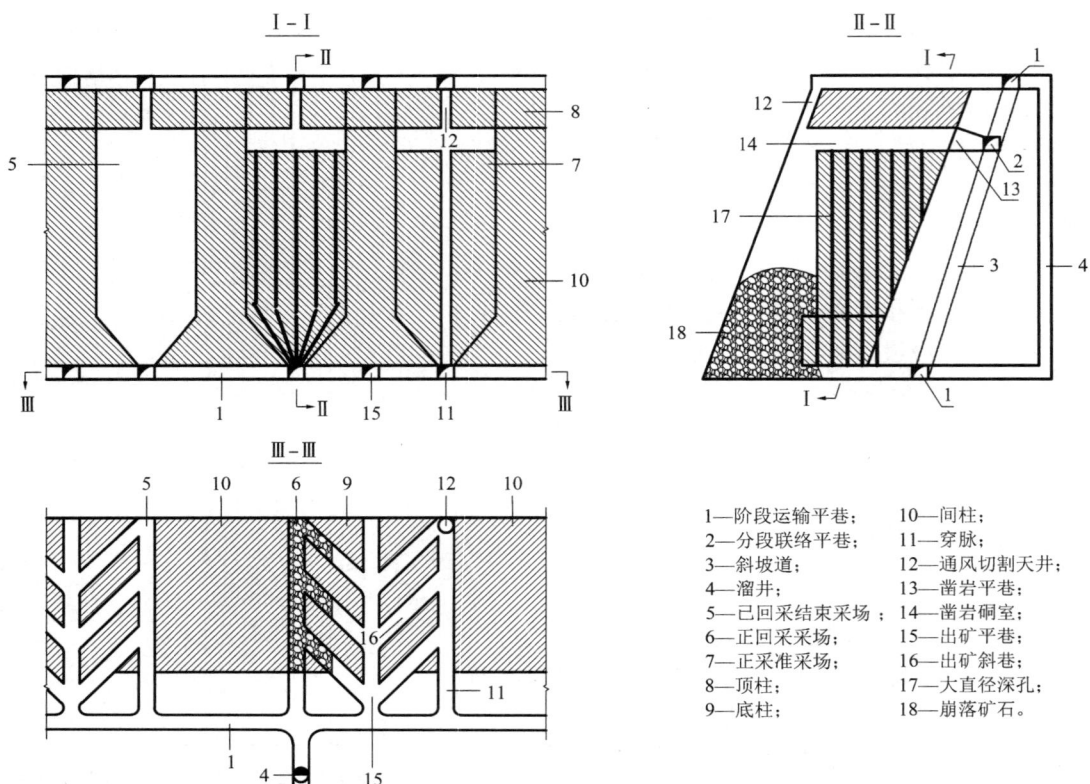

图 5-10 侧向崩矿阶段矿房法采矿方法图

1—阶段运输平巷;   10—间柱;
2—分段联络平巷;   11—穿脉;
3—斜坡道;   12—通风切割天井;
4—溜井;   13—凿岩平巷;
5—已回采结束采场;   14—凿岩硐室;
6—正回采采场;   15—出矿平巷;
7—正采准采场;   16—出矿斜巷;
8—顶柱;   17—大直径深孔;
9—底柱;   18—崩落矿石。

⑦底部 V 形堑沟角度≥55°,两侧预留桃形底柱,底柱高度 8~10 m。

⑧V 形堑沟一侧出矿进路间距:5~10 m。

2. 采准工程

采准工程主要包括阶段运输平巷、分段联络平巷、斜坡道、溜井、穿脉、通风切割天井、凿岩平巷、凿岩硐室、出矿平巷和出矿斜巷等。

(1)阶段运输平巷

根据矿体倾角变化情况,沿矿体倾向设置阶段,阶段高度 50~80 m,在矿体下盘、平行矿体走向施工阶段运输平巷。

(2)分段联络平巷

在矿房顶部设置分段,在矿体下盘,平行矿体走向方向施工分段联络平巷。

(3)斜坡道

斜坡道是机械化的采掘设备(如潜孔钻机和铲运机)、人员和材料在不同阶段之间移动的重要通道,断面尺寸规格依无轨设备通行要求确定。

(4)溜井

在矿体下盘、靠近阶段运输平巷,每隔 200~300 m 设置一个溜井,贯穿上、下阶段运输平巷，溜井上部设筛网，底部设置振动放矿机。

（5）穿脉

自阶段运输平巷沿矿房中央施工穿脉直达矿体上盘，便于设备和人员进入采场。

（6）通风切割天井

通风切割天井是采场通风的重要通道，也可为采场切割拉槽提供自由面，一般布置在穿脉巷道的尽头，靠近矿体上盘的位置。

（7）凿岩平巷、凿岩硐室

人员和设备自斜坡道进入分段联络平巷，沿矿房中间位置，施工凿岩平巷直达矿体上盘。以凿岩平巷为自由面，将矿房顶部全断面扩刷为凿岩硐室，凿岩硐室长度一般比矿房长 2 m、宽度比矿房宽 1 m、墙高 4 m、拱顶处全高为 4.5 m，为大直径深孔钻机（工作高度一般为 3.8 m）的凿岩作业创造必要的空间。当硐室顶部稳固性较差时，可采用喷锚网支护或在硐室内留设矿柱。

（8）出矿平巷

自阶段运输平巷沿间柱底部的中间位置，施工出矿进路直达矿体上盘。

（9）出矿斜巷

自出矿进路施工数条出矿斜巷与矿房的穿脉贯通，出矿斜巷间距 5~10 m。

3. 切割工程

切割工程是采场的拉槽工作，自穿脉进入采场中央，以通风切割天井为自由面，在矿体上盘扩大爆破形成爆破自由面。底部 V 形堑沟也属于切割工程，但是通常不需单独施工形成，而是在回采过程中，随着底部穿脉内施工的上向扇形中深孔逐排爆破形成。

4. 回采工艺

（1）凿岩爆破

人员和设备通过斜坡道进入矿房顶部凿岩硐室，采用潜孔钻机钻凿下向平行大直径深孔；人员和设备自阶段运输平巷进入矿房底部穿脉，采用中深孔凿岩台车施工上向平行扇形中深孔；采用散装乳化炸药爆破、数码电子雷管起爆，各排炮孔间微差起爆，上部大直径深孔超前下部扇形中深孔 1~2 排炮孔。

（2）通风

每次爆破后，新鲜风流由下阶段运输平巷经斜坡道、分段联络平巷和凿岩硐室进入采场冲洗工作面后，污风经采场顶部的通风切割天井排入上阶段巷道。

（3）出矿

采用铲运机铲装矿石，将崩落至底部 V 形堑沟内的矿石运搬至布置在阶段运输平巷一侧的溜井内，溜入下一个阶段进行矿石集中运输。

（4）顶板安全管理

每次爆破后须经充分通风并清理凿岩硐室和穿脉顶帮松石后，人员方能进入作业。

5. 方案综合评价

（1）优点

①在专门的凿岩和出矿巷道中作业，安全性好。

②采用大直径深孔爆破、炸药单耗低、采矿成本低。

③便于机械化设备作业、回采效率高、生产能力大。

（2）缺点

①矿柱矿量大、资源回收率低。

②采准切割工程量大、准备时间长。

③大直径深孔施工复杂、凿岩爆破技术要求高。

④采用大直径深孔爆破，矿石的大块率和贫化率难以控制。

⑤回采结束后遗留大规模采空区群，安全隐患突出。

5.6　采空区处理及矿柱回收

空场法的实质是在矿体回采过程中采矿房、留设矿柱，主要依靠围岩自身的稳固性和留设矿柱来支撑顶板岩石、管理地压，采空区不做特别处理。该类方法虽然工艺简单、成本低，但是随开采规模的扩大，采空区数量日益增多、安全隐患日益突出，且由于矿柱回采条件恶化、回采率低，产生了严重的资源损失与浪费。

5.6.1　采空区处理

采空区是矿山地压灾害事故的主要诱因之一。据统计，我国因采矿作业产生的采空区的累计体积已超过 350 亿 m^3，采空区塌陷灾害困扰着我国超过 80% 的中小型地下矿山。作为常见的采空区灾害表现形式，我国因采矿导致地表塌陷的面积就高达 1150 km^2，超过 30 个矿业城市正在面临着严峻的采矿塌陷灾害形势，每年因地面沉降和塌陷造成的直接经济损失就超过 4 亿元。2013 年 6 月 23 日，随州市金泰矿业有限公司 2 号矿采空区发生塌陷，地表塌陷面积大约 100 m^2，塌陷深度约 60 m，6 名矿工被掩埋；2014 年 10 月 24 日，乌鲁木齐市米东区铁厂沟镇一煤矿发生采空区冒落事故，致 16 人遇难、11 人受伤。湖南郴州、河北武安、河南平顶山、安徽铜陵等矿业城市在"塌陷—搬迁—再塌陷—再搬迁"的恶性循环中不断丧失机遇，严重阻碍城市发展可持续发展。

对于矿山地下开采遗留的采空区，处理方法通常有封闭、崩落和充填三大类。

（1）封闭处理采空区

封闭空区是一种最经济又简便的采空区处理方法，但其使用条件比较严格，仅适用于下列 3 种情况：

①矿石与围岩极稳固，矿体厚度与延伸不大，埋藏不深，地表允许崩落。

②埋藏较深的分散孤立的盲采空区，离主要矿体或主要生产区较远且上部无作业区。

③采空区临时处理。

在封堵采空区时，要在采空区附近通往生产区的巷道中，构筑一定厚度的隔墙，保证采空区中围岩崩落产生的冲击气浪不至造成危害。

（2）崩落处理空区

崩落围岩处理采空区的实质是利用崩落围岩充填空区或形成缓冲保护岩石垫层，以防止上部大量岩石突然崩落时，气浪冲击和机械冲击巷道、设备和人员的危害；缓和应力集中，减少岩石的支撑压力。在崩落围岩时，为减少冲击气浪的危害，对离地表较近的采空区或相邻空区已与地表相通的采空区，应提前与地表或与相邻采空区崩透，形成"天窗"。因此，崩落处理采空区的前提是地表允许塌陷。

（3）充填处理采空区

要根除采空区安全隐患，比较可行的手段只能是充填。用充填料（废石、尾砂）充填采空区，可以减缓或阻止围岩的变形，以保持其相对的稳定。

充填处理采空区，一方面，要求对采空区或采空区群的位置、大小及与相邻采空区的通道了解清楚，以便对采空区进行封闭，构筑隔离墙，进行充填脱水并防止充填料流失；另一方面，采空区中必须有钻孔、巷道或天井相通，以便充填料能直接进入采空区，达到密实充填采空区的目的。在采用充填处理采空区时，要从安全和经济两方面加以考虑，选用合理的充填材料和经济可行的充填工艺技术。

5.6.2 矿柱回采

当矿房回采结束以后，空场法会残留大量的顶柱、底柱、间柱、点柱和保安矿柱等宝贵资源。对于薄至中厚矿体，矿柱矿量占比为 20% ~ 30%，而对于急倾斜的厚大矿体，其矿柱矿量为 40% ~ 60%。这部分矿柱如果不能及时回收，不仅会加快矿山下降速度、缩短矿山服务年限、增加生产费用，而且随着采空区增多、增大，矿柱所受压力越来越大，矿柱可能变形破坏，甚至造成永久损失。然而，矿柱资源的安全高效回收一直是当今采矿届的一大难题，国内外尚无成功的、便于大范围推广的典型案例，究其原因，矿柱回收中存在如下难题。

（1）采空区群形态复杂、安全隐患突出

采空区内部往往纵横交错、上下贯通，极易发生冒顶、坍塌等现象，进而诱导产生大规模地压活动，因而保障矿柱回收的安全性难度极大。

（2）矿柱资源禀赋条件复杂、空间形态变化大

由于矿柱的产状变化从薄到厚大、倾角从水平至急倾斜、品位从低到高变化较大，开采技术条件极其复杂；再加上多年的无序开采，产生了数量庞大的采空区群，遗留大量的矿柱资源位于采空区群内及边部，其形态各异、厚度不均、安全回收技术难度极大。

（3）不同类型的矿柱资源回采工艺各不相同

多数采空区群条件的矿柱资源类型主要包括顶底柱、间柱和零星边角矿。由于各矿柱资源禀赋特征和采空区分布状况的不同，相应的矿柱回采工艺也各不相同，再加上部分采空区的稳定性会随着时间的推移而不断恶化，因此所选用的技术方案必须具有针对性，且应安全可靠、经济合理。

综上所述，高效合理地充填采空区以消除采空区安全隐患、防止上部岩体出现移动和沉降，是矿柱安全高效回收的重要前置条件。

思考题

1. 对比分析房柱法和全面法的异同点。
2. 论述留矿法产生贫化损失的原因及降低贫化损失的措施。
3. 对比分析分段矿房法和阶段矿房法的异同点。
4. 总结分析深孔阶段矿房法的优缺点。
5. 如何实现空场法遗留矿柱的安全高效开采?

第6章　充填采矿法

充填采矿法又称充填法，是有色金属和贵金属矿山最早采用的一类方法，其能够最大限度地回收地下矿产资源、保护地表环境和建构筑物。近年来随着充填成本不断降低及国家对安全及环境保护的重视，充填法因其无可替代的优势，迅速在地下矿山得到广泛应用。

6.1　充填理论与技术简介

6.1.1　充填工艺发展历程

充填采矿法实施的关键前提是充填材料与充填系统。我国充填工艺起步较晚、理论和装备水平基础薄弱，但是发展却尤为迅速。尤其是进入 21 世纪后，随着国家对安全和环保的高度重视及"绿水青山就是金山银山"发展理念的不断深入贯彻，我国的充填理论体系已日趋完善、充填技术和装备水平已逐渐达到世界先进水平。国内充填工艺的发展历程大致可分为如下三个阶段：

第一阶段：水砂充填阶段(1960—1980 年)。1960 年，湖南湘潭锰矿率先采用水砂充填工艺防止矿坑内因火灾，并取得了较好的效果；1965 年，湖南冷水江锡矿山南矿为了控制大面积地压活动，首次采用了尾砂水力充填采空区工艺，有效地减缓了地表下沉。随后，铜绿山铜矿、招远金矿、凡口铅锌矿等矿山也开始采用水砂充填工艺治理采空区。

第二阶段：分级尾砂充填阶段(1980—2000 年)。20 世纪 80 年代后，分级尾砂充填工艺与技术迅速在国内推广应用，安庆铜矿、张马屯铁矿、三山岛金矿等 60 余座有色、黑色和黄金矿山都建设了分级尾砂充填系统。其间，以天然砂和棒磨砂等材料作为集料的胶结充填工艺与技术也已臻成熟，并在凡口铅锌矿、小铁山矿、凤凰山铜矿等 20 余座矿山推广应用。

第三阶段：全尾砂充填阶段(2000 年至今)。由于分级粗粒径尾砂被用于充填，细粒径尾砂进入尾矿库后无法堆坝且无法保障尾矿库的浸润线和干滩长度，使得尾矿库存在重大安全隐患。1998 年，中南大学王新民教授团队通过在水口山康家湾矿立式砂仓内添加絮凝剂，在国内首次成功实现了全尾砂快速絮凝沉降和高浓度充填，上述工艺系统一直使用至今。2000 年以后，以冬瓜山铜矿为代表的其他地下充填法矿山开始大量采用全尾砂充填，并迅速在国内大量推广应用。

6.1.2 充填材料

1.充填材料来源及分类

常用的充填材料可分为三类：充填骨料——在充填过程中材料本身的物理和化学性质基本上不发生变化，作为充填的骨料；胶凝材料——在充填的条件下，材料本身的物理和化学性质发生变化，使充填骨料凝结成具有一定强度的整体；改性材料——加入充填料中用以改变充填料的质量指标，如提高流动性和强度，加速或延缓凝固时间等。选择充填材料应遵循的原则首先是矿山废渣的利用；其次是就地取材，加工成符合质量指标的充填料；最后，材料若需外购，应就近取材，以减少运输费用。充填材料选择的原则应技术可行、经济合理。

2.常用充填骨料

（1）尾砂

由于矿石品位较低，金属矿山的尾矿产出率普遍在90%以上，低浓度尾矿浆体直排尾矿库依然是世界各矿山进行尾矿处置的常用方式，不仅占用大量的土地，造成严重的环境污染和生态破坏，而且安全隐患突出、灾害事故频发。尾矿充填空区，不仅可以消除采空区的安全隐患，更可大大减少地表的尾矿排放，减少尾矿库占地和环境污染。目前，我国90%以上的金属矿山均采用尾砂充填工艺，其他矿山也大部分采用尾砂作为主要充填骨料。

（2）废石

在矿山基建过程中开拓系统的建设，不可避免地会产生大量的掘进废石；矿山正常生产时期，大量的探矿、开拓、采准工程施工，也会产生大量的废石。金属矿山废石产量占矿山总产能的20%~30%，通常采用露天堆存的方式，不仅占用大量的土地、存在一定的安全隐患，还会对周边生态环境产生严重的污染和破坏。将掘进废石破碎至合适的粒径作为充填骨料充填至井下采空区，不仅可以有效解决矿山掘进废石无处堆存的困境，也可以减少占地和环境污染。

（3）煤矸石

煤矸石是煤炭生产和加工过程中产生的固体废弃物，每年的排放量相当于当年煤炭产量的15%~20%，是我国排放量最大的工业废渣，约占全国工业废渣排放总量的1/4。据统计，我国煤矸石的总堆存量已达70亿t，占地70 km²，并正以每年1.5亿t的速度增长。2005年，孙村煤矿与中南大学王新民教授团队、煤炭科学研究总院等单位联合技术攻关，建成了国内首套煤矸石似膏体充填系统，之后煤矸石似膏体充填在煤矿中迅速推广应用。

（4）磷石膏

磷石膏是在湿法生产磷酸过程中产生的主要工业副产品，通常情况下每生产1 t磷酸，将产生4~5 t磷石膏。磷石膏中$CaSO_4 \cdot H_2O$的含量为85%以上，并含有磷化物、残余酸、氟化物、重金属及吸附在石膏晶体上的有机物等有害杂质。2008年，贵州开磷（集团）有限责任公司和中南大学联合开发的"磷化工全废料自胶凝充填采矿技术"获得了国家科技进步二等奖，彻底解决了磷矿资源的大规模开发利用所产生的安全和环保问题。

（5）砂石骨料

在矿山没有合适或充足充填骨料来源的情况下，可考虑就近利用卵石、碎石、河砂、戈壁集料、黏土、山砂、人造砂等材料作为充填骨料。金川公司将戈壁集料破碎至 3 mm 以下，灰砂比控制在 1：4，充填料浆的质量分数控制为 77%～79%，铺设钢筋网后的人工假顶充填体 28 d 抗压强度为 4~5 MPa。

（6）赤泥

目前，中国的赤泥排放总量已达 0.6 亿 t/a，地表堆存总量已超过 5 亿 t。由于拜耳法赤泥中存在大量的游离碱及难以脱除的化学结合碱（pH 为 11～13），还含有氟化物及重金属离子等物质，采用露天地表堆存的方式不仅占用大量的土地，还极易产生扬尘、污染地下水和破坏地表生态环境。近年来，越来越多类似于拜耳法赤泥的工业固体废物被应用于矿山充填开采，实践也证明将拜耳法赤泥作为骨料充填是可行的。

3. 胶凝材料

（1）水泥

水泥按用途可分为普通水泥、专用水泥和特种水泥，按矿物成分可分为硅酸盐水泥、铝酸盐水泥、硫铝酸盐水泥、少熟料或无熟料水泥。充填作业常采用的普通水泥，是由硅酸盐水泥熟料与不同掺入量的混合材料配制而成的。普通水泥的相对密度 3～3.15 t/m³，堆积密度 1.0 t/m³，贮存时间过长将会降低其活性，贮存 3 个月活性降低 8%～20%，贮存 6 个月，活性降低 14%～29%，贮存 1 年活性降低 18%～39%。

（2）高水速凝固结材料

高水速凝固结材料类似英国生产的高铝型新型水硬性胶凝材料，其最大优点是能在很小的体积固液比（0.1~0.15）时，在 5~30 min 凝结、硬化，最终形成一种有一定强度的高含水固体。高水速凝固结材料的最佳使用场合是煤矿沿空留巷的充填袋式支护，以及堵漏、灭火、封闭巷道、壁后充填等，现已在部分金属矿山充填中使用。

（3）工业废渣活性材料

为节省胶凝材料的费用，广泛采用各种活性材料，如粉煤灰、高炉矿渣、炼铜反射炉渣、熟石灰等，它们具有潜在胶凝活性。其特点是就近采购工业废渣活性材料，散装运到充填站，在站内进行加工，磨至一定细度，在水化反应环境里可表现出胶凝活性，因此将其加入充填料中，可部分替代或完全取代水泥。

4. 改性材料

（1）水

胶凝材料需要水实现水化反应。水又是絮凝剂和外加剂的溶剂或载体。控制用水量十分重要，质量分数是胶结充填料强度的重要参数，固液混合物中的水量决定了料浆的流动特性。

（2）絮凝剂

随着矿石品位的普遍下降和选矿技术的不断进步，磨矿粒度越来越细，金属矿山尾矿中 −200 目的占比普遍超过 80%，平均粒径 50 μm。过细的磨矿粒度在大幅提高选矿回收率的同时，也给尾矿的浓缩脱水增添了难度。依靠传统的自然沉降，细粒径尾矿沉降速度慢、浓缩效率低、溢流水浑浊，必须添加絮凝剂加速细颗粒的沉降，保障浓缩过程的稳定与高效。

絮凝剂的品种繁多，按照其化学成分可分为无机絮凝剂和有机絮凝剂两大类。在矿山应用较多的絮凝剂主要为聚丙烯酰胺系列，根据其离子类型可分为阴离子型、阳离子型、非离子型和两性离子型；根据其分子量大小可分为超高、高、中和低。有机高分子絮凝剂溶于水后会水解生成长链聚合物，进而絮凝架桥形成絮网结构，吸引和网捕细粒径尾矿颗粒形成大的絮团，进而加速絮团尾矿沉降。因为阳离子高分子絮凝剂对尾砂颗粒的吸附具有降低表面电荷、压缩双电层的作用，因此阳离子高分子絮凝剂引起桥连作用所需的分子长度比非离子型高分子絮凝剂可小一些，即相对分子质量可低些；相反，阴离子型高分子絮凝剂对带负电荷的尾砂颗粒有静电相斥作用，所需相对分子质量较大。

（3）外加剂

①缓凝剂。缓凝剂的作用机理主要是缓凝剂分子吸附于水泥表面，延缓水化反应进程，主要有木质素磺酸盐、聚羧酸、糖类及碳水化合物、无机盐等。

②早强剂。早强剂可以缩短充填体的凝结时间并提高早期强度，可分无机盐类、有机物类和复合早强剂三大类。

③减水剂。减水剂多数为表面活性剂，吸附于水泥颗粒表面使颗粒带电；颗粒间由于带相同电荷而相互排斥，加速水泥颗粒分散，从而释放颗粒间多余的水分，达到减水目的。另外，加入减水剂，在水泥表面形成吸附膜，影响水泥水化速度，使水泥晶体生长更完善，网络结构更为密实，从而提高水泥石的强度及密实性。减水剂按化学成分可分为：木质素磺酸盐类、多环芳香族磺酸盐类、糖蜜类、腐殖酸类、水溶性树脂类、复合减水剂等。

6.1.3 充填试验

充填试验是充填系统方案研究与工程设计的重要基础。充填试验的目的是通过充填材料的基本工程特性分析、絮凝沉降、浓缩脱水、充填配比、浆体流变、环境影响评价试验，获取满足充填采矿强度、长距离管道输送和绿色环保要求的低成本、高性能充填料浆。

1.充填骨料的基本特性测试

骨料的物理化学性质决定了充填料浆的流动性能和充填体的力学性能。充填骨料的基本特性测试内容主要包括：

①用比重瓶法测试相对密度。

②采用小型相对密度仪测定容重。

③依①、②结果计算孔隙率。

④采用三联式固结仪测定固结（压缩）性。

⑤用卡敏斯基管测定渗透系数。

⑥采用粗筛和比重分析法联合测定物料级配。

⑦采用圆盘休止角仪测定干状样品和水下样品两种状态下的休止角。

⑧利用 X 射线荧光光谱仪进行充填骨料的元素分析和氧化物分析。

⑨利用 X 射线衍射仪进行充填骨料的矿物组成分析。

2.絮凝沉降试验

（1）自然沉降试验

自然沉降试验是指对充填料浆在自然沉降条件（不添加絮凝剂）下，观察其在量筒中的沉降性能和稳定性的一种试验方法。

（2）静态絮凝沉降试验

静态絮凝沉降试验是在量筒中添加絮凝剂，分析、优选和确定适合尾砂特性的最佳絮凝剂类型、单耗及最佳矿浆稀释浓度，以便为后续动态絮凝沉降优化试验提供基础。

（3）动态絮凝沉降试验

动态絮凝沉降试验是利用小型动态絮凝沉降试验装置，动态模拟尾矿浆在容器内边进砂、边浓缩、边放砂的过程，从而确定物料浓缩的技术参数，为深锥浓密机选型提供依据。

3. 充填配比试验

充填配比试验的目的是测定不同配比组合胶凝材料、骨料胶结试块的固结特性、强度等指标，以检测充填体是否满足回采工艺要求，据此确定适合采矿工艺要求的充填材料最优配比，为充填系统方案设计提供依据。充填配比试验一般分为探索试验、扩大试验和验证试验三个阶段。其中，探索试验的目的是确定充填料浆保水性能较佳、有少量泌水、不易分层离析的似膏体质量分数范围；扩大试验是在探索试验的基础上，进一步扩大灰砂比和料浆质量分数的变化范围，综合考虑充填成本、试件强度等多方面因素，通过大批量充填配比试验优选最佳的充填配比参数；验证试验是指在现场或井下进行充填配比试验，进一步验证室内充填配比试验结果，并优化充填配比参数。

4. 充填料浆流变试验

合格的充填料浆除了要满足采矿作业对充填体的强度要求外，还需要具备尽可能好的流动性，以便降低管输阻力和堵管风险，并具备较好的坍落度以便提高采场充满率。

（1）剪切流变试验

剪切流变试验一般是利用流变仪控制剪切速率法测试充填料浆的屈服应力和塑性黏度。目前，常用于剪切流变试验的仪器主要有桨式转子流变仪、哈克流变仪和安东帕模块化流变仪。

（2）坍落度和稠度试验

坍落度试验是评定充填料浆拌和物的和易性能、充填料浆变形性能或抵抗流动变形性能的试验方法，一般采用坍落度筒进行测定。稠度是采用 SC145 型砂浆稠度仪，测量标准圆锥体以其自身的重量自由地沉入砂浆混合物中的厘米数。

（3）L 管试验

L 管试验装置由料浆斗、垂直管和水平管组成。通过配置不同材料组成、不同浓度的充填料浆，测定料浆在该装置中的流动参数，如料浆流量、流速和静止状态下垂直管中料柱高度等，并结合试验装置的几何参数，求出不同配比及不同浓度的充填料浆的初始屈服应力和黏度，进而推导出不同管径的输送阻力，为充填管网的设计提供理论基础。

（4）环管试验

环管试验需要在实验室搭建一套小型闭路环管试验装置，主要设备包括搅拌桶、变频渣浆泵、压力表、电磁流量计、气动闸阀、PLC 控制柜和钢制管道。环管试验装置能够使料浆在管道中循环流动，与矿山实际充填输送的管网布置形式相似，能够有效地模拟浆体管道输送阻力变化的过程。

5.环境影响评价试验

在岩溶发育地区、富水矿山中，尾砂充填至采空区，受到井下涌水的淋滤、浸泡可能会导致重金属的浸出，有必要测定泌水中有毒有害物质成分和充填前后井下水中有毒有害物质含量变化，对充填前后井下水环境进行评价。

(1)浸泡试验

浸泡试验相对简单，是通过将养护 28 d 的充填体试块浸泡于 2000 mL 的自来水玻璃容器内，并对玻璃容器进行密封处理，静态浸泡 20 d 后取出充填体试块；测试充填体浸出水样的主要污染物成分，并与原自来水质中相应成分含量进行对比；同时，还需与国家的工业废水排放标准进行对比。

(2)毒性浸出试验

当采用存在一定污染物成分的固体废弃物作为充填骨料时，如磷石膏、赤泥等，则需要按照《危险废物鉴别标准 浸出毒性鉴别》(GB 5085.3—2007)，进行毒性浸出试验。

6.1.4　充填料浆管道输送

(1)膏体与似膏体

高浓度充填是一个相对的概念，相对于传统的低浓度充填而言，高浓度充填的浓度更高、泌水率更低，脱水后的充填体凝固时间更短、早期强度更高、整体承载和支撑效果更好。同时，高浓度充填也是一个非常宽泛的概念，质量分数在50%以上、泌水率小于10%的充填料浆均属于高浓度的范畴。为了便于实际生产管理、提高充填效果和保障充填质量，浓度范围更加准确、流变性态更加明确的膏体、似膏体充填技术也相继应运而生。

膏体一词起源于混凝土行业，是指含水率为 5%~10%、坍落度为 100~150 mm，满足构建筑物和易性、强度、变形及耐久性要求的混凝土，往往流动性差，需要人工干预、振捣器振捣才能实现均匀铺设。膏体充填技术于 1979 年率先在德国格隆德铅锌矿开发成功，因其自然静置状态下不泌水、不沉淀、不离析等优点，迅速成为全球矿业绿色革命技术热点。澳大利亚岩石力学中心 Fourie 教授团队将膏体总结为：−20 μm 颗粒的含量超过 15%，自然静置状态不离析、不泌水，管道输送不分层、不沉降，坍落度小于 230 mm，流变特性为非牛顿流塑性体。自 1994 年首次在金川二矿区试验成功后，膏体充填技术在国内发展迅速，但是通常会陷入过度重视"高浓度、不泌水"而忽视流动性的误区，导致膏体制备工艺复杂、管输流动性差、泵送能耗高等问题。尤其是井下作业采场普遍面积较大，流动性较差的膏体根本无法在采场内铺设而只能在下料口堆积，导致采场充满率低、充填效果差等诸多问题。

似膏体技术作为一种新型的充填模式，既有胶结充填浆体流动性好、易于输送的优势，又有膏体质量分数高、井下脱水少、固结强度高等优点，在兼顾充填效果和管输流动性的条件下，似膏体技术是目前最经济合理的充填方式。2005—2008 年，中南大学王新民教授团队先后在孙村煤矿、华泰矿业、开阳磷矿分别建成了国内首例煤矸石和磷石膏似膏体充填系统，似膏体在采场内泌水率低、初凝时间短、固结速度快、水泥耗量少、充填效果好。随着充填浓缩脱水设备的升级，似膏体充填技术已在国内矿山新建充填系统中全面推广应用。

(2)两相流与结构流

充填料浆属于典型的固液两相流，在管道输送过程中，往往因为固体颗粒粒径组成的不同造成管流特性的改变。根据料浆颗粒大小和流态的不同，固液两相流可分为均质流、非均质流和非均质-均质复合流三种输送模式。

　　充填料浆的浓度由低到高，黏度相应增大，当经过一个临界点后，料浆的输送特性将由两相流转为结构流。与两相流不同，结构流浆体沿管道的垂直方向不存在可测量的浓度梯度，物料在流动以后像固体那样作整体移动，在管道内以类似"柱塞"的形式流动，"柱塞"与管壁之间则由一层很薄的润滑层分隔开来。结构流在管道横断面上的速度分布相对均匀，颗粒间不发生相对移动，任意断面的 A 点和 B 点经过 Δt 时间后（图 6-1），其相对位置仍保持不变，表现为非沉降性态。

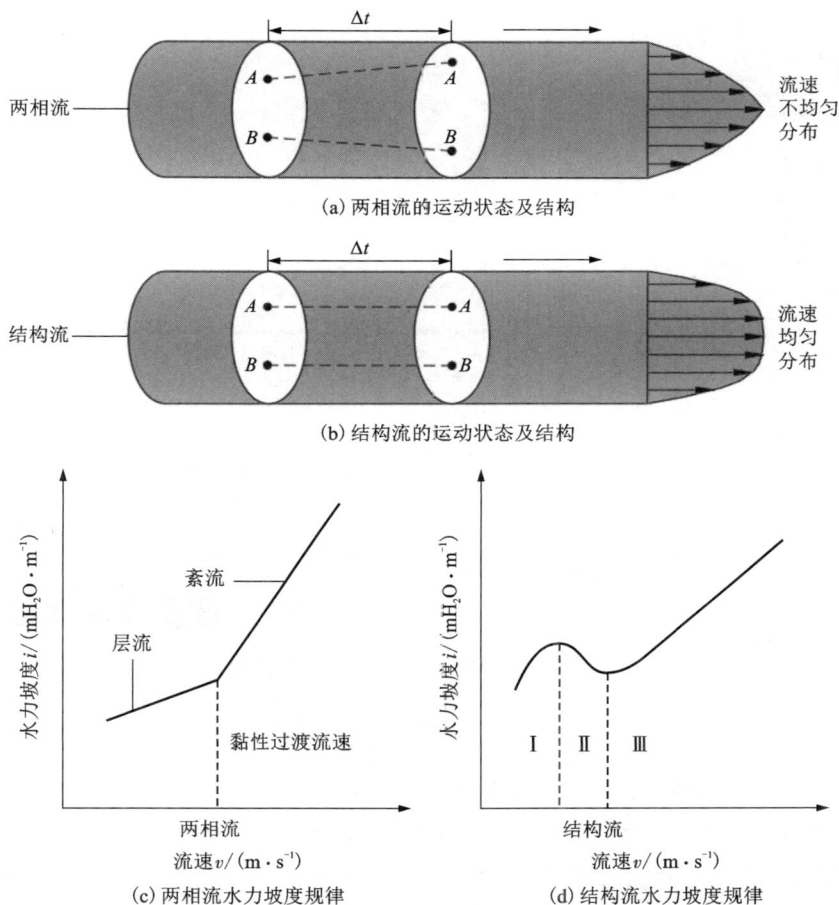

(a) 两相流的运动状态及结构

(b) 结构流的运动状态及结构

(c) 两相流水力坡度规律

(d) 结构流水力坡度规律

图 6-1　两相流和结构流的流速分布与水力坡度关系

　　固液两相流态充填体的阻力与流速的关系与清水和黏土类似，在流速不断增大的初期表现出层流的特征，其沿程阻力随浆体流速的增大而增大；但是随着流速的不断增加，浆体流动时与边壁相互作用而产生的漩涡程度及紊动的强度都会增加，由此而表现出紊流的特征，所产生的能量损耗也会相应增加，从而使得阻力损失增大。结构流流态充填体的阻力与流速的关系包括三个阶段：阶段 I 为初始沿程阻力随浆体流速的增大而增大阶段；阶段 II 为结构流体在管壁的剪切作用下发生触变效应,使得浆体的黏度降低,沿程阻力随浆体流速的增大而降低;阶段Ⅲ为浆体的剪切触变效应达到平衡状态,浆体的黏度不再降低,沿程阻力随浆体流速的增大而增大。

目前,充填颗粒级配合理、泌水率低于5%的似膏体充填料浆均可视为结构流,即充填料浆沿管道的垂直方向不存在可测量的浓度梯度,物料在管道内以类似"柱塞"的形式流动。

(3)自流充填与泵送充填

充填管道一般不宜布置在竖井内(检修不便),禁止布置在主提升斜井内(堵管爆管对提升系统会产生影响)和回风井内(影响巡检工人的安全)。根据充填管道布设所经历的主要生产系统巷道,充填管道常见的布置方案如图6-2所示。

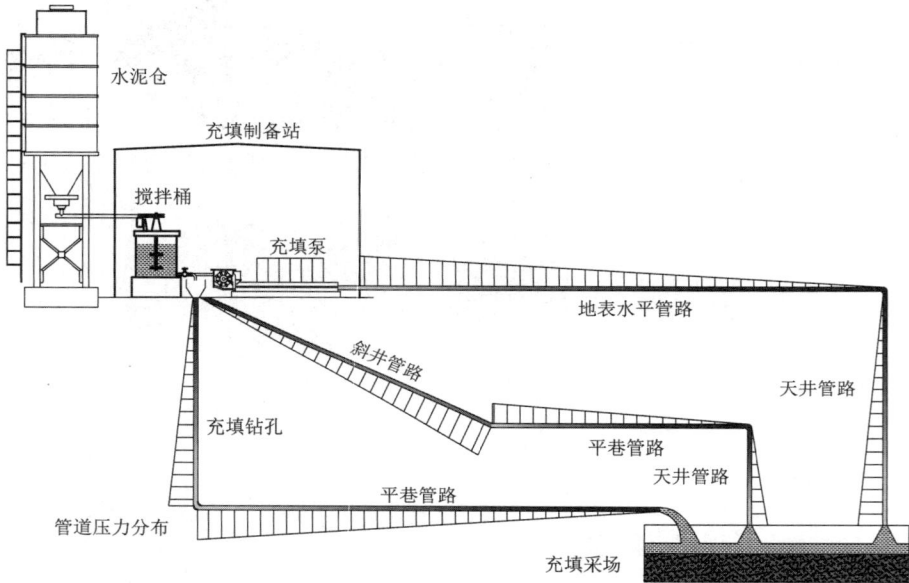

图6-2 充填管路常见的布置方案

根据充填动力来源的不同,充填料浆的管道输送方式可分为自流和泵送两种形式。自流充填是利用垂直管道内的浆体柱压力克服水平管道阻力,将充填料浆输送至待充地点。该输送方式工艺简单,无须人工动力,投资少,但因其动力是浆体柱压力,对充填倍线有较高要求。根据国内外充填矿山经验,管道自流输送一般要求几何充填管路倍线小于6,超过此范围的则需要加压泵送充填。几何充填管路倍线 N 按式(6-1)计算:

$$N = \frac{\sum L}{\sum H} \tag{6-1}$$

式中: $\sum H$ 为管道起点和终点的高差,m; $\sum L$ 为包括弯头、接头等管件在内的管路总长度,m。

如图6-3所示,大部分矿山是通过在充填站地表附近施工垂直的充填钻孔(偏斜率控制在5‰以内)与井下主要井巷贯通,采用自流充填的方式进行采场充填。

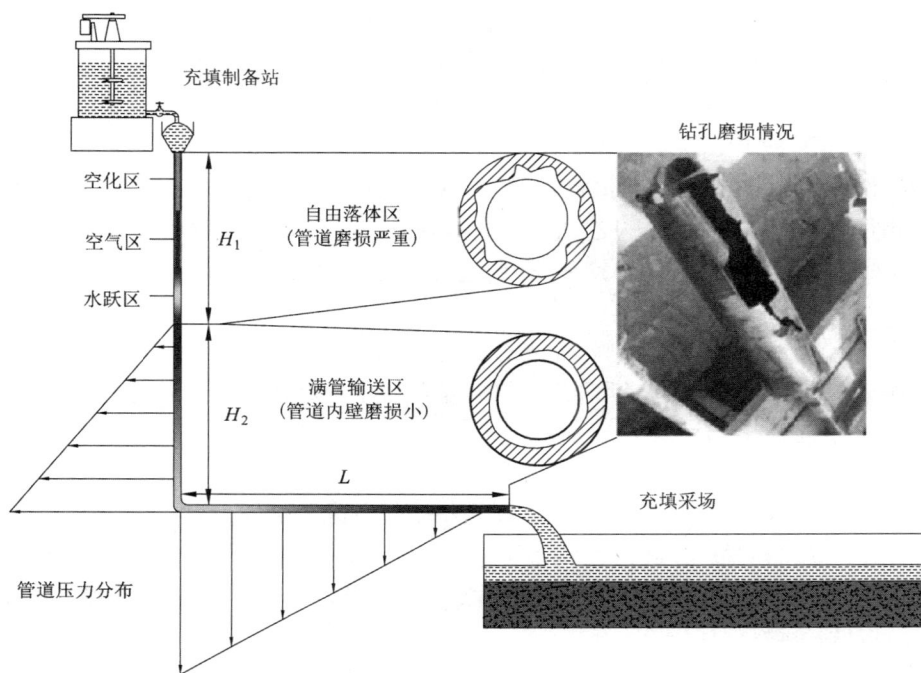

图6-3　充填料浆管道自流输送方式及管道磨损分析

充填料浆在垂直的钻孔内首先做自由落体运动，依次形成空化区、空气区和水跃区。在空化区内，液流会汽化，出现空穴或空洞，形成不连续流；空气区是水蒸气和空气的混合体，流体脱离管道边界，在重力作用下流速越来越快；水跃区是充填料浆自由落体速度达到最大后，在管道中发生翻滚和强烈振动的现象。由于充填料浆输送速度和压力均较大，必然对输送管道内壁产生法向及斜向冲击力，管壁磨损由此产生。充填钻孔磨损较严重的原因，除了钻孔施工质量、套管材质、充填料浆组成、充填工作参数等因素外，还有自由落体区域内的充填料浆处于不满管的输送状态，高速流动的充填料浆引发强烈的冲刷、空穴和翻滚现象，使得管路的磨损极为严重；而满管输送区域的管路则处于相对平稳的流动状态，管道内壁的磨损比较均匀，磨损率也较低。

（4）临界流速与工作流速

在流体力学中，临界流速被定义为流体流动形态转变时水流的断面平均流速，从层流转变为紊流称为上临界流速，而从紊流转变为层流称为下临界流速。在实际工程应用过程中，通常将充填骨料等固体颗粒在管道输送过程中恰好能够保持骨料悬浮、不发生沉降淤积的最低输送速度，即淤积流速称为临界流速，一般为 $1\sim1.2$ m/s。由于临界流速为恰好能够保持骨料悬浮、不发生沉降淤积的最低输送速度，在实际输送过程中必须采用流速更高的工作流速，以保证系统的可靠性、避免沉降堵管事故的发生。一般自流充填系统的工作流速为 3 m/s 左右，而泵送充填系统的工作流速为 1.5 m/s 左右。

（5）水力坡度

在某一压力作用下，浆体在管道中的流动必须克服与管壁产生的摩擦阻力和产生湍流时的层间阻力，统称摩擦阻力损失，即水力坡度。影响水力坡度的因素很多，主要有固体颗粒的粒径组成、不均匀系数、物料密度、浆体流速、浆体浓度、黏度、温度、管道直径、管壁粗糙度及管路的敷设状况等，其中浆体流速的影响程度最大，浆体浓度次之。

6.1.5 充填装备

随着我国装备制造水平的不断提高，低成本、高效率、大能力的新型充填装备不断涌现，尤其是在粗细分级、高效浓缩、过滤脱水、高速搅拌、高压泵送、耐磨管道及充填挡墙等方面，已经形成了大批量、成套成熟产品系列，显著提高了矿山的充填装备水平。

1.分级装置

分级尾砂充填时为保证充入采场后具有一定的脱水或渗透性能，充填前须进行分级脱泥工艺除去部分细粒级。

（1）水力旋流器

水力旋流器是利用离心力和重力来实现粗细颗粒沉降分级的设备，在选矿工业中主要用于分级、分选、浓缩和脱泥，也是分级尾砂充填中较常用的分级设备之一。水力旋流器无运动部件，构造简单；单位容积的生产能力较大，占地面积小；分级效率高（80%～90%），分级粒度细；造价低，材料消耗少。

（2）振动筛

振动筛是通过振动筛网大小控制粗细粒径产率，实现固液分离的新型尾矿脱水设备。电机带动筛网的高频振动有助于水从筛面过滤层中迅速下渗，并推动滤饼不断向前移动。

从处理效果上看，振动筛由于采用筛网和筛孔来控制粗细颗粒的筛分粒径，其筛分效果明显比水力旋流器更加理想；而水力旋流器则主要依靠重力和离心力进行粗粒颗粒分级，难以精准控制分级粒径。从处理能力上看，由数个或数十个旋流器并联起来形成的超大能力旋流器组占地面积会更小、处理能力会更大、能耗也相对较低些。

2.浓缩与储料装置

常见浓缩与储料装置包括砂仓和浓密机两大类，具体又分为卧式砂仓、立式砂仓和高效浓密机、斜板浓密机、深锥浓密机5种，最常用的为立式砂仓和深锥浓密机。

（1）立式砂仓

如图6-4所示，立式砂仓一般采用圆柱形筒体加锥形体结构，由仓顶结构、溢流槽、仓底及其仓内的造浆管件等组成，各部分结构的主要特点如下：

①仓顶结构：包括仓顶房、进砂管、料位计、人行栈桥等主要结构，当采用分级尾砂充填时，仓顶一般会架设水力旋流器组；当采用全尾砂充填时，则会在充填站内设置絮凝剂制备系统，在仓顶架设尾矿自稀释装置及絮凝剂添加管路。

②溢流槽：位于仓口内壁或外壁，槽底有朝向溢流管接口汇集的坡度，溢流槽的作用是降低溢流速度，并提高尾砂利用率。

③仓体：贮砂的主要组成部分，一般用钢筋混凝土构筑或钢板直接焊接而成。立式砂仓的仓体直径一般为9～10 m，仓体+锥体高度一般为仓体直径的2～3倍（一般为23～27 m），整个仓体的总容积1100～1600 m³、储料的有效容积800～1200 m³。

图 6-4　立式砂仓充填系统结构配置图

④仓底：由于半球形仓底结构放砂浓度低、易板结，现代立式砂仓一般均采用锥形放砂结构，半锥角一般为 30°左右，锥体高度一般为 7~9 m，锥体容积 150~200 m³。

⑤仓内的造浆管件：立式砂仓一般采用中心点放砂，在锥底内装 2~3 排松动喷嘴，通入压缩空气或高压水，可使已沉淀的尾砂松动；排砂口四周装有造浆喷嘴，通入高压水可使已松动的尾砂流态化；流态化的尾砂经底部的排砂管放出。

（2）深锥浓密机

如图 6-5 所示，深锥浓密机一般采用圆柱形筒体加锥形体结构，由仓顶结构、溢流槽、仓体、仓底、仓内的机械耙架装置及底流循环装置等组成，各部分结构的主要特点如下：

图 6-5　深锥浓密机

①仓顶结构：包括仓顶房、进砂管、料位计、人行栈桥等主要结构，还会在充填站内设置絮凝剂制备系统，在仓顶架设尾矿自稀释装置及絮凝剂添加管路。

②溢流槽：位于仓口内壁或外壁，槽底有朝向溢流管接口汇集的坡度，溢流槽的作用是降低溢流速度，并提高尾砂利用率。

③仓体：贮砂的主要组成部分，一般用钢板直接焊接而成。深锥浓密机的仓体直径一般为 10~20 m，圆柱仓体高度一般为 10~15 m，整个仓体的总容积为 2000~5000 m³。

④仓底：深锥浓密机一般均采用锥形放砂结构，半锥角一般为 60°左右，锥体高度一般为 4~6 m。

⑤机械耙架装置：深锥浓密机一般采用中心点放砂，设置机械耙架装置助流放砂。机械耙架装置一般由驱动电机、传动轴、横梁、刮泥耙、耙刀和导水杆组成。

⑥底流循环装置：一般布置在锥底，通过三通与放砂口直接相连，并配置剪切泵；待充填系统故障停机时，启动剪切泵将深锥浓密机底流循环打入深锥浓密机内，避免长时间停机过程中因底流浓度过高导致的压耙事故。

(3)立式砂仓和深锥浓密机对比

①处理能力。

立式砂仓仓体直径一般为 9~10 m，高径比一般为 2~3，仓体容积 1100~1600 m³、储料的有效容积 800~1200 m³，国内立式砂仓充填系统的能力普遍为 60~120 m³/h。深锥浓密机的仓体直径一般为 10~20 m，高径比一般为 0.5~1，整个仓体的总容积 2000~5000 m³、储料的有效容积 1600~4000 m³，单充填系统的能力最大可达到 200 m³/h。

②处理效果。

如果采用分级尾砂充填，立式砂仓的溢流水会严重跑混，分级尾砂中的细粒径颗粒几乎全部溢流排出，溢流水含固量高(10%~20%)；如果采用全尾砂充填，因在立式砂仓内添加了絮凝剂，溢流水几乎不跑混，溢流水含固量可控制在 300×10⁻⁶ 以内。深锥浓密机的溢流水则可一直保持澄清状态，溢流水含固量低于 300×10⁻⁶。立式砂仓放砂浓度极不稳定，表现为初始放砂浓度低、缓慢增加后又急剧降低、短暂升高后又急剧降低等几个阶段，一般放砂浓度为 50%~70%。而深锥浓密机在机械耙架装置挤压脱水和剪切助流的作用下，放砂浓度极为均匀和稳定，波动范围可控制在±2%以内。

③系统投资。

由于立式砂仓有效储砂容积较小、处理能力较低，且无法实现进砂和放砂的骨料通量平衡，因此往往需要建设两套立式砂仓系统交替使用，一个放砂、一个储砂，单套立式砂仓设备及安装费用 800 万~1000 万元。深锥浓密机通过扩大横向尺寸即直径，使得有效储砂容积和处理能力大大增加，完全可以实现进砂和放砂的骨料通量平衡，仅需要建设一套系统即可满足连续充填的要求。目前，国内深锥浓密机的价格一般为 500 万~1500 万元，进口深锥浓密机的价格一般为 1000 万~2000 万元。虽然深锥浓密机的造价要比立式砂仓高一倍左右，但是由于深锥浓密机不需要立式砂仓一储一用，因此，深锥浓密机和立式砂仓充填系统的投资相差不大。

④运行成本。

深锥浓密机的运行成本主要为电耗，其中，耙架的驱动电机功率一般为 30~45 kW，能耗相对较低。而立式砂仓虽然没有驱动耙架的电耗，但是需要使用高压风和高压水在仓底联动造浆，整体运行能耗反而较高。

在矿山生产能力较大或采用全尾砂充填的情况下，采用深锥浓密比立式砂仓具有显著的优势,不仅可以减少系统投资和运行成本,还可以有效提高充填效果和质量。

3.搅拌装置

制备出高质量、高浓度充填料浆是充填技术的关键,而高效率、高速率搅拌机则是制备高浓度充填料浆最重要的设备。

立式搅拌桶是由电动机三角带传动带动叶轮旋转将不同骨料充分均匀混合,具有投资小、成本低、对不同粒径骨料适用性好等优点。目前,矿山常用功率为 55 kW 的立式搅拌桶,转速为 200~300 r/min。

对于多种混合物料,尤其是含有碎石的骨料,卧式双轴搅拌机具有较好的混合和搅拌效果。双轴搅拌机在工作时,充填料通过进料口进入搅拌槽体,两根搅拌轴在电机驱动下反向旋转,搅拌轴上装有搅拌刀片,搅拌刀片在搅拌轴上呈螺旋线状分布,充填料受搅拌刀片旋转推动而随之同向位移,相互混合完成搅拌作用。由于卧式双轴搅拌机的转速普遍不高(小于 100 r/min),黏性或结块物料制备过程中结块现象比较明显。

4.泵送装备

作为泵送充填的核心装备,充填工业泵是近十多年快速发展起来的充填专用设备。

(1)拖式混凝土泵

拖式混凝土泵简称拖泵,由泵体和输送管组成,按结构形式分为活塞式、挤压式、水压隔膜式;泵体装在汽车底盘上,再装备可伸缩或屈折的布料杆就组成泵车。在充填工业泵广泛应用之前,矿山大多采用混凝土行业的拖泵来进行泵送充填。目前,鉴于拖泵低廉的价格和稳定的性能,拖泵在充填能力较小的矿山或仅有少部分区域需要泵送充填的情况下,仍有广阔的应用市场。

(2)充填工业泵

充填工业泵是一种典型的柱塞泵,主要由泵缸、活塞、活塞杆、吸入阀及排出阀构成。它是利用活塞自左向右移动时,在泵缸内形成负压,储料箱内的物料经吸入阀进入泵缸内。当活塞自右向左移动时,缸内物料受到挤压,压力增大,由排出阀排出,实现物料输送。由于具有活塞冲程长、效率高、可靠性高等优点,充填工业泵的出现使得高含固量介质,尤其是高浓度充填料浆的连续输送成为可能。

6.1.6　采场充填技术

(1)充填挡墙构筑

采空区充填的关键工序之一是构筑充填挡墙,封闭待充采空区与外界联系的通道,充填挡墙不仅要承受采空区内充填浆体压力,还要具有良好的脱滤水性能。根据充填挡墙构筑材料的不同,目前矿山常用的充填挡墙包括木质充填挡墙、砖砌挡墙、钢筋网柔性充填挡墙、混凝土挡墙和液压充填挡墙等(图 6-6)。

(2)采场泄滤水

如图 6-7 所示,采场的泄滤水方式主要有土工布泄水、泄水孔泄水、泄水井泄水等多种方式。传统的采场泄滤水工艺是通过在采场底部的充填挡墙中增设滤布,以便于充填泌水由充填挡墙自然渗透脱出。但是充填挡墙的面积往往较小、充填料浆与充填挡墙的接触面积有

(a) 木质充填挡墙　　　　(b) 砖砌挡墙　　　　(c) 钢筋网柔性充填挡墙

(d) 混凝土挡墙　　　　(e) 液压充填挡墙

图 6-6　常见充填挡墙示意图

限，使得充填料浆泌水泄出速度极慢、效率极低，导致充填体的初凝速度变缓、早期强度降低、水泥单耗增加，进而使充填体养护周期变长、充填效果变差、充填成本上升。因此，可考虑多种泄滤水方式共同使用，以提高泄滤水速度。

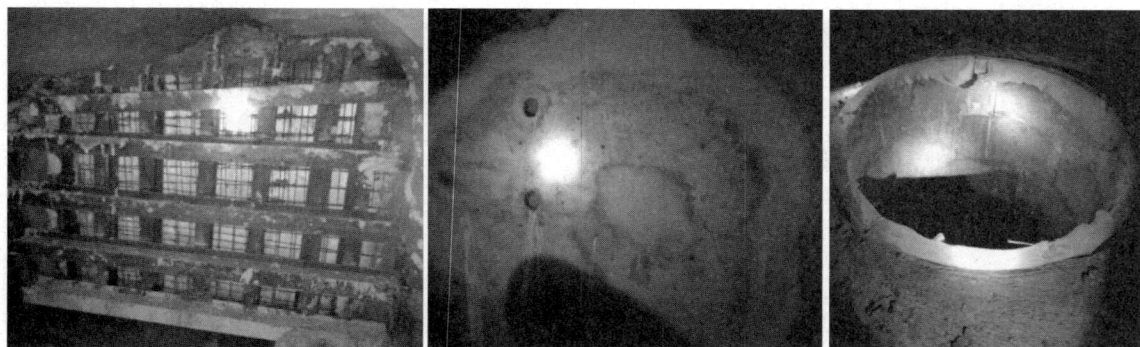

(a) 土工布泄水　　　　(b) 泄水孔泄水　　　　(c) 泄水井泄水

图 6-7　常用充填料浆泄滤装置

6.1.7　充填体作用机理

充填采场属于人工支护的范畴，类似于采用锚杆、喷射混凝土等人工措施支护采场巷道，其目的在于维护采场围岩的自身强度和支护结构的承载能力，防止采场或巷道围岩的整体失稳或局部垮塌。

（1）充填体力学作用机理

充填体充入采场，改变了采场帮壁的应力状态，使其从单轴或双轴应力状态变为双轴或三轴应力状态，大大提高了围岩强度，增强了围岩的自支撑能力。因此，充填体不仅起到了支撑作用，更重要的是提高了围岩自身强度和自支撑能力。

（2）充填体结构作用机理

通常岩体中的断层、节理裂隙将岩体切割成一系列结构体。这些结构体的组成方式决定了结构体的稳定状况。地下开挖时，岩体原始的结构体系受到破坏，其本来能够维持平衡和承受载荷的"几何不变体系"变成了几何可变体，导致围岩的连锁破坏，或称渐进破坏。采场充填后，尽管充填体的强度不高、承载时变形大，但是它可以起到维护原岩体结构的作用，使围岩维持稳定，避免围岩结构系统的突变失稳。

（3）充填体让压作用机理

由于充填体变形远大于原岩体，因此，充填体能够在维护围岩系统结构体系的情况下，缓慢让压，使其围岩地压得到缓慢释放（从能量的角度来看，是限制能量释放的速度）；同时，充填体施压于围岩，对围岩起到一种柔性支护的作用。

（4）充填体灾害防控机制

充填采矿过程中，围岩通过变形挤压充填体而释放弹性势能，充填体则不断吸收和积蓄变形势能，形成了一套能量释放、吸收、转化和耗散的复杂系统。从能量角度分析，岩爆是岩体中聚积的弹性变形势能瞬时释放而产生强烈冲击波的过程，释放的速率和效率直接影响岩爆的作用强度和破坏效果，因此岩爆具有明显的时效性。这一现象类似于工程中常见的爆炸与燃烧，能量的高速释放产生爆炸，缓慢低速释放则称为燃烧。虽然充填体的抗压强度较低，在应力集中条件下极易产生蠕变损伤和塑性破坏，但是结构损伤破坏后的充填体仍能承受较大的地压载荷，并在长期承载过程中表现出蠕变强度大于单轴抗压强度的变形硬化特性，可有效抵抗围岩的变形破坏、保持长期稳定。因此，与传统的刚性支撑体以"小变形"来吸收和储存能量的模式不同，充填体作为塑性体通过"大变形"来吸收岩体中聚积的弹性变形势能，延缓其释放速率，抑制其作用强度和破坏效果，达到"以柔克刚"的支护效果。

6.2　分层充填采矿法

根据采场充填工艺的不同，充填采矿法可分为分层充填法和空场嗣后充填法。其中，分层充填采矿法主要包括：上向水平分层充填法、上向水平进路充填法、下向水平进路充填法和削壁充填法。

6.2.1　上向水平分层充填法

上向水平分层充填法是目前应用最广泛的一类分层充填采矿法，我国有超过60%的矿山采用此类方法且仍有不断增加的趋势。根据采掘装备的不同，上向水平分层充填法又可分为普通上向水平分层充填法（采用风动凿岩机凿岩、电耙出矿）和机械化上向水平分层充填法（采用凿岩台车凿岩、铲运机出矿）。本节以采掘效率更高、生产能力更大的机械化上向水平分层充填法为例,介绍此类采矿方法的典型方案。

1. 方案基本特征及适用条件

机械化上向水平分层充填法是根据矿体倾角和厚度变化情况,在水平方向上将矿块划分为矿房和矿柱等独立的回采单元,在垂直方向上将矿体划分为不同阶段,再将阶段划分为若干分段,分段再划分为若干个分层;利用凿岩台车和铲运机等机械化采掘装备,采用自下而上分层回采、采一层充一层的两步骤开采工艺,先采矿柱后采矿房,直至整个矿块回采完毕。

机械化上向水平分层充填法的适用条件为:

①稳固性:为保障回采作业安全,要求矿体中等稳固以上。

②倾角:为减少损失贫化,矿体倾角应在缓倾斜及以上。

③厚度:薄、中厚、厚矿体均可。

④对于形态不规则、分支复合变化大的矿体具有较好的适用性。

2. 采场结构参数

①阶段高度:30~60 m。

②分段高度:9~12 m。

③分层高度:3~4 m。

④根据矿体厚度的不同,采场的布置方式和结构参数如下:

(a)当矿体的水平厚度<15 m时,沿矿体走向方向布置矿房和矿柱,采场的宽度为矿体的水平厚度;综合考虑矿体的稳固性、采掘设备的工作效率和采场的通风条件等情况,选择合理的采场长度,一般矿房长度20~50 m,矿柱长度15~50 m,采场暴露面积控制在200~800 m²。

(b)当矿体的水平厚度≥15 m时,矿房和矿柱垂直于矿体走向方向布置,即矿房、矿柱的长度为矿体的水平厚度;综合考虑矿体的稳固性、采掘设备的工作效率和采场的通风条件等情况,一般矿房矿柱宽度10~20 m,采场暴露面积控制在200~800 m²。

⑤根据开采方式和同时工作中段数的不同,采场顶底柱的留设情况如下:

(a)当仅有一个中段开采即可满足产能要求,且中段间和中段内均采用上行式的开采方式时,可不留顶底柱,自下而上将矿体全部回采完毕。

(b)当有多个中段同时开采时,为保障上下两个中段回采作业的安全,则需要在上下两个阶段间留设3~5 m的顶底柱,或者首先开采顶底柱构筑人工假顶作为顶底柱。

3. 采准工程

采准工程主要包括阶段运输平巷、溜井、斜坡道、分段平巷、分层联络道、卸矿横巷、充填回风天井等采准巷道,如图6-8所示。

(1)阶段运输平巷

根据矿体倾角变化情况,设置阶段高度为30~60 mm,在矿体下盘、平行矿体走向方向施工阶段运输平巷。

(2)溜井

在矿体下盘,靠近阶段运输平巷,每隔200~300 m设置一条溜井,贯穿上下阶段运输平

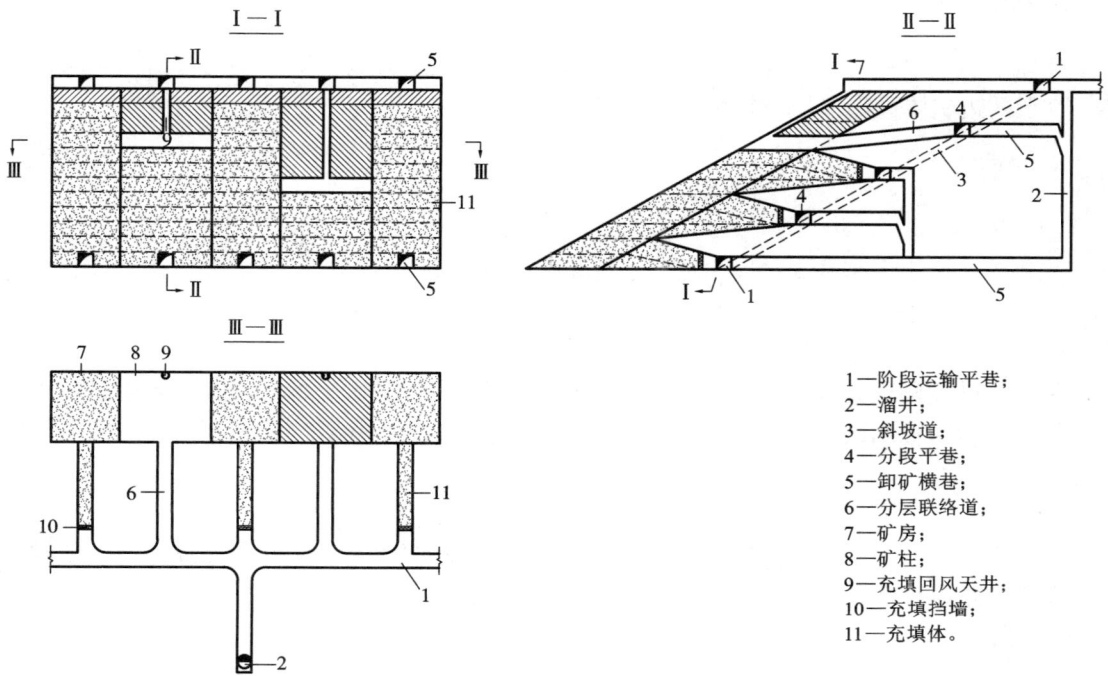

图6-8 机械化上向水平分层充填法采矿方法图(垂直走向布置)

1—阶段运输平巷;
2—溜井;
3—斜坡道;
4—分段平巷;
5—卸矿横巷;
6—分层联络道;
7—矿房;
8—矿柱;
9—充填回风天井;
10—充填挡墙;
11—充填体。

巷。溜井上部设筛网,底部设置振动放矿机。为防止上下分段卸矿相互干扰,卸矿横巷与溜井间用分支溜井连通。

(3)斜坡道

斜坡道是凿岩台车、铲运机、材料设备及人员在不同分段和阶段之间实现自由快速移动的重要通道,断面尺寸规格以无轨设备(凿岩台车、铲运机)通行要求确定。

(4)分段平巷

分段联络平巷沿矿体走向布置在矿体下盘围岩中,负责3个分层的回采和出矿,其位置应保证分层联络道坡度满足铲运机的爬坡能力要求。

(5)分层联络道

每分层采场均布置一条分层联络道连通采场和分段平巷。下向分层联络道采用普通掘进方法形成,水平分层联络道则在下向的分层联络道顶板挑顶形成,而上向分层联络道由水平分层联络道上挑形成。

(6)卸矿横巷

施工卸矿横巷连通分段平巷和溜井。

(7)充填回风天井

充填回风天井是采场通风和下放充填料浆的重要通道,一般布置在矿房和矿柱中央,靠近矿体上盘的位置,一般待拉底巷道形成以后再施工。

4. 切割工程

切割工程主要是在矿房最底部分层施工一条拉底巷道,并以拉底巷道为自由面向两边扩帮,直至两边矿体边界,形成爆破自由面和落矿空间。

5. 回采工艺

(1)凿岩爆破

采用液压凿岩台车凿岩,为了便于分层采场顶板的安全管理,采用水平布孔方式。采用乳化炸药装药,起爆方式为导爆管和数码电子雷管起爆,各排炮孔间微差起爆。

(2)通风与顶板安全管理

每次爆破后须经充分通风并清理顶帮松石后,人员方能进入采场。新鲜风流由斜坡道经分段平巷和分层联络道进入采场,贯穿采场冲洗工作面后,污风经充填回风天井排入上阶段巷道。

(3)出矿

经充分通风排出炮烟、顶板安全检查后,采用铲运机铲装矿石,经分层联络道、分段平巷、卸矿横巷运至最近的溜井,溜入下一个中段集中进行矿石运输。

6. 充填工艺

每分层出矿结束后及时进行充填,以控制地压,阻止采场顶板变形。

(1)充填准备

①在分层联络道内构筑充填挡墙。

②通过充填回风天井,向采场内接通充填软管,并将充填管固定在采场中部较高的地方,以便均匀充填。

③检查地表充填制备站与充填采场之间的通信系统及充填线路。

(2)充填工作

所有充填准备工作完成后,即可进行采场充填。充填料浆经布设在充填回风天井中的充填管道充入采场。每次充填预留 2~3 m 的未接顶空间,为上部分层爆破创造自由面。充填完成后须养护 3~10 d,待充填体强度满足凿岩台车的通行要求后,再进行下一个分层的回采循环,直至将所有分层回采完毕。

7. 技术经济指标

千吨采切比:8~12 m/kt,50~100 m³/kt。

每米炮孔崩矿量:3.0~3.5 t/m。

回采率:90%~95%。

贫化率:5%~10%。

采场生产能力:200~300 t/d。

采矿综合成本:100~200 元/t。

8.方案综合评价

（1）优点

①回采方案多，布置灵活，可适应复杂的开采技术条件。

②机械化程度高，矿石损失率和贫化率低。

③有利于地压管理，安全性好。

（2）缺点

增加了充填工序和养护时间，导致回采作业管理复杂，采矿直接成本增加。

6.2.2 上向水平进路充填法

作为一种常用的分层充填采矿法，上向水平进路充填法对于矿岩稳固性相对较差的开采技术条件适用性更好。本节以机械化上向水平进路充填法(采用凿岩台车凿岩、铲运机出矿)为例，介绍此类采矿方法的典型方案。

1.方案基本特征及适用条件

机械化上向水平进路充填法是根据矿体倾角和厚度变化情况，在垂直方向上将矿体划分为不同阶段，再将阶段划分为若干分段，分段划分为若干个分层，分层划分为若干进路。各分层进路采用两步骤开采的方式，一步骤开采单数进路并采用胶结充填，二步骤回采偶数进路并采用低强度胶结充填。利用凿岩台车和铲运机等机械化采掘装备，采用自下而上、采一条进路充一条进路的分层回采工艺，直至整个矿块回采完毕。

机械化上向水平进路充填法的适用条件为：

①稳固性：矿石稳固性一般或较差，仅允许拉开一条进路的宽度。

②倾角：对各种倾角均有较好的适用性，在倾角较缓时可转型为条带式进路充填法开采。

③厚度：薄、中厚、厚矿体均可。

④对于形态不规则、分支复合变化大的矿体具有较好的适用性。

2.采场结构参数

①阶段高度：30~60 m。

②分段高度：9~12 m。

③分层高度：3~4 m。

④进路宽度：2~5 m。

⑤根据矿体厚度的不同，进路的布置方式和结构参数如下：

（a）当矿体的水平厚度<20 m时，一般沿矿体走向方向布置进路，进路长度20~50 m，高度3~4 m、宽度2~5 m，采场暴露面积控制在100~200 m²。

（b）当矿体的水平厚度≥20 m时，一般垂直矿体走向方向布置进路，进路高度3~4 m、宽度2~5 m，进路长度为矿体水平厚度，采场暴露面积控制在100~200 m²。

⑥根据开采方式和同时工作的中段数的不同，矿块顶底柱留设情况如下：

（a）当仅有一个中段开采即可满足产能要求，且中段间和中段内均采用上行式的开采方式时，可不留顶底柱，自下而上将矿体全部回采完毕。

（b）当有多个中段同时开采时，为保障上下两个中段回采作业的安全，需要在上下两个中段间留设 3~5 m 的顶底柱，或者首先开采顶底柱构筑人工假顶作为顶底柱。

3. 采准工程

采准工程主要包括阶段运输平巷、溜井、斜坡道、分段平巷、分层联络道、卸矿横巷、充填回风天井等采准巷道，如图 6-9 所示。

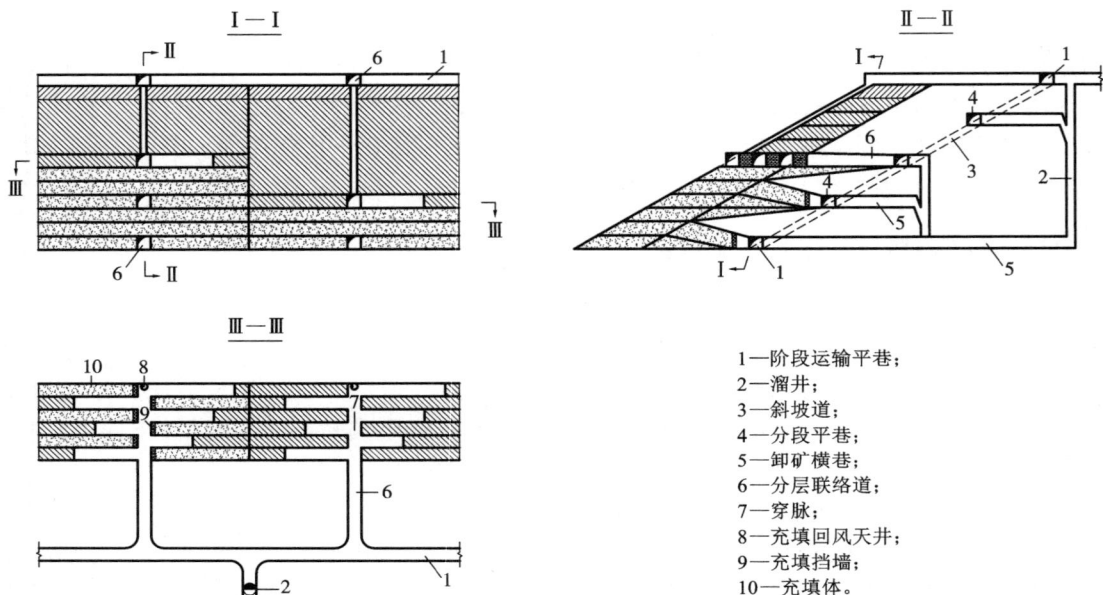

1—阶段运输平巷；
2—溜井；
3—斜坡道；
4—分段平巷；
5—卸矿横巷；
6—分层联络道；
7—穿脉；
8—充填回风天井；
9—充填挡墙；
10—充填体。

图 6-9 机械化上向水平进路充填法采矿方法图（沿走向布置）

（1）阶段运输平巷

根据矿体倾角变化情况，设置阶段高度 30~60 m，在矿体下盘、平行矿体走向方向施工阶段运输平巷。

（2）溜井

在矿体下盘，靠近阶段运输平巷，每隔 200~300 m 布置一个溜井，贯穿上下阶段运输平巷。溜井上部设筛网，底部设置振动放矿机。为防止上下分段卸矿相互干扰，卸矿横巷与溜井间用分支溜井连通。

（3）斜坡道

斜坡道是凿岩台车、铲运机、材料设备及人员在不同分段和阶段之间实现自由快速移动的重要通道，断面尺寸规格以无轨设备(凿岩台车、铲运机)通行要求确定。

（4）分段平巷

分段联络平巷沿矿体走向布置在矿体下盘围岩中，负责 3 个分层的回采和出矿，其位置应保证分层联络道坡度满足铲运机的爬坡能力要求。

（5）分层联络道

每分层进路均布置一条分层联络道连通进路和分段平巷。下向分层联络道采用普通掘进方法形成，水平进路联络道则在下向的分层联络道顶板挑顶形成，而上向分层进路联络道由水平进路联络道上挑形成。

（6）卸矿横巷

施工卸矿横巷连通分段平巷和溜井。

（7）穿脉（或沿脉）巷道

当进路沿矿体走向方向布置时，需要自分层联络道施工穿脉巷道直达矿体上盘，便于机械化的作业设备和人员进出各进路；当进路垂直于矿体走向方向布置时，需要自分层联络道在矿体下盘施工沿脉巷道将矿体拉开，便于机械化的作业设备和人员进出各进路。

（8）充填回风天井

充填回风天井是进路通风和下放充填料浆的重要通道。当进路沿矿体走向方向布置时，一般布置在穿脉巷道的尽头，靠近矿体上盘的位置；当进路垂直于矿体走向方向布置时，一般布置在沿脉巷道的中央，便于各进路采场通风。

4. 切割工程

上向水平进路充填法采用独头巷道掘进的方式进行采矿作业，因此无切割工程。

5. 回采工艺

（1）凿岩爆破

采用液压凿岩台车凿岩，为了便于分层进路顶板的安全管理，采用光面爆破的方式，施工掏槽眼、辅助眼和周边眼，采用独头巷道掘进的方式进行采矿作业。采用乳化炸药装药，起爆方式为导爆管和数码电子雷管起爆，各排炮孔间微差起爆。

（2）通风与顶板安全管理

每次爆破后，必须经充分通风并清理顶帮松石后，人员才能进入进路采场。各进路采用局扇将进路内的污风抽出，新鲜风流由斜坡道经分段平巷和分层联络道进入，贯穿进路冲洗工作面后，污风经充填回风天井排入上阶段巷道。

（3）出矿

经充分通风排出炮烟、顶板安全检查后，采用铲运机铲装矿石，经分层联络道、分段平巷、卸矿横巷运至最近的溜井，溜入下一个中段集中进行矿石运输。

按照上述回采工艺，一步骤首先开采单数进路并采用胶结充填，二步骤回采偶数进路并采用低强度胶结充填。利用凿岩台车和铲运机等机械化采掘装备，采用自下而上、采一条进路充一条进路的分层回采工艺，直至整个矿块回采完毕。

6. 充填工艺

每条进路出矿结束后，及时进行充填，以控制地压，阻止顶板变形。

（1）充填准备

①在进路口构筑充填挡墙。

②通过充填回风天井，向进路内接通充填软管，并将充填管固定在进路中部较高的地

方，以便均匀充填。

③检查地表充填制备站与充填进路之间的通信系统及充填线路。

（2）充填工作

所有充填准备工作完成后，即可进行进路充填。充填料浆经布设在充填回风天井中的充填管道充入进路。一步骤进路采用胶结充填，二步骤进路采用低强度胶结充填，且每次充填尽量保障充填的接顶率在80%以上。充填完成后须养护3~10 d，待充填体强度满足要求后，再进行下一个分层的回采循环，直至将所有分层回采完毕。

7. 技术经济指标

千吨采切比：8~12 m/kt，50~100 m³/kt。

每米炮孔崩矿量：3.0~3.5 t/m。

回采率：90%~95%。

贫化率：5%~8%。

进路生产能力：100~200 t/d。

采矿综合成本：150~250 元/t。

8. 方案综合评价

（1）优点

①回采方案多，布置灵活，可适应复杂的开采技术条件。

②机械化程度高，矿石损失率和贫化率低。

③有利于地压管理，安全性好。

（2）缺点

增加了充填工序和养护时间，导致回采作业管理复杂，采矿成本增加；采用独头掘进方式采矿，采场爆破、通风条件差且效率低。

6.2.3　下向水平进路充填法

在矿岩稳固性差且上向水平进路充填法无法保障回采作业安全的条件下，可以考虑采用下向水平进路充填法。本节以机械化下向水平进路充填法（采用凿岩台车凿岩、铲运机出矿）为例，介绍此类采矿方法的典型方案。

1. 方案基本特征及适用条件

机械化下向水平进路充填法是根据矿体倾角和厚度变化情况，在垂直方向上将矿体划分为不同阶段，再将阶段划分为若干分段，分段划分为若干个分层，分层划分为若干进路。各分层进路采用两步骤开采的方式，一步骤开采单数进路并采用高强度胶结充填构筑人工假顶，二步骤回采偶数进路并构筑高强度人工假顶。利用凿岩台车和铲运机等机械化采掘装备，采用自上而下、采一条进路充一条进路的分层回采工艺，直至整个矿块回采完毕。

机械化下向水平进路充填法的适用条件为：

①稳固性：矿石稳固性差，不允许拉开一条进路的宽度。

②由于该采矿方法生产环节较多且需要花费大量时间和高昂成本构筑人工假顶，因此要

求所开采的矿石资源具有较高的价值。

2. 采场结构参数

①阶段高度：30~60 m。

②分段高度：9~12 m。

③分层高度：3~4 m。

④进路宽度：2~5 m。

⑤根据矿体厚度的不同，进路的布置方式和结构参数如下：

（a）当矿体的水平厚度<20 m时，一般沿矿体走向方向布置进路，进路长度20~50 m，高度3~4 m、宽度2~5 m，采场暴露面积控制在100~200 m²。

（b）当矿体的水平厚度≥20 m时，一般垂直矿体走向方向布置进路，进路高度3~4 m、宽度2~5 m，进路长度为矿体水平厚度，采场暴露面积控制在100~200 m²。

⑥当有多个中段同时开采时，为保障上下两个中段回采作业的安全需要在上下两个中段间留设3~5 m的顶底柱，由于构筑了人工假顶，顶底柱可直接回收利用。

3. 采准工程

一般采用上盘脉外采准工艺，采准工程主要包括阶段运输平巷、溜井、斜坡道、分段平巷、分层联络道、卸矿横巷、充填回风天井等采准巷道，如图6-10所示。

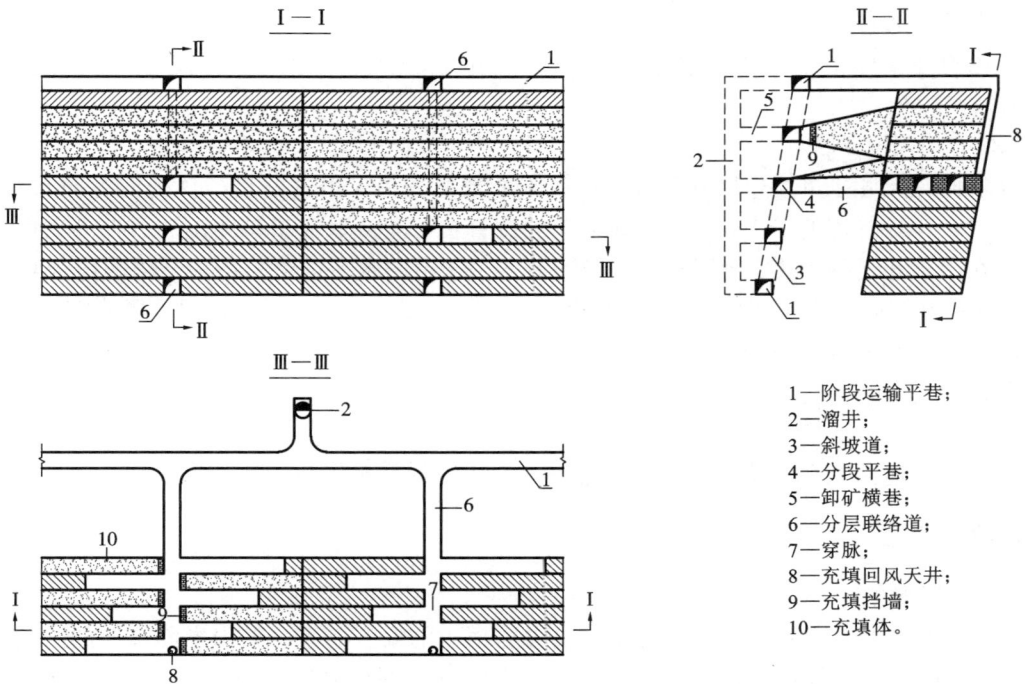

1—阶段运输平巷；
2—溜井；
3—斜坡道；
4—分段平巷；
5—卸矿横巷；
6—分层联络道；
7—穿脉；
8—充填回风天井；
9—充填挡墙；
10—充填体。

图6-10 机械化下向进路充填法采矿方法图（沿走向布置）

（1）阶段运输平巷

一般在矿体上盘、平行矿体走向方向施工阶段运输平巷。

（2）溜井

在矿体上盘、靠近阶段运输平巷，每隔 200~300 m 布置一个溜井。溜井上部设筛网，底部设置振动放矿机。为防止上下分段卸矿相互干扰，卸矿横巷与溜井间用分支溜井连通。

（3）斜坡道

斜坡道是凿岩台车、铲运机、材料设备及人员在不同分段和阶段之间实现自由快速移动的重要通道，断面尺寸规格以无轨设备（凿岩台车、铲运机）通行要求确定。

（4）分段平巷

分段联络平巷沿矿体走向布置在矿体下盘围岩中，负责 3 个分层的回采和出矿，其位置应保证分层联络道坡度满足铲运机的爬坡能力要求。

（5）分层联络道

每分层进路均布置一条分层联络道连通进路和分段平巷。上向分层联络道采用普通掘进方法形成，水平进路联络道则在上向的分层联络道底板上挑形成，而下向分层联络道由水平进路联络道上挑形成。

（6）卸矿横巷

施工卸矿横巷连通分段平巷和溜井。

（7）穿脉（或沿脉）巷道

当进路沿矿体走向方向布置时，需要自分层联络道施工穿脉巷道（又称穿脉）直达矿体上盘，便于机械化的作业设备和人员进出各进路；当进路垂直于矿体走向方向布置时，需要自分层联络道在矿体下盘施工沿脉巷道将矿体拉开，便于机械化的作业设备和人员进出各进路。

（8）充填回风天井

充填回风天井是进路通风和下放充填料浆的重要通道。当进路沿矿体走向方向布置时，一般布置在穿脉巷道的尽头，靠近矿体下盘的位置；当进路垂直于矿体走向方向布置时，一般布置在沿脉巷道的中央，便于进路采场通风。由于下向水平进路充填法开采顺序为自上而下，因此可不用施工充填回风天井，可在每分层开采结束后、充填前，预留位置构筑模板，自上而下顺路架设形成充填回风天井。

4. 切割工程

下向水平进路充填法采用独头巷道掘进的方式进行采矿作业，因此无切割工程。

5. 回采工艺

（1）凿岩爆破

采用液压凿岩台车凿岩，为了便于分层进路顶板的安全管理，采用光面爆破的方式，施工掏槽眼、辅助眼和周边眼，采用独头巷道掘进的方式进行采矿作业。装药采用乳化炸药，起爆方式为导爆管和数码电子雷管起爆，各排炮孔间微差起爆。

（2）通风与顶板安全管理

每次爆破后，必须经充分通风并清理松石后，人员才能进入进路。各进路采用局扇将进路内的污风抽出,新鲜风流由斜坡道经分段平巷和分层联络道进入,贯穿进路冲洗工作面后,污风经充填回风天井排入上阶段巷道。

（3）出矿

经充分通风排出炮烟、采场安全检查后,采用铲运机铲装矿石,经分层联络道、分段平巷、卸矿横巷运至最近的溜井,溜入下一个中段集中进行矿石运输。

按照上述回采工艺,一步骤开采单数进路并采用高强度胶结充填构筑人工假顶,二步骤回采偶数进路并构筑高强度人工假顶。利用凿岩台车和铲运机等机械化采掘装备,采用自上而下、采一条进路充一条进路的分层回采工艺,直至整个矿块回采完毕。

6. 充填工艺

每条进路出矿结束后,及时进行充填,以控制地压,阻止顶板变形。

（1）充填准备

①在采场内铺设钢筋网,在进路口构筑充填挡墙。

②通过充填回风井,向进路内接通充填软管,并将充填管固定在进路中部较高的地方,以便均匀充填。

③检查地表充填制备站与充填进路之间的通信系统及充填线路。

（2）充填工作

所有充填准备工作完成后,即可进行进路充填。充填料浆经布设在充填回风井中的充填管道充入进路。每次充填尽量保障充填的接顶。充填完成后须养护 3~10 d,待充填体强度满足要求后,再进行相邻进路的回采循环,直至将所有分层进路回采完毕。

（3）人工假顶构筑工艺

以金川二矿区人工假顶构筑工艺为例。钢筋网的主筋直径为 ϕ12 mm,网度为 1000 mm×1500 mm;副筋 ϕ6.5 mm,网度为 300 mm×500 mm。利用直径 12 mm 的吊筋,将钢筋网直接吊挂在顶板预埋圆环内,吊筋网度为 1000 mm×1500 mm,即沿进路长度方向间距 1 m,沿进路宽度方向间距 1.5 m。吊筋必须连接到底筋网片的主筋节点上,并至少向上缠绕 1 圈。底筋网片搭接处的所有副筋必须钩连牢固,因主筋用手工弯钩困难,其搭接处用 24# 铁丝绑扎即可。钢筋网铺好后,即可进行打底充填,料浆灰砂比 1:4,人工假顶打底充填层厚度为 2 m,应保证钢筋网全部被料浆包裹,充填体 28 d 强度为 3~5 MPa。

7. 技术经济指标

千吨采切比:8~12 m/kt,50~100 m³/kt。

每米炮孔崩矿量:3.0~3.5 t/m。

回采率:95% 以上。

贫化率:5%~10%。

进路生产能力:50~100 t/d。

采矿综合成本:300~500 元/t。

8.方案综合评价

（1）优点

①回采布置灵活，可适应复杂的开采技术条件。

②机械化程度高，矿石损失率和贫化率低。

③在完整的假顶下作业安全性好。

（2）缺点

①增加了人工假顶构筑和充填养护工艺，工序复杂、回采周期长、采场生产能力小。

②人工假顶耗时费料、充填挡墙构筑及转层耗时烦琐，导致回采作业管理复杂，采矿直接成本高。

③采用独头掘进方式采矿，采场爆破、通风条件差且效率低。

6.2.4 削壁充填法

当矿脉厚度极薄，其他类型的采矿方法均会产生严重的矿石贫化时，可考虑使用削壁充填法。

1.方案基本特征及适用条件

当矿脉厚度小于 1 m 时，采用矿石和围岩分采（或高品位主脉与低品位支脉分采）的技术，在保证采空区达到允许工作的最小宽度的条件下，采下的矿石（或高品位矿体）运出采场，而崩落的围岩（或低品位矿石）充填采空区，为继续上采创造条件，这种方法称为削壁充填法。削壁充填法利用崩落围岩回填采空区，不仅大大减少了采空区暴露面积和时间，而且取消了留矿法矿石滞留和存窿矿集中出矿环节，使上下盘围岩始终受到废石的支撑作用，有效保障了回采作业的安全。

削壁充填法的适用条件为：

①稳固性：矿岩中等稳固及以上。

②倾角：矿体倾角较缓或急倾斜，便于出矿。

③厚度：极薄矿脉。

2.采场结构参数

根据矿体倾角情况，阶段高度设置为 30~60 m。矿房沿矿体走向布置，长度 30~100 m、宽度 2~3 m，间柱宽度 6~8 m、顶柱厚 3~5 m，不留底柱。

3.采准工程

采准工程主要包括阶段运输平巷、穿脉巷道、人行通风天井、顺路溜井和出矿进路等采准巷道，如图 6-11 所示。

（1）阶段运输平巷

阶段运输平巷布置在矿体的下盘脉外，与矿体走向方向一致，满足运输、通风要求。

（2）穿脉巷道

自阶段运输巷道沿间柱中央方向，施工穿脉巷道直达矿体上盘。

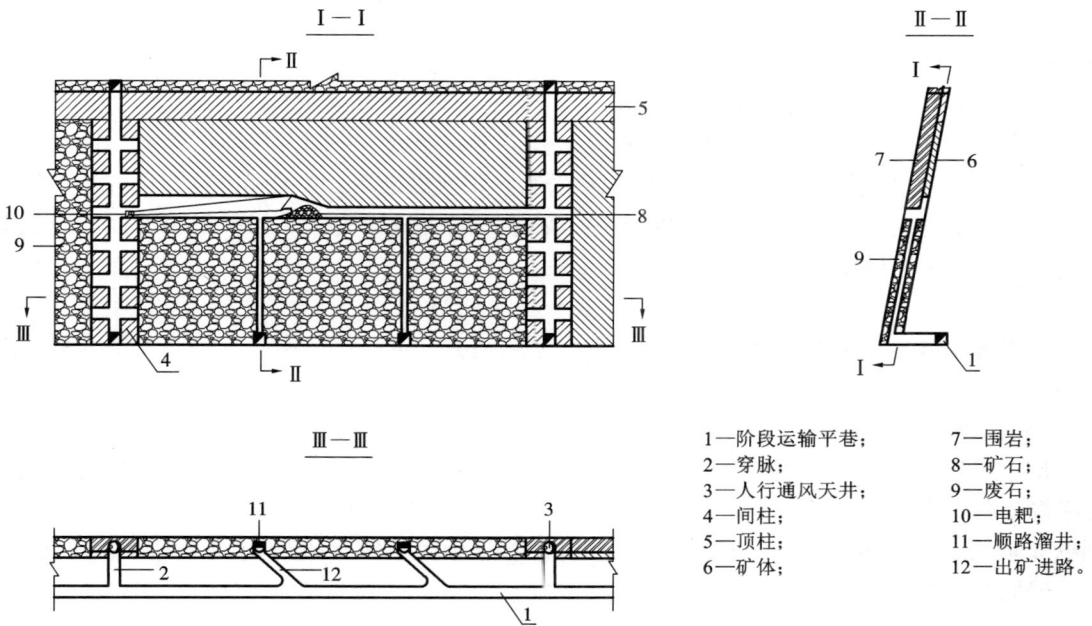

图 6-11　削壁充填法采矿方法图

1—阶段运输平巷；　　7—围岩；
2—穿脉；　　　　　　8—矿石；
3—人行通风天井；　　9—废石；
4—间柱；　　　　　　10—电耙；
5—顶柱；　　　　　　11—顺路溜井；
6—矿体；　　　　　　12—出矿进路。

（3）人行通风天井

人行通风天井布置在间柱内，内设有梯子间和管道，通过联络道与采场相通，可以作为安全出口，上部与上阶段出矿巷道贯通以便回凤。

（4）顺路溜井

在矿房两端各设一条顺路溜井，下部与振动放矿机连接，井壁采用强度高、抗冲击的钢板结构。

（5）出矿进路

自阶段运输平巷施工出矿进路与顺路溜井贯通，便于放出矿石的运出。

4. 切割工程

沿矿体底部掘进拉底巷道，为回采工作开辟自由面，并为爆破创造自由空间。

5. 回采工艺

（1）采幅及削壁厚度计算

根据矿脉的构造特点，一般选取先采矿脉、后削壁的作业方式。由于矿脉品位较高，一般采幅即为矿脉的厚度。要使崩落的围岩恰好充满采空区，必须使削壁厚度为采幅的 2 倍左右。

（2）凿岩爆破

回采作业顺序为：凿岩爆破（矿脉）→出矿→凿岩爆破（下盘围岩）→废石充填平场→铺设混凝土垫层→凿岩爆破（矿脉）。采用 YSP-45 型凿岩机钻凿"一"字形上向孔，落矿前喷射混凝土垫层，防止矿废混合产生贫化损失。采场内使用电耙将崩落的矿石耙运至顺路溜井，人工清理采场内遗留的粉矿。分层高度为 2~3 m。上采过程中，为使采场按设计轮廓面成型，减少矿石的贫化损失，一般在分采界面采用预裂爆破技术。

（3）采场通风及顶板维护

削壁充填采矿法的通风线路为：本阶段运输平巷→穿脉→一侧人行通风天井→冲刷采场（污风）→另一侧人行通风天井→上阶段运输平巷。每次爆破后，必须经充分通风并清理松石后，人员才能进入采场。由于作业空间有限，采场一般不进行支护。如果采场顶板节理裂隙特别发育，须对采场顶板进行临时支护。

（4）出矿

主矿脉爆破后，采用电耙将崩落矿石耙入顺路溜井，经底部放出装入矿车，提升运输至地表。

（5）削壁充填、平场

矿石运出采场后，即可进行削壁充填。崩落围岩时，采用"一"字形排布。爆破完毕先进行平场工作，待平场完毕，再施工垫层，以减少下一循环矿脉回采时的损失和贫化。适用于削壁充填法的采场垫层材料主要包括河砂或干尾砂、分级尾砂、钢板、水泥砂浆、混凝土、废旧运输胶带等。

6. 技术经济指标

千吨采切比：8~12 m/kt，50~100 m³/kt。

每米炮孔崩矿量：0.8~1.2 t/m。

回采率：90%~95%。

贫化率：5%~10%。

进路生产能力：20~50 t/d。

采矿综合成本：300~500 元/t。

7. 方案综合评价

（1）优点
①实现了矿岩分采、控制了矿石损失贫化。
②崩落废石充填采空区有利于地压管理，安全性好。

（2）缺点
矿岩分采导致回采工序繁多、炸药单耗高、作业管理复杂，采矿成本增加且机械化程度低、生产效率低。

6.3 空场嗣后充填采矿法

与分层充填采矿法每回采一分层矿体即充填一分层采空区的方式不同，嗣后充填采矿法是待整个盘区或矿块回采结束后一次性充填采空区，也称事后充填。空场嗣后充填采矿法大多由空场采矿法演化而来，其具体的回采工艺也与空场采矿法有诸多相似之处，主要包括房柱嗣后充填法、留矿嗣后充填法、分段矿房嗣后充填法、分段矿房嗣后充填法和阶段矿房嗣后充填法。本节仅着重介绍采用凿岩台车凿岩、铲运机出矿的现代机械化嗣后充填采矿法，对于采用风动凿岩机凿岩、电耙出矿的普通嗣后充填采矿法仅作简略概述。

6.3.1　房柱嗣后充填法

1.方案基本特征及适用条件

房柱嗣后充填法是在传统房柱法的基础上，增加尾砂(或其他骨料)嗣后充填工艺，来消除采空区安全隐患、减少连续矿柱资源损失、避免大规模地压灾害事故的一类充填采矿法。近年来，随着凿岩台车、铲运机等机械化采掘设备在矿山的不断普及，新型房柱嗣后充填法也开始采用机械化的采装运设备，不仅克服了传统房柱法回采效率低、生产能力小、矿石损失贫化大、采空区安全隐患突出的问题，而且可以减少井下用工数量、降低采矿成本。

房柱嗣后充填法的适用条件为：

①稳固性：为保障回采作业安全，顶板矿岩应达到中等稳固以上。

②倾角：为便于机械化采掘设备的作业，矿体倾角应≤15°。

③厚度：为便于顶板管理，矿体厚度应≤6 m。

④对于沿走向连续性较好、形态规则的层状矿体具有较好的适用性。

2.采场结构参数

如图6-12所示，房柱嗣后充填法一般沿矿体倾向方向划分不同的阶段，沿矿体走向方向划分盘区和采场，自下而上或自上而下逐阶段、逐盘区回采。

①阶段高度：10～30 m。

②盘区长度：100～200 m。

③采场宽度：8～20 m。

④采场暴露面积：200～1000 m²。

⑤盘区顶柱、底柱、间柱宽度：3～5 m。

⑥采场点柱直径：3～6 m。

⑦采场点柱间距：5～12 m。

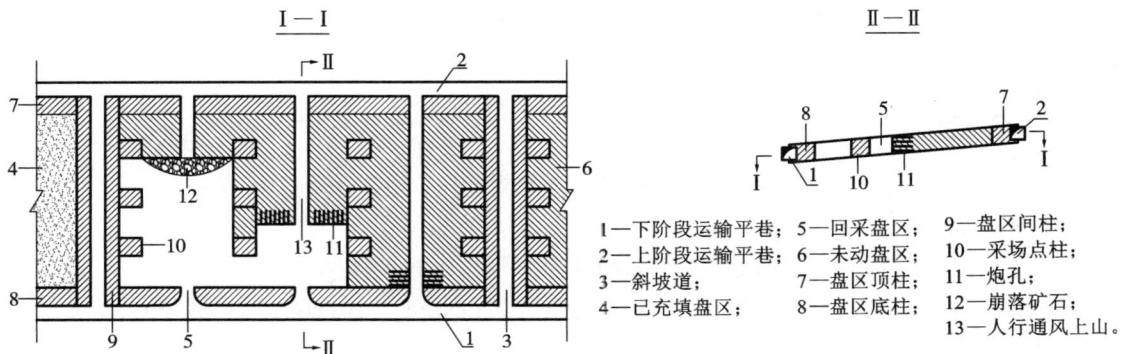

1—下阶段运输平巷；　5—回采盘区；　　9—盘区间柱；
2—上阶段运输平巷；　6—未动盘区；　　10—采场点柱；
3—斜坡道；　　　　　7—盘区顶柱；　　11—炮孔；
4—已充填盘区；　　　8—盘区底柱；　　12—崩落矿石；
　　　　　　　　　　　　　　　　　　　13—人行通风上山。

图6-12　房柱嗣后充填法采矿方法图

3. 采准工程

采准工程主要包括阶段运输平巷、盘区斜坡道、人行通风上山等采准巷道。

（1）阶段运输平巷

根据矿体倾角变化情况，沿矿体倾向方向划分不同的阶段，阶段高度 10～30 m，沿矿体走向方向施工阶段运输平巷。

（2）盘区斜坡道

在上下两条阶段运输平巷之间施工盘区斜坡道，斜坡道是凿岩台车、铲运机、材料、设备及人员在不同盘区采场和阶段之间移动的重要通道，也是运矿卡车进行矿石运输的重要通道，断面尺寸规格以无轨设备通行要求确定。

（3）人行通风上山

沿矿体走向方向在盘区内划分采场，采场宽度 8～20 m，根据顶板稳固性控制采场暴露面积在 200～1000 m²。在采场中央施工贯穿上下两条阶段运输平巷的人行通风上山，作为采场回采期间人员通行及回风的通道。

4. 切割工程

采场回采的首个循环由于只有一个自由面，可将其称为整个采场的切割工作。待首个循环开采完毕，后续回采循环可以人行通风上山为自由面，用凿岩台车向两边扩帮，直至采场两边边界。

5. 回采工艺

（1）凿岩爆破

采用液压凿岩台车凿岩，为了便于分层采场顶板的安全管理，采用水平炮孔的爆破方式。装药采用乳化炸药，起爆方式为导爆管和数码电子雷管起爆，各排炮孔间微差起爆。

（2）通风与顶板安全管理

每次爆破后须经充分通风并清理顶帮松石后，人员方能进入采场。新鲜风流由下阶段运输平巷进入采场，贯穿采场冲洗工作面后，污风经人行通风上山排入上阶段巷道。

（3）出矿

经充分通风排出炮烟、顶板安全检查后，采用铲运机铲装矿石，直接卸载至运矿卡车上（或经扒渣机转运至运矿卡车），经下阶段运输平巷和斜坡道将矿石运至主提升井位置，或直接由主斜坡道运出地表。

6. 充填工艺

每个盘区回采结束后及时进行嗣后充填，以控制地压，阻止采场顶板变形。

（1）充填准备

①在各盘区采场的人行通风上山底部和顶部分别构筑充填挡墙。

②充填管道自上阶段运输平巷接入待充填盘区人行通风上山的顶部，向采场内接通充填软管，充填料浆可自上而下流入充填采空区。

③检查地表充填制备站与充填采场之间的通信系统及充填线路。

（2）充填工作

所有充填准备工作完成后，即可进行采场嗣后充填。为降低充填成本，可采用非胶结充填或低强度胶结充填。

7. 方案综合评价

（1）优点

①回采工艺简单、采切工程量少。

②机械化程度高、生产能力大。

③嗣后充填有利于地压管理，安全性好。

（2）缺点

采场内留设大量点柱、顶底柱及连续矿壁，矿石综合回收率不高。

6.3.2 留矿嗣后充填法

1. 方案基本特征及适用条件

留矿嗣后充填法是在传统留矿法的基础上，增加尾砂（或其他骨料）嗣后充填工艺，来消除采空区安全隐患、减少连续矿柱资源损失、避免大规模地压灾害事故。

留矿嗣后充填法的适用条件为：

①稳固性：为保障回采作业安全并减少矿石贫化，矿岩应达到中等稳固及以上。

②倾角：为便于崩落的矿石放出，矿体倾角应≥55°。

③厚度：为便于平场，矿体厚度应≤5 m。

④为便于矿石放出，要求矿石无结块性和自燃性。

⑤适用于矿体沿走向和倾向连续性好、形态变化小的情况。

2. 采场结构参数

如图6-13所示，留矿嗣后充填法沿矿体倾向方向划分不同的阶段，沿矿体走向方向划分采场，自下而上逐分层回采。

①阶段高度：40~60 m。

②采场长度：40~60 m。

③顶柱厚度：3~5 m。

④间柱宽度：6~8 m。

⑤分层高度：2~3 m。

⑥出矿进路间距：5~10 m。

3. 采准工程

采准工程主要包括阶段运输平巷、溜井、穿脉、人行通风天井和出矿进路等采准巷道。

（1）阶段运输平巷

根据矿体倾角变化情况，沿矿体倾向方向划分不同的阶段，阶段高度40~60 m，在矿体下盘、平行于矿体走向方向施工阶段运输平巷。

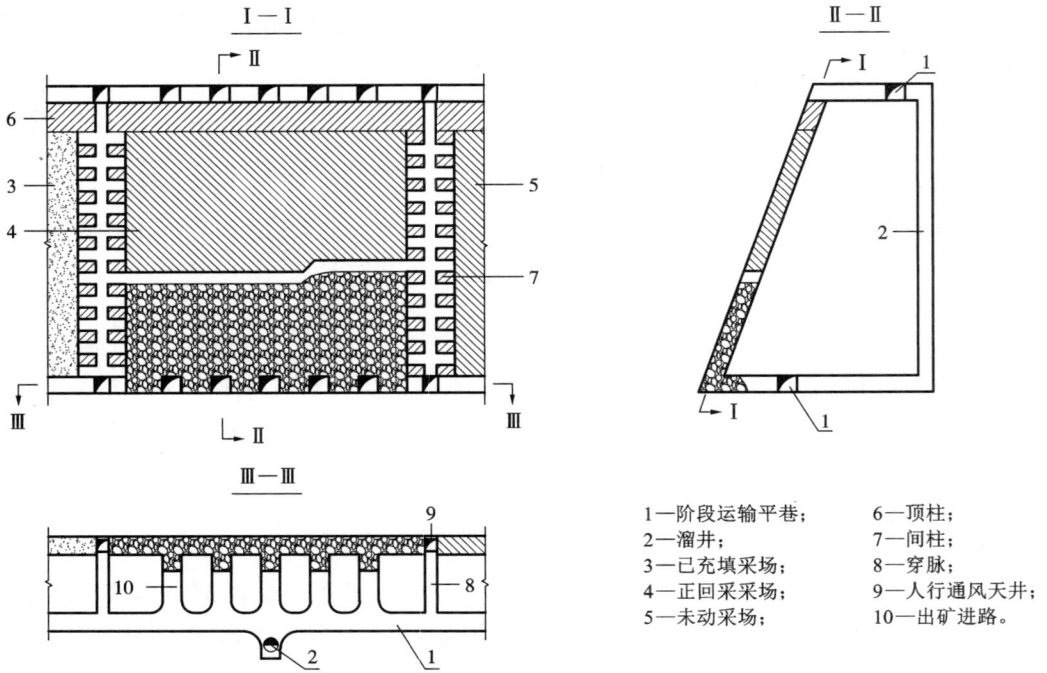

图 6-13 留矿嗣后充填法采矿方法图

1—阶段运输平巷；　6—顶柱；
2—溜井；　　　　　7—间柱；
3—已充填采场；　　8—穿脉；
4—正回采采场；　　9—人行通风天井；
5—未动采场；　　　10—出矿进路。

（2）溜井

在矿体下盘，靠近阶段运输平巷，每隔 200～300 m 设置一个溜井，贯穿上下阶段运输平巷，溜井上部设筛网，底部设置振动放矿机。

（3）穿脉

自下阶段运输平巷、垂直于采场两侧的间柱中央位置，施工穿脉巷道直达矿体上盘，便于设备和人员进入采场。

（4）人行通风天井

人行通风天井是采场通风、人员和材料上下和充填料浆下放的重要通道，一般布置在穿脉巷道的尽头，靠近矿体上盘的位置，内设梯子间和安全平台。

（5）出矿进路

自阶段运输平巷施工数条出矿进路直达采场，出矿进路间距 5～10 m。

4. 切割工程

切割工程主要为矿房最底部分层的拉底工作，完成矿房最底部分层的开采即可为上一分层的回采创造爆破自由面和落矿空间。

5. 回采工艺

（1）凿岩爆破

人员和设备通过人行通风天井进入采场，采用风动凿岩机钻凿水平炮孔、乳化炸药药卷爆破、数码电子雷管起爆，各排炮孔间微差起爆。

（2）通风

新鲜风流由下阶段运输平巷经一侧的人行通风天井进入采场，贯穿采场冲洗工作面后，污风经另一侧的人行通风天井排入上阶段巷道。

（3）少量出矿

采用铲运机铲装矿石，每次将崩落矿石的 1/3 运搬至布置在阶段运输平巷一侧的溜井内，溜入下一个中段进行矿石运输，剩余矿石留作继续上采的作业平台。

（4）顶板安全管理与平场

每次爆破后须经充分通风并清理顶帮松石后，人员方能进入采场。采用电耙进行平场作业，将采场矿石耙平。

（5）集中出矿

重复上述回采作业循环，待整个矿房所有分层矿体回采结束后，采用铲运机集中出矿，将采场内矿石全部运搬至溜井，溜入下一个中段进行矿石运输。

6. 充填工艺

每个采场回采结束后及时进行嗣后充填，以控制地压、阻止采场两帮冒落。为降低充填成本，可采用非胶结充填或低强度胶结充填。

7. 方案综合评价

（1）优点
①工艺简单、管理方便。
②可利用矿石自重放矿，采准工程量小。
（2）缺点
①矿柱矿量大，矿石损失贫化难以控制。
②凿岩和平场工作量大，工人劳动强度大。
③凿岩和平场设备低效，采场生产能力小。
④采场内积压大量矿石，影响资金运转。

6.3.3 分段矿房嗣后充填法

1. 方案基本特征及适用条件

分段矿房嗣后充填法是在传统分段矿房法的基础上，增加尾砂（或其他骨料）嗣后充填工艺，来消除采空区安全隐患、减少连续矿柱资源损失、避免大规模地压灾害事故。

分段矿房嗣后充填法的适用条件为：
①稳固性：为保障回采作业安全并减少矿石贫化，矿岩应达到中等稳固及以上。
②倾角：适用于倾斜矿体的开采，倾角 30°～55°。
③厚度：为便于中深孔炮孔布置，矿体厚度应>10 m。

传统的分段矿房嗣后充填法采用 YGZ 90 等风动导轨式凿岩机凿岩，其采矿方法如图 6-14 所示，本处不再深入讲述。

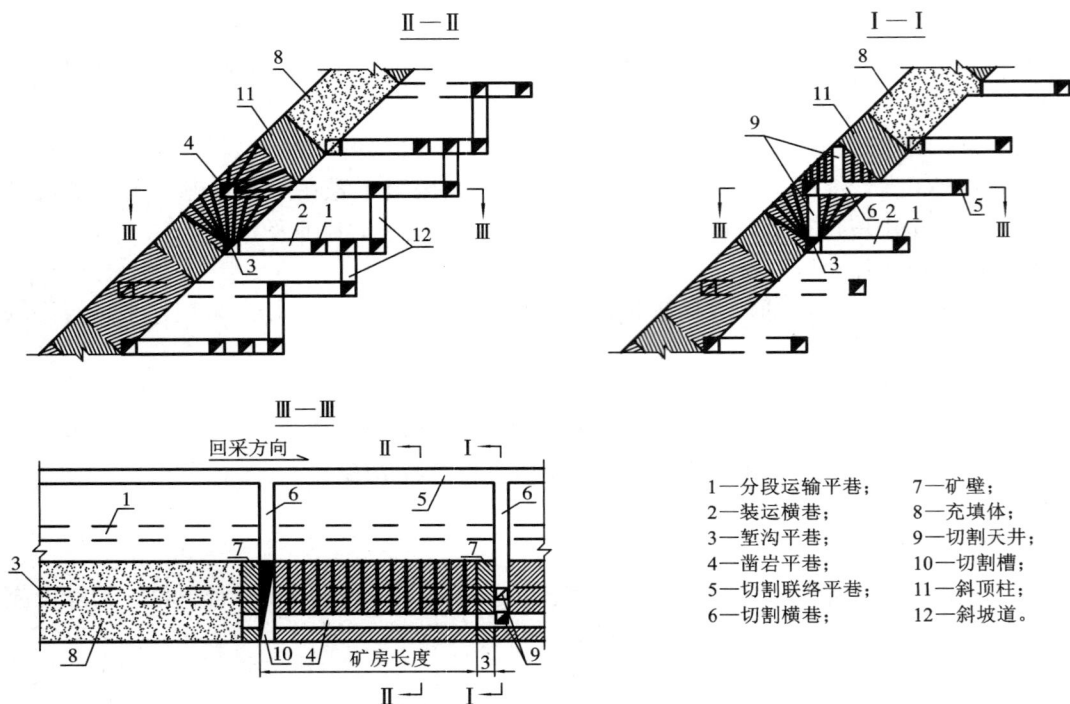

图 6-14 传统分段矿房嗣后充填法采矿方法图

1—分段运输平巷；　7—矿壁；
2—装运横巷；　　　8—充填体；
3—堑沟平巷；　　　9—切割天井；
4—凿岩平巷；　　　10—切割槽；
5—切割联络平巷；　11—斜顶柱；
6—切割横巷；　　　12—斜坡道。

2. 采场结构参数

如图 6-15 所示，目前的分段矿房嗣后充填法采用可接杆的中深孔或深孔凿岩台车凿岩。一般沿矿体倾向方向划分阶段和分段，沿矿体走向方向布置采场，自下而上逐分段回采矿体。

①阶段高度：40~60 m。

②分段高度：10~15 m。

③矿房长度：40~60 m。

④间柱宽度：4~6 m。

⑤斜顶柱厚度：3~5 m。

⑥出矿进路间距：5~10 m。

3. 采准工程

采准工程主要包括阶段运输平巷、斜坡道、溜井、分段联络平巷、穿脉、回风切割天井和出矿进路等采准巷道。

（1）阶段运输平巷

根据矿体倾角变化情况，沿矿体倾向方向划分不同的阶段，阶段高度 40~60 m，在矿体下盘、平行于矿体走向方向施工阶段运输平巷。

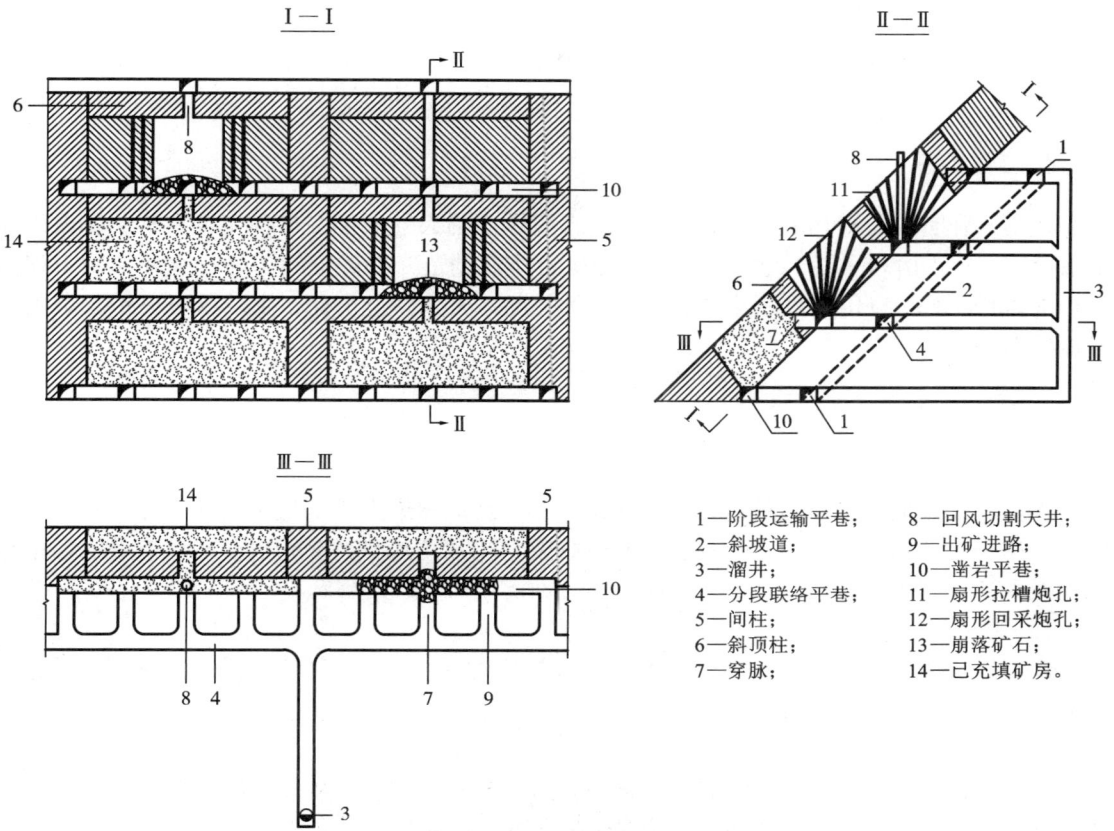

图 6-15 分段矿房嗣后充填法采矿方法图

（2）斜坡道

斜坡道是机械化的采掘设备（如凿岩台车和铲运机）、人员和材料在不同分段和阶段之间实现自由快速移动的重要通道，断面尺寸规格以无轨设备通行要求确定。

（3）溜井

在矿体下盘，靠近阶段运输平巷，每隔 200～300 m 设置一个溜井，贯穿上下阶段运输平巷，溜井上部设筛网，底部设置振动放矿机。

（4）分段联络平巷

在阶段内划分若干分段，分段高度 10～15 m，在矿体下盘，平行于矿体走向方向施工分段联络平巷。

（5）穿脉

自阶段运输平巷和分段联络平巷向矿房的中央施工穿脉穿过斜顶柱直达矿体，为设备、材料和人员进入采场提供通道。

（6）回风切割天井

回风切割天井是采场回风的重要通道，也可为采场的切割拉槽提供自由面，一般布置在本分段穿脉巷道靠近矿体下盘的位置，可用切割槽天井钻机施工，天井顶部穿过矿体上盘边界。

（7）出矿进路

自阶段运输平巷和分段联络平巷施工数条出矿进路直达矿房底部，出矿进路间距 5～10 m。

4. 切割工程

切割工作首先是矿房底部的拉底工作，自回风切割天井底部沿矿体走向方向，靠近矿体下盘脉内，施工凿岩平巷，为中深孔钻机的凿岩作业创造必要的空间。另一重要切割工程为采场的拉槽工作，自每分段的穿脉进入，以回风切割天井为自由面，在采场中央扩大爆破形成爆破自由面。

5. 回采工艺

（1）凿岩爆破

人员和设备通过斜坡道进入各分段联络平巷，经穿脉进入矿房底部的凿岩平巷内，采用中深孔凿岩台车钻凿上向扇形中深孔；采用散装乳化炸药爆破、数码电子雷管起爆，各排炮孔间微差起爆。

（2）通风

新鲜风流由下阶段运输平巷经斜坡道进入各分段联络平巷，再经穿脉进入采场，贯穿采场冲洗工作面后，污风经回风切割天井和上分段穿脉排入上阶段巷道。

（3）出矿

每个分段均设有独立的出矿进路，采用铲运机铲装矿石，将崩落矿石运搬至布置在分段联络平巷一侧的溜井内，溜入下一个阶段进行矿石集中运输。

（4）顶板安全管理

每次爆破后须经充分通风并清理凿岩平巷顶板及两帮松石后，人员方能进入。

6. 充填工艺

每个分段采场回采结束后及时进行嗣后充填，以控制地压、阻止采场两帮冒落。为降低充填成本，可采用非胶结充填或低强度胶结充填。

7. 方案综合评价

（1）优点
①采场布置灵活，可以多分段同时回采。
②在专门的凿岩和出矿巷道中作业，安全性好。
③便于机械化设备作业，回采强度高、生产能力大。
（2）缺点
①矿柱矿量大、资源损失严重。
②采准切割工程量大、采场准备周期长。
③由于采用中深孔爆破，矿石的大块率和贫化率难以控制。

6.3.4 沿走向布置中深孔阶段矿房嗣后充填法

1. 方案基本特征及适用条件

中深孔阶段矿房嗣后充填法是在传统中深孔阶段矿房法的基础上，增加尾砂(或其他骨料)嗣后充填工艺，来消除采空区安全隐患、减少连续矿柱资源损失、避免大规模地压灾害事故。

中深孔阶段矿房嗣后充填法的适用条件为：

①稳固性：为保障回采作业安全并减少贫化，矿体及上下盘应达到中等稳固及以上。

②倾角：适用于急倾斜矿体的开采，倾角≥55°。

③厚度：适用于厚矿体，矿体厚度应>10 m；其中，当矿体厚度≤20 m时，中深孔阶段矿房嗣后充填法一般沿走向布置采场；当矿体厚度>20 m时，一般垂直于走向布置采场。

2. 采场结构参数

如图6-16所示，当矿体厚度≤20 m时，中深孔阶段矿房嗣后充填法一般沿走向布置采场；沿矿体倾向方向将阶段划分为3~5个分段，阶段高度一般40~60 m，分段高度一般10~15 m。采场沿走向布置，矿房长度40~60 m、宽度为矿体水平厚度，顶柱宽度3~5 m、间柱宽度8~10 m，底部"V"型堑沟两侧预留桃型底柱，底柱高度8~10 m，"V"型堑沟一侧每隔5~10 m设置一条出矿进路。

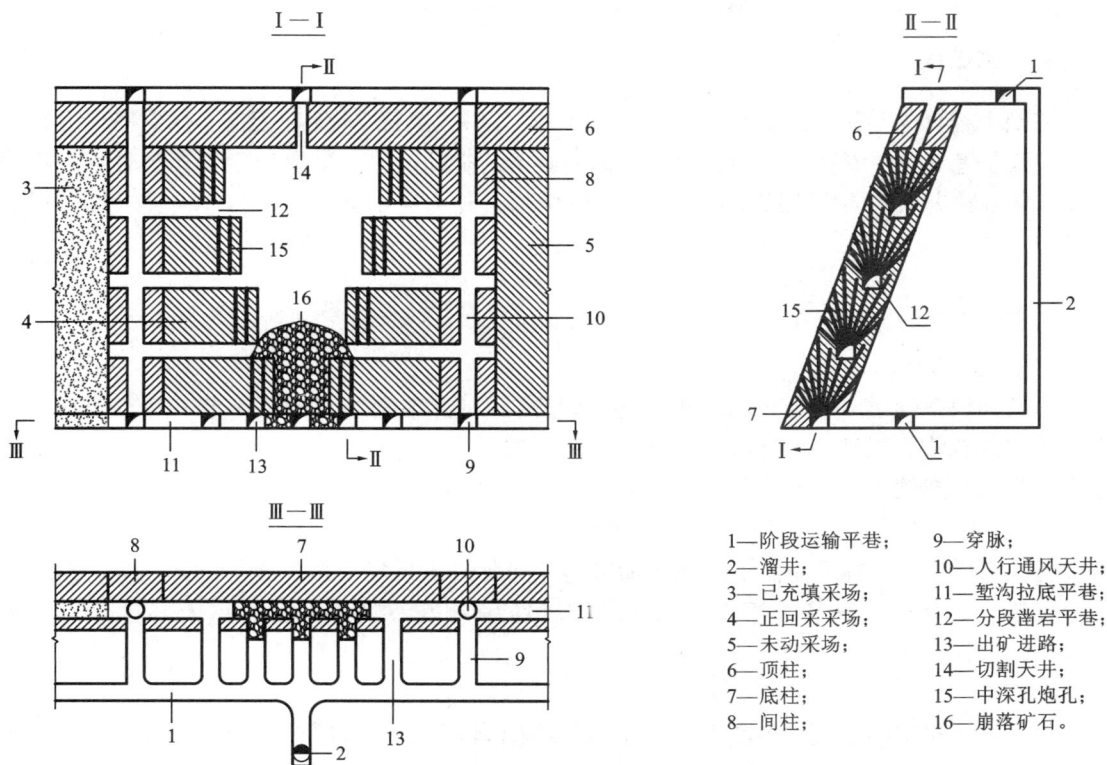

1—阶段运输平巷；　9—穿脉；
2—溜井；　10—人行通风天井；
3—已充填采场；　11—堑沟拉底平巷；
4—正回采采场；　12—分段凿岩平巷；
5—未动采场；　13—出矿进路；
6—顶柱；　14—切割天井；
7—底柱；　15—中深孔炮孔；
8—间柱；　16—崩落矿石。

图6-16　沿走向布置中深孔阶段矿房嗣后充填法采矿方法图

3.采准工程

采准工程主要包括阶段运输平巷、溜井、穿脉、人行通风天井、分段凿岩平巷和出矿进路等采准巷道。

（1）阶段运输平巷

根据矿体倾角变化情况，沿矿体倾向方向划分不同的阶段，阶段高度40~60 m，在矿体下盘、平行于矿体走向方向施工阶段运输平巷。

（2）溜井

在矿体下盘，靠近阶段运输平巷，每隔200~300 m 设置一个溜井，贯穿上下阶段运输平巷，溜井上部设筛网，底部设置振动放矿机。

（3）穿脉

自阶段运输平巷开始沿间柱中央施工穿脉直达矿体中央，便于设备和人员进入采场。

（4）人行通风天井

人行通风天井是采场通风、人员上下和充填料浆下放的重要通道，一般布置在穿脉巷道内，靠近采场中央位置，内设梯子间和安全平台。

（5）分段凿岩平巷

在阶段内划分若干分段，分段高度10~15 m，人员和凿岩设备自人行通风天井进入，沿矿体走向方向，在矿体中央施工分段凿岩平巷。

（6）出矿进路

自阶段运输平巷开始施工数条出矿进路，出矿进路间距5~10 m。

4.切割工程

切割工程首先是矿房最底部分层的拉底工作，自穿脉沿矿体走向方向，在矿体中央施工堑沟拉底平巷，为中深孔钻机的凿岩作业创造必要的空间。另一重要切割工程为采场的拉槽工作，自穿脉进入矿体中央施工切割天井，以切割天井为自由面，在采场中央扩大爆破形成切割槽。

5.回采工艺

（1）凿岩爆破

人员和设备通过人行通风天井进入各分段凿岩平巷，在各分段凿岩平巷和堑沟拉底平巷内采用中深孔凿岩机钻凿上向扇形中深孔；采用散装乳化炸药爆破、数码电子雷管起爆，各排炮孔间微差起爆，其中上部分段超前下部分段1~2排炮孔。

（2）通风

每次爆破后，新鲜风流由下阶段运输平巷经穿脉进入采场一侧的人行通风天井，然后经各分段凿岩平巷进入采场冲洗工作面后，污风经采场另一侧的人行通风天井排入上阶段巷道。

（3）出矿

采用铲运机铲装矿石，将崩落至底部"V"型堑沟内的矿石运搬至布置在阶段运输平巷一侧的溜井内，溜入下一个阶段进行矿石集中运输。

（4）顶板安全管理

每次爆破后须经充分通风并清理各分段凿岩平巷和堑沟拉底平巷顶帮松石后，人员方能进入作业。

6. 充填工艺

每个采场回采结束后及时进行嗣后充填，以控制地压、阻止采场两帮冒落。为降低充填成本，可采用非胶结充填或低强度胶结充填。

7. 方案综合评价

（1）优点

①分段落矿自由面多、同次爆破炮孔排数多、凿岩和矿石运搬可平行作业。

②在专门的凿岩和出矿巷道中作业，安全性好。

③可多分段、多工作面同时回采，回采强度高、生产能力大。

（2）缺点

①矿柱矿量大、资源回收率低。

②采准切割工程量大、准备时间长。

③由于采用中深孔爆破，矿石的大块率和贫化率难以控制。

6.3.5　垂直走向布置中深孔阶段矿房嗣后充填法

1. 采场结构参数

如图6-17所示，当矿体厚度>20 m时，中深孔阶段矿房嗣后充填法一般垂直于矿体走向布置采场。沿矿体倾向方向将阶段划分为3~5个分段，阶段高度一般40~60 m，分段高度一般10~15 m。矿房垂直于走向布置，采用两步骤回采工艺不设间柱，一步骤矿房和二步骤矿柱的宽度为10~20 m、长度为矿体水平厚度，顶柱宽度3~5 m，底部"V"型堑沟两侧预留桃型底柱，底柱高度8~10 m，"V"型堑沟一侧每隔5~10 m设置一条出矿进路。

2. 采准工程

采准工程主要包括阶段运输平巷、分段联络平巷、斜坡道、溜井、穿脉、通风充填切割天井、分段凿岩平巷、出矿平巷和出矿斜巷等采准巷道。

（1）阶段运输平巷

根据矿体倾角变化情况，沿矿体倾向方向划分不同的阶段，阶段高度40~60 m，在矿体下盘、平行于矿体走向方向施工阶段运输平巷。

（2）分段联络平巷

在阶段内划分若干分段，分段高度10~15 m，在矿体下盘、平行于矿体走向方向施工分段联络平巷。

（3）斜坡道

斜坡道是机械化的采掘设备（如中深孔凿岩台车和铲运机）、人员和材料在不同分段和阶段之间移动的重要通道，断面尺寸规格以无轨设备通行要求确定。

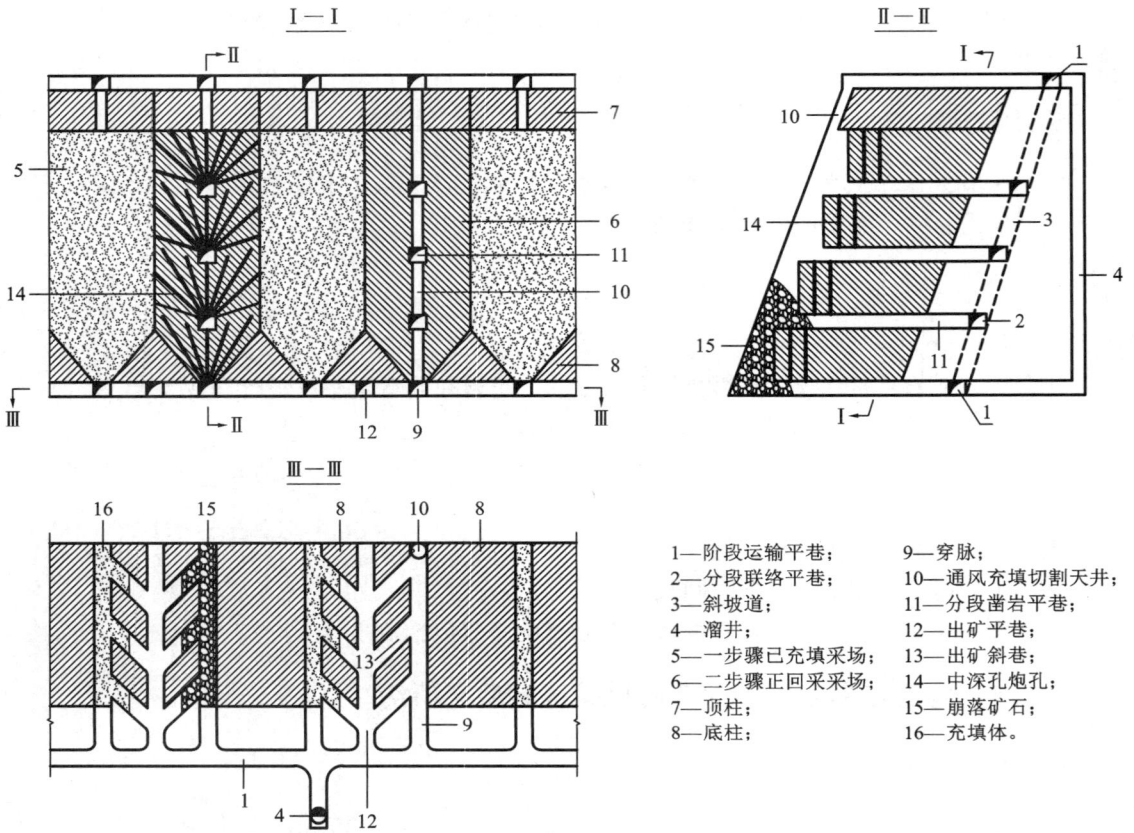

图6-17 垂直于走向布置中深孔阶段矿房嗣后充填法采矿方法图

1—阶段运输平巷;	9—穿脉;
2—分段联络平巷;	10—通风充填切割天井;
3—斜坡道;	11—分段凿岩平巷;
4—溜井;	12—出矿平巷;
5—一步骤已充填采场;	13—出矿斜巷;
6—二步骤正回采采场;	14—中深孔炮孔;
7—顶柱;	15—崩落矿石;
8—底柱;	16—充填体。

（4）溜井

在矿体下盘，靠近阶段运输平巷，每隔200～300 m设置一个溜井，贯穿上下阶段运输平巷，溜井上部设筛网，底部设置振动放矿机。

（5）穿脉

自阶段运输平巷开始沿矿房和矿柱中央施工穿脉直达矿体上盘，便于设备和人员进入采场。

（6）通风充填切割天井

通风充填切割天井是采场通风和充填料浆下放的重要通道，也可为采场切割拉槽提供自由面，一般布置在穿脉巷道的尽头，靠近矿体上盘的位置。

（7）分段凿岩平巷

自分段联络平巷沿矿房和矿柱中央，施工分段凿岩平巷直达矿体上盘。

（8）出矿平巷

自阶段运输平巷沿矿房和矿柱的中间位置，施工出矿进路直达矿体上盘。

（9）出矿斜巷

自出矿进路内施工数条出矿斜巷与矿房和矿柱的穿脉贯通，出矿斜巷间距5～10 m。

3. 切割工程

切割工程主要是采场的拉槽工作，自穿脉进入采场中央，以通风切割天井为自由面，在矿体上盘扩大爆破形成爆破自由面。底部"V"型堑沟也属于切割工程，但是通常不需单独施工形成，而是在回采过程中，随着底部穿脉内施工的上向扇形中深孔逐排爆破形成。

4. 回采工艺

（1）凿岩爆破

首先回采一步骤矿房并嗣后胶结充填形成人工矿柱，再二步骤回采矿柱并采用嗣后非胶结（或低强度胶结）充填采空区。人员和设备通过斜坡道进入各分段凿岩平巷，在各分段凿岩平巷和底部穿脉内采用中深孔凿岩机钻凿上向扇形中深孔；采用散装乳化炸药爆破、数码电子雷管起爆，各排炮孔间微差起爆，其中上部分段超前下部分段 1~2 排炮孔。

（2）通风

每次爆破后，新鲜风流由下阶段运输平巷经斜坡道进入各分段凿岩平巷，进入采场冲洗工作面后，污风经采场顶部的通风充填切割天井排入上阶段巷道。

（3）出矿

采用铲运机铲装矿石，将崩落至底部"V"型堑沟内的矿石运搬至布置在阶段运输平巷一侧的溜井内，溜入下一个阶段进行矿石集中运输。

（4）顶板安全管理

每次爆破后须经充分通风并清理各分段凿岩平巷和底部穿脉顶帮松石后，人员方能进入作业。

5. 充填工艺

一步骤矿房回采结束后，采用胶结嗣后充填形成人工矿柱；二步骤矿柱回采结束后，采用非胶结（或低强度胶结）充填采空区，以控制地压、阻止采场两帮冒落。

6. 方案综合评价

（1）优点
①分段落矿自由面多、同次爆破炮孔排数多、凿岩和矿石运搬可平行作业。
②在专门的凿岩和出矿巷道中作业，安全性好。
③可多分段、多工作面同时回采，回采强度高、生产能力大。
④便于机械化设备作业、回采效率高、采矿成本低。
（2）缺点
①采准切割工程量大、准备时间长。
②由于采用中深孔爆破，矿石的大块率和贫化率难以控制。
③一步骤胶结充填成本高，高阶段大跨度充填体稳定自立困难。

6.3.6　垂直崩矿阶段矿房嗣后充填法

1. 方案基本特征及适用条件

深孔阶段矿房嗣后充填法是在传统深孔阶段矿房法的基础上，增加尾砂(或其他骨料)嗣后充填工艺，来消除采空区安全隐患、减少连续矿柱资源损失、避免大规模地压灾害事故。

深孔阶段矿房嗣后充填法的适用条件为：

①稳固性：为保障回采作业安全并减少贫化，矿体及上下盘应达到中等稳固及以上。

②厚度：适用于矿体形态规整的厚大矿体，矿体厚度应>20 m。

2. 采场结构参数

如图 6-18 所示，垂直崩矿阶段矿房嗣后充填法沿矿体倾向方向划分阶段，垂直于矿体走向方向布置采场，采用两步骤回采工艺不设间柱：

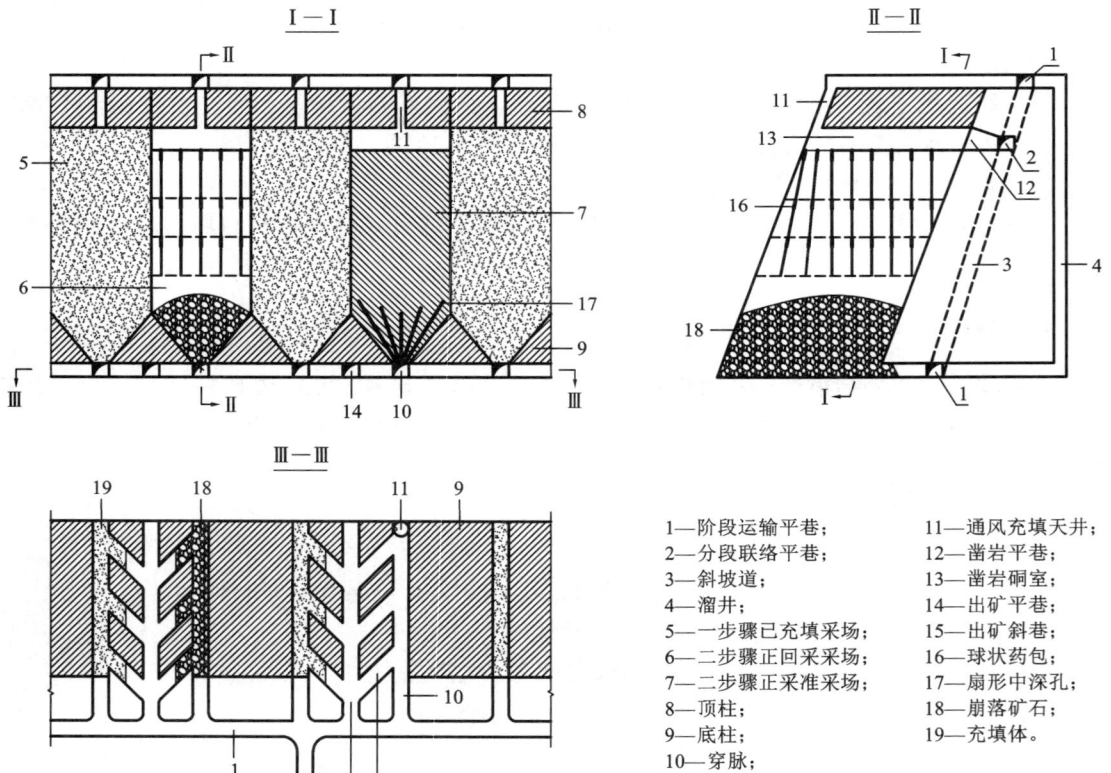

1—阶段运输平巷；　　　11—通风充填天井；
2—分段联络平巷；　　　12—凿岩平巷；
3—斜坡道；　　　　　　13—凿岩硐室；
4—溜井；　　　　　　　14—出矿平巷；
5—一步骤已充填采场；　15—出矿斜巷；
6—二步骤正回采采场；　16—球状药包；
7—二步骤正采准采场；　17—扇形中深孔；
8—顶柱；　　　　　　　18—崩落矿石；
9—底柱；　　　　　　　19—充填体。
10—穿脉；

图 6-18　垂直崩矿阶段矿房嗣后充填法采矿方法图

①阶段高度：50~80 m。

②顶柱厚度：3~5 m。

③矿房矿柱长度：40~60 m。

④矿房矿柱宽度：15~20 m。

⑤矿房矿柱高度：40~70 m。

⑥底部"V"型堑沟角度≥55°，两侧预留桃型底柱，底柱高度8~10 m。

⑦"V"型堑沟两侧出矿进路间距：5~10 m。

3. 采准工程

采准工程主要包括阶段运输平巷、分段联络平巷、斜坡道、溜井、穿脉、凿岩平巷、凿岩硐室、通风充填天井、出矿平巷和出矿斜巷等。

（1）阶段运输平巷

根据矿体倾角变化情况，沿矿体倾向方向设置阶段，阶段高度50~80 m，在矿体下盘，平行于矿体走向方向施工阶段运输平巷。

（2）分段联络平巷

在矿房顶部设置分段，在矿体下盘，平行于矿体走向施工分段联络平巷。

（3）斜坡道

斜坡道是机械化的采掘设备（如潜孔钻机和铲运机）、人员和材料在不同阶段之间移动的重要通道，断面尺寸规格以无轨设备通行要求确定。

（4）溜井

在矿体下盘，靠近阶段运输平巷，每隔200~300 m设置一个溜井，贯穿上下阶段运输平巷，溜井上部设筛网，底部设置振动放矿机。

（5）穿脉

自阶段运输平巷开始沿矿房和矿柱中央施工穿脉直达矿体上盘，便于设备和人员进入采场。

（6）凿岩平巷、凿岩硐室

人员和设备自斜坡道进入分段联络平巷，沿矿房矿柱中间位置，施工凿岩平巷直达矿体上盘。以凿岩平巷为自由面，将矿房和矿柱顶部全断面扩刷为凿岩硐室，凿岩硐室长度一般比矿房长2 m，宽度比矿房宽1 m，墙高4 m，拱顶处全高为4.5 m，为大直径深孔钻机（工作高度一般为3.8 m）的凿岩作业创造必要的空间。当硐室顶部稳固性较差时，可采用喷锚网支护或在硐室内留设矿柱。

（7）通风充填天井

通风充填天井是采场通风的重要通道，一般布置在凿岩平巷尽头，靠近矿体上盘的位置。

（8）出矿平巷

自阶段运输平巷开始，沿矿房和矿柱底部的中间位置，施工出矿进路直达矿体上盘。

（9）出矿斜巷

自出矿进路开始，施工出矿斜巷与矿房和矿柱中央的穿脉贯通，出矿斜巷间距5~10 m。

4. 切割工程

切割工程为采场底部"V"型堑沟，通过在矿房和矿柱底部穿脉内施工上向扇形中深孔逐排爆破形成，可为自下而上垂直崩矿提供爆破自由面和落矿空间。

5. 回采工艺

(1)凿岩爆破

自凿岩硐室内采用潜孔钻机钻凿下向平行大直径深孔,采用自下而上分段装药,分次爆破。必须采用高密度、高爆速、高威力的炸药,药包直径与长度之比不超过 1:6,即球状药包爆破。

(2)通风

每次爆破后,新鲜风流由斜坡道经分段联络平巷、凿岩平巷和大直径深孔(炮孔)进入采场冲洗工作面后,污风经大直径深孔(炮孔)和通风天井排入上阶段巷道。为加速炮烟排出,可增加局扇辅助通风。

(3)出矿

采用铲运机铲装矿石,将崩落至底部"V"型堑沟内的矿石运搬至布置在阶段运输平巷一侧的溜井内,溜入下一个阶段进行矿石集中运输。

(4)顶板安全管理

每次爆破后须经充分通风并清理凿岩硐室顶帮松石后,人员方能进入作业。

6. 充填工艺

一步骤矿房回采结束后,采用嗣后胶结充填形成人工矿柱;二步骤矿柱回采结束后,采用非胶结(或低强度胶结)嗣后充填采空区,以控制地压、阻止采场两帮冒落。

7. 方案综合评价

(1)优点

①在专门的凿岩和出矿巷道中作业,安全性好。

②采用大直径球状药包向下爆破,无需克服矿石自重,炸药单耗低、采矿成本低。

③便于机械化设备作业,回采效率高、生产能力大。

(2)缺点

①采准切割工程量大、准备时间长。

②大直径深孔施工复杂、凿岩爆破技术要求高。

③采用大直径深孔爆破,矿石的大块率和贫化率难以控制。

6.3.7 侧向崩矿阶段矿房嗣后充填法

1. 采场结构参数

如图 6-19 所示,侧向崩矿阶段矿房嗣后充填法沿矿体倾向方向划分阶段,垂直于矿体走向方向布置采场,采用两步骤回采工艺不设间柱:

①阶段高度:50~80 m。

②顶柱厚度:3~5 m。

③矿房矿柱长度:40~60 m。

④矿房矿柱宽度:15~20 m。

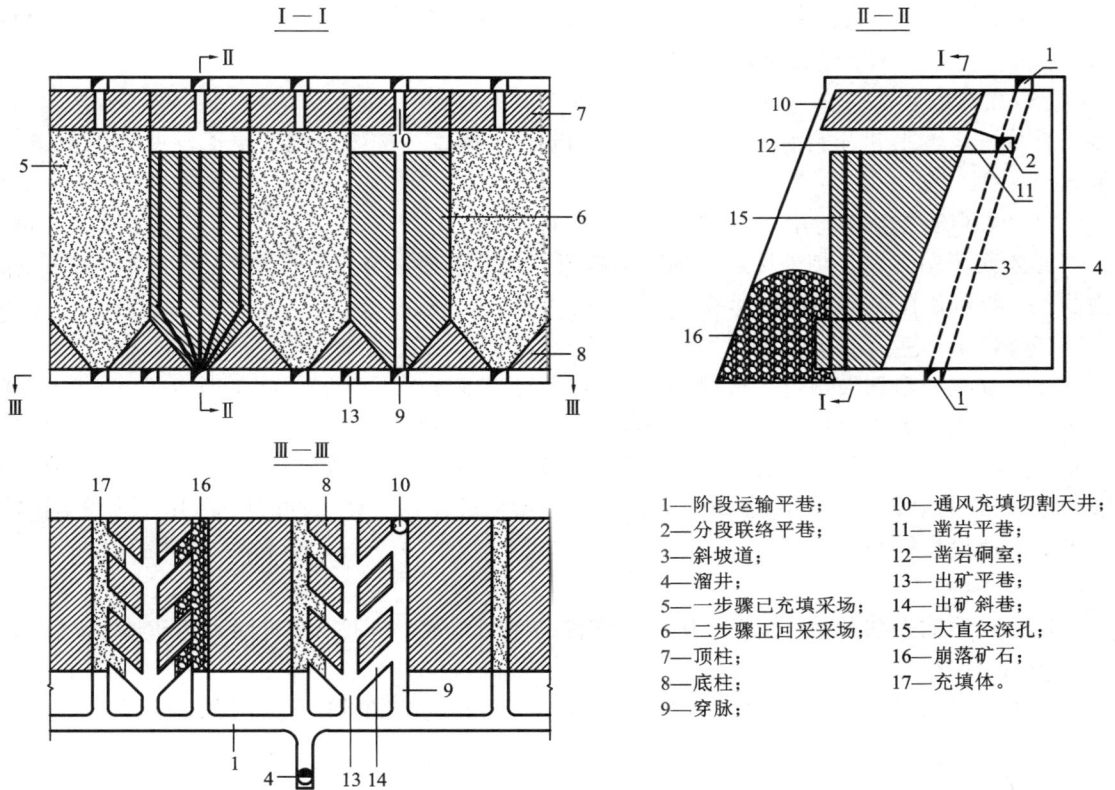

图6-19 侧向崩矿阶段矿房嗣后充填法采矿方法图

1—阶段运输平巷; 　10—通风充填切割天井;
2—分段联络平巷; 　11—凿岩平巷;
3—斜坡道; 　12—凿岩硐室;
4—溜井; 　13—出矿平巷;
5—一步骤已充填采场; 　14—出矿斜巷;
6—二步骤正回采采场; 　15—大直径深孔;
7—顶柱; 　16—崩落矿石;
8—底柱; 　17—充填体。
9—穿脉;

⑤矿房矿柱高度: 40~70 m。

⑥底部"V"型堑沟角度≥55°, 两侧预留桃型底柱, 底柱高度8~10 m。

⑦"V"型堑沟两侧出矿进路间距: 5~10 m。

2. 采准工程

采准工程主要包括阶段运输平巷、分段联络平巷、斜坡道、溜井、穿脉、通风充填切割天井、凿岩平巷、凿岩硐室、出矿平巷和出矿斜巷等采准巷道。

(1)阶段运输平巷

根据矿体倾角变化情况, 沿矿体倾向方向设置阶段, 阶段高度50~80 m, 在矿体下盘, 平行矿体走向方向施工阶段运输平巷。

(2)分段联络平巷

在矿房顶部设置分段, 在矿体下盘、平行矿体走向方向施工分段联络平巷。

(3)斜坡道

斜坡道是机械化的采掘设备(如深孔钻机和铲运机)、人员和材料在不同阶段之间移动的重要通道, 断面尺寸规格以无轨设备通行要求确定。

（4）溜井

在矿体下盘，靠近阶段运输平巷，每隔200~300 m设置一个溜井，贯穿上下阶段运输平巷，溜井上部设筛网，底部设置振动放矿机。

（5）穿脉

自阶段运输平巷开始沿矿房和矿柱中央施工穿脉直达矿体上盘，便于设备和人员进入采场。

（6）通风充填切割天井

通风充填切割天井是采场通风和充填料浆下放的重要通道，也可为采场切割拉槽提供自由面，一般布置在穿脉巷道的尽头，靠近矿体上盘的位置。

（7）凿岩平巷、凿岩硐室

人员和设备自斜坡道进入分段联络平巷，沿矿房矿柱中间位置，施工凿岩平巷直达矿体上盘。以凿岩平巷为自由面，将矿房顶部全断面扩刷为凿岩硐室，凿岩硐室长度一般比矿房长2 m，宽度比矿房宽1 m，墙高4 m，拱顶处全高为4.5 m，为大直径深孔钻机（工作高度一般为3.8 m）的凿岩作业创造必要的空间。当硐室顶部稳固性较差时，可采用喷锚网支护或在硐室内留设矿柱。

（8）出矿平巷

自阶段运输平巷开始，施工沿矿房和矿柱的中间位置，施工出矿进路直达矿体上盘。

（9）出矿斜巷

自出矿进路开始，施工数条出矿斜巷与矿房和矿柱的穿脉贯通，出矿斜巷间距5~10 m。

3. 切割工程

切割工程是采场的切割拉槽工作，自穿脉进入采场中央，以通风充填切割天井为自由面，在矿体上盘扩大爆破形成爆破自由面。底部"V"型堑沟也属于切割工程，但是通常不需单独施工形成，而是在回采过程中，随着底部穿脉内施工的上向扇形中深孔逐排爆破形成。

4. 回采工艺

（1）凿岩爆破

首先回采一步骤矿房并嗣后胶结充填形成人工矿柱，再二步骤回采矿柱并采用非胶结（或低强度胶结）嗣后充填采空区。人员和设备通过斜坡道进入矿房顶部凿岩硐室，采用潜孔钻机钻凿下向平行大直径深孔；人员和设备自阶段运输平巷进入矿房底部穿脉，采用中深孔凿岩台车施工上向平行扇形中深孔；采用散装乳化炸药爆破、数码电子雷管起爆，各排炮孔间微差起爆，上部大直径深孔超前下部扇形中深孔1~2排炮孔。

（2）通风

每次爆破后，新鲜风流由下阶段运输平巷经穿脉和大直径深孔（炮孔）进入采场冲洗工作面后，污风经采场顶部的通风充填切割天井排入上阶段巷道。

（3）出矿

采用铲运机铲装矿石，将崩落至底部"V"型堑沟内的矿石运搬至布置在阶段运输平巷一侧的溜井内，溜入下一个阶段进行矿石集中运输。

（4）顶板安全管理

每次爆破后须经充分通风并清理凿岩硐室和穿脉顶帮松石后，人员方能进入作业。

5. 充填工艺

一步骤矿房回采结束后，采用嗣后胶结充填形成人工矿柱；二步骤矿柱回采结束后，采用非胶结（或低强度胶结）嗣后充填采空区，以控制地压、阻止采场两帮冒落。

6. 方案综合评价

（1）优点

①在专门的凿岩和出矿巷道中作业、安全性好。

②采用大直径深孔爆破、炸药单耗低、采矿成本低。

③便于机械化设备作业、回采效率高、生产能力大。

（2）缺点

①采准切割工程量大、准备时间长。

②大直径深孔施工复杂、凿岩爆破技术要求高。

③由于采用大直径深孔爆破，矿石的大块率和贫化率难以控制。

思考题

1. 什么是似膏体？为什么似膏体是目前最经济合理的充填方式？

2. 论述各充填试验的主要内容和目的。

3. 分析深井充填体对岩爆灾害的预防和控制作用机理。

4. 对比分析立式砂仓和深锥浓密机的优缺点。

5. 为什么机械化上向水平分层充填法会成为目前主流的充填采矿法？

6. 如何提高下向水平进路充填法的采场生产能力？

7. 限制削壁充填采矿法大范围推广应用的瓶颈有哪些？

8. 如何降低充填采矿法的充填成本？

9. 如何提高高阶段大跨度充填体的稳定性？

10. 与空场法相比，空场嗣后充填采矿法的优势体现在哪些方面？

第7章　崩落采矿法

在回采过程中，有计划地强制或自然崩落围岩处理采空区的采矿方法，称为崩落采矿法。作为一种低成本、高效率的采矿方法，崩落法曾经在我国地下矿山中应用十分广泛，但是随着国家对安全环保的高度重视，崩落法在国内应用越来越少，逐渐被充填采矿法所取代。

7.1　崩落法概述

1.崩落法基本特征

与空场法和充填法利用围岩本身稳固性和矿柱或充填体支撑顶板岩层、被动管理地压不同，崩落法主要特点是随采矿工作面的推进，有计划地强制崩落，或借助自然应力崩落采场顶板或两帮围岩充填采空区，消除地压存在和产生的根源，主动管理地压。因此，围岩允许崩落是使用崩落法的基本条件。

对于空场法和充填法，围岩不稳固会给开采造成困难；对于崩落法，围岩易崩落反而有利于开采。崩落法能实现单步骤连续回采，消除回采矿柱时安全条件差、损失与贫化大的弊端。但其首要前提条件是地表允许陷落，而且由于放矿是在覆盖岩石下进行的，总体损失与贫化率较高，因此一般适用于价值不高的矿体或低品位矿体的开采。

2.崩落法分类及适用条件

根据采场回采时的特点和采场结构布置方式的不同，崩落法分为单层崩落法、分层崩落法、有底柱分段崩落法、有底柱阶段崩落法、无底柱分段崩落法五种，但大部分方案因效率低、损失贫化大而被淘汰，目前常用的仅为无底柱分段崩落法和自然崩落法（属于有底柱阶段崩落法）两种。崩落法适用条件为：

①地表允许崩落，矿体上部地表地形或设施无须保护。

②一般用于开采品位中等以下的低价值矿体，并允许一定的损失和贫化。

③矿石不会结块自燃的中厚、厚和厚大矿体。

④对上盘围岩能成大块自然冒落和矿体中等稳固的矿床最为理想。

3. 崩落法发展方向

（1）现有崩落法存在的问题

崩落法虽然具有结构简单、生产能力大、作业安全等优点，但是也存在如下突出问题：

①地表塌陷范围大，环境破坏严重。为了形成覆盖岩层下的放矿条件，必须崩落矿体上覆岩层，从而导致地表塌陷、环境破坏。

②尾砂大量堆存，尾矿库压力大。崩落法矿石贫化率高，尾矿产出率也高，导致尾矿大量在地表堆存占用大量尾矿库库容。

③矿石损失贫化大，资源浪费严重。崩落法开采矿石损失率及贫化率均在30%以上，不仅造成了严重的资源浪费，过高的矿石贫化率也会导致提升、运输、选矿的成本增加，进而严重影响矿山的经济效益和可持续发展。

④地压显现严重。随着开采深度的增加，采场和巷道地压日益加大，采矿作业的安全性难以保障。

（2）崩落法转充填法

进入21世纪，由于对生态和环境的保护提出了更加严格的要求，尾矿库征地也越来越困难，一批原采用崩落法开采的矿山不得不研究采用充填法开采的可行性。已经投入生产的充填法开采矿山，如李楼铁矿、草楼铁矿、会宝岭铁矿、罗河铁矿、七宝山硫铁矿、马坑铁矿等的应用实践证明，采用充填法开采资源回采率高、环境友好，且技术上和经济上是可行的，因此由崩落法转充填法已经势在必行。

7.2 无底柱分段崩落法

1. 方案基本特征及适用条件

无底柱分段崩落法起源于瑞典，世界上最大的地下铁矿——基鲁那铁矿用这种方法每年采出的矿石达到2000万t，此方法在其他一些地下矿山也被推广应用，如表7-1和表7-2所示。如图7-1所示，无底柱分段崩落法的主要特征：将阶段划分为分段，自上而下分段回采；在回采进路中钻凿上向扇形中深孔，以很小的崩矿步距向充满废石的崩落区挤压崩矿；崩落的矿石自回采进路端部放出，经出矿设备装运至溜矿井；随着矿石的放出，覆盖岩石随之下降，充满采空区，实现地压管理。

表7-1 国内应用无底柱分段崩落法矿山的结构参数

矿山名称	阶段高度/m	溜井间距/m	废石溜井间距/m	分段高度/m	进路间距/m	进路规格（宽×高）/m×m
大庙铁矿	61~70	50	—	10	10	4.0×3.0
程潮铁矿	70	40~60	50	10	10	3.2×3.2
大厂锡矿	90	60	80~120	12~13.5	10	4.0×3.0

续表7-1

矿山名称	阶段高度/m	溜井间距/m	废石溜井间距/m	分段高度/m	进路间距/m	进路规格（宽×高）/m×m
梅山铁矿	60	60	—	10~13	10	4.0×3.0
符山铁矿	50	50		10	8	3.0×3.0
桦树沟铁矿	60	40	—	10, 12	10	3.5×3.5
丰山铜矿	50	50	100	10	10	3.0×2.8

表7-2 国外应用无底柱分段崩落法矿山的结构参数

国别	矿山名称	阶段高度/m	溜井间距/m	分段高度/m	进路间距/m	进路规格（宽×高）/m×m
瑞典	基律纳铁矿	10		9, 11, 12	10, 11, 16.5	5.0×4.0
瑞典	马尔姆贝格铁矿	20	125~250	15, 20	15, 22.5	6.0×4.6
加拿大	克雷蒙特铜矿			9.5	9~11.2	4.0×3.2
赞比亚	穆富利拉铜矿	65	61	15	10	4.3×4.3
澳大利亚	芒特艾萨铜矿			10.6~14.6	10.6	3.6×3.3
刚果（金）	卡莫托铜矿			10	9.5	5.5×3.6

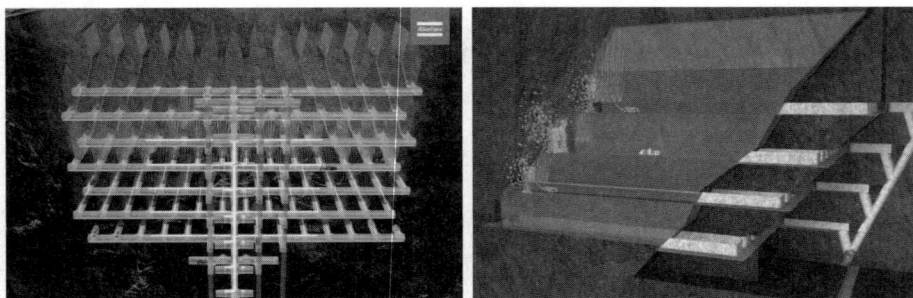

图7-1 无底柱分段崩落法示意图

无底柱分段崩落法的适用条件为：

①较规则的急倾斜厚矿体。

②矿石稳固性在中等以上，进路中一般不需要大量支护；爆破后眉线不易冒落，炮孔不易变形；顶板能自行冒落，且块度较大。

③地表允许陷落，表土层不厚，没有导致淹井的地面水和地下水。

④矿石价值不高、允许贫化，矿岩容易分离，矿石可选性好，围岩含有用成分。

2. 采场结构参数

如图7-2所示，一般当矿体厚度在20~40 m时，矿块沿走向布置；厚度>40 m时，矿块垂直走向布置。分段高度和进路间距是无底柱分段崩落法的主要结构参数,为减少采准工程量、降低采矿成本,应尽量加大分段高度和进路间距,目前的分段高度一般为 10~12 m、进路间距为 8~10 m。

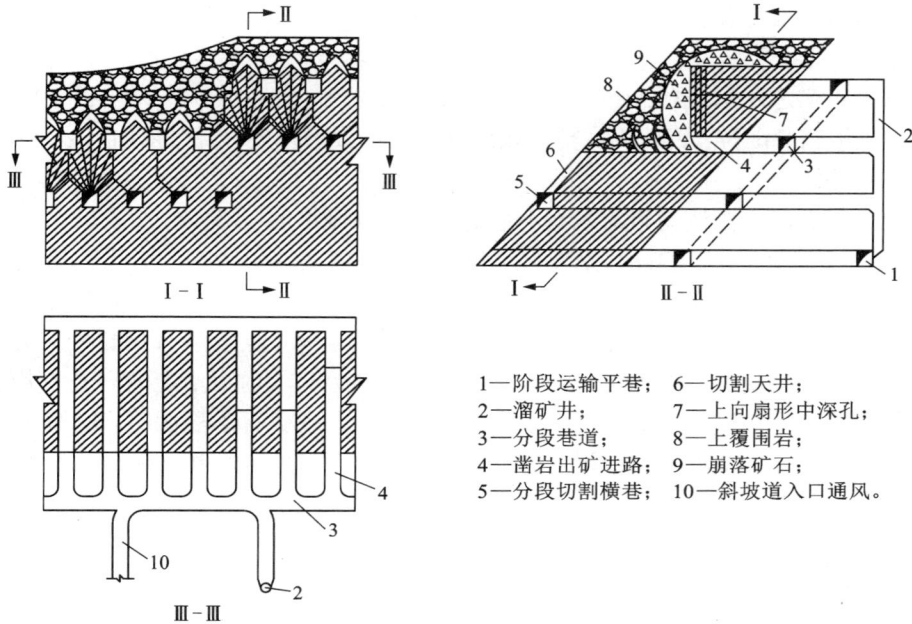

1—阶段运输平巷;   6—切割天井;
2—溜矿井;   7—上向扇形中深孔;
3—分段巷道;   8—上覆围岩;
4—凿岩出矿进路;   9—崩落矿石;
5—分段切割横巷;   10—斜坡道入口通风。

图 7-2 无底柱分段崩落法采矿方法图(垂直走向布置)

3. 采准切割工程

阶段运输平巷、溜矿井、斜坡道一般布置在矿体下盘岩围岩中,凿岩出矿进路垂直走向(或沿走向)布置,上下相邻的分段凿岩出矿进路呈菱形布置,以便最大限度地回收上分段凿岩出矿进路间的脊部残留矿石。切割工程主要是在凿岩出矿进路末端形成切割槽。切割槽形成工艺与分段矿房法基本相同,通常是在凿岩出矿进路末端开凿切割横巷和切割天井,以切割天井为自由面扩大爆破形成切割槽。

4. 回采工艺

在凿岩出矿进路内钻凿上向扇形中深孔,以小崩矿步距向充满废石的崩落区挤压崩矿,崩落的矿石由铲运机搬运至溜矿井。为降低损失与贫化,同分段的各进路应平行后退回采,保证矿岩接触面在水平上保持一致。

(1)凿岩爆破

在凿岩出矿进路内利用中深孔凿岩台车钻凿上向扇形孔,炮孔边孔角度 45°~55°,最小抵抗线一般为孔径的 30 倍,孔底距一般等于最小抵抗线。为避免扇形炮孔孔口装药过于集中,造成孔口部位矿石过于粉化,破坏放矿眉线,故除边孔及中心孔装药较满外,其余各孔交错调整装药长度。崩矿步距是指一次爆破崩落矿石层的厚度,一般每次爆破 1~2 排炮孔,即崩矿步距是最小抵抗线的 1~2 倍。

（2）出矿

采用铲运机自凿岩出矿进路端部出矿。出矿过程中适时测定出矿品位，达到放矿截止品位后结束出矿工作。为尽可能降低损失率和贫化率，应严格出矿管理，各进路均衡出矿，以保证正面矿岩接触面尽量在一条直线上。

（3）通风

由于凿岩出矿进路均为独头巷道，无法形成贯穿风流，且巷道纵横交错容易形成复杂的角联网络，风量调节困难，因此无底柱分段崩落法通风效果较差，需要采用局扇辅助通风。

（4）回采顺序

由于无底柱分段崩落法为覆盖岩石下放矿，上下分段之间、同一分段凿岩出矿进路之间的回采顺序是否合理，对于矿石的损失和贫化、回采强度及地压管理都有重大影响。分段之间一般采用自上而下、上分段超前于下分段的回采顺序。超前距离以下分段回采时，矿岩移动范围不影响上分段回采安全为原则。同分段进路间沿走向方向可以采用自中央向两翼、自两翼向中央或自一翼向另一翼推进的回采顺序。走向长度较大时可沿走向划分为若干个回采区段，多翼回采，每个区段内各进路平行推进。当地压大或矿石不稳固时，应避免采用自两翼向中央的回采顺序，以防止最后几条进路承受较大的压力。各进路自端部向分段联络道方向后退式回采。

5. 方案综合评价

（1）优点
①结构简单，灵活性大，不需留设矿柱。
②与有底柱分段崩落法相比，采切工程量少。
③回采工艺简单，机械化程度高，生产能力大。
④在专用凿岩出矿巷道中作业，安全性好。

（2）缺点
①覆盖岩石下放矿，矿石损失率和贫化率高。
②独头巷道作业，通风条件差。
③会引起地表的沉降和塌陷。

6. 发展趋势

尽管近年来无底柱分段崩落法得到了较大的发展，但国内矿山一般采用落后低效的凿岩和出矿设备，导致结构参数偏小、采矿作业地点分散、采矿效率较低、采切比较高等问题，制约了无底柱分段崩落法生产能力的发挥。与空场法和充填采矿法相比，其废石混入面广，难以管理，导致矿石损失贫化大，这也是最突出的问题。因此，无底柱分段崩落法的发展趋势包括：

①高分段、大间距是发展趋势，并且在国外已试验成功，能够降低矿石损失和贫化，充分发挥大型采矿设备的优势，减小采切比，降低采矿成本。

②采用大型无轨采矿设备是增大采场结构参数的重要保障，是提高无底柱分段崩落法生产能力和经济效益的重要途径。

③现有放矿理论研究多基于相似材料模拟，具有一定局限性，所以基于设备探测系统的现场原位放矿研究是重要的发展方向。

7.3　自然崩落法

1. 方案基本特征及适用条件

如图 7-3 所示，作为一种有底柱阶段崩落法，自然崩落法是在易于自然崩落的矿体中，利用矿体本身所固有的节理裂隙分布特征和低强度特性，在矿块底部进行一定面积的拉底，形成矿石冒落的自由面，必要条件下辅以巷道、深孔割帮等诱导工程，削弱矿块与周围矿石及围岩的联系，改变矿体内应力的分布状态，促使矿石按要求逐渐产生破坏、失稳，并借助矿体重力自然崩落成适宜的块度，最终达到落矿的目的。除了拉底和形成底部结构需要凿岩爆破外，其余的矿岩均不需要凿岩爆破，极大节省了炸药消耗量和采切工程量，对符合条件的低品位矿体开采成本优势显著。

自然崩落法适用条件为：

①急倾斜厚大矿体。矿体应有足够的水平面积，以满足矿体自然崩落所需的拉底面积；矿体应有足够的高度，以便提高阶段高度，降低阶段中底部巷道的掘进和支护费用。

②矿体形状规则、品位均匀、价值不高。

③围岩稳定性较好而矿体节

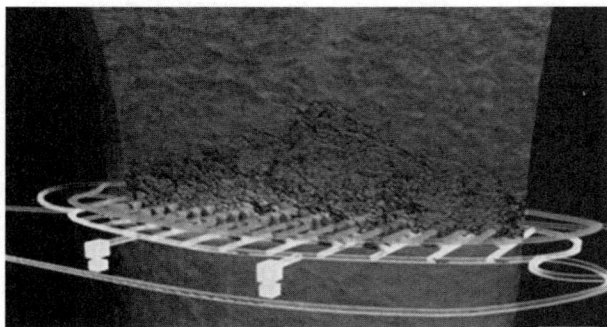

图 7-3　自然崩落法示意图

扫一扫，看彩图

理裂隙发育、稳定性差，矿岩无结块性、自燃性和氧化性。

④地表允许崩落。

⑤矿山的管理体制健全，对于局部放矿能做到令行禁止。

自然崩落法以其生产能力大、劳动生产率高、开采成本低以及安全性好的特点，在美国、加拿大、智利、赞比亚、南非、菲律宾等国家的 50 多座矿山中得到应用。但是由于落矿时间和落矿量难以精确控制，放矿技术要求较严，在我国成功应用的实例较少。

如图 7-4 所示，普朗铜矿位于云南省迪庆藏族自治州香格里拉市东北部，海拔+3600～+4200 m，属于高海拔矿山。普朗铜矿采用建设绿色智能矿山的先进设计理念，采用自然崩落法开采技术，配套先进的中深孔凿岩台车进行凿岩拉底、14 t 电动铲运机出矿、无人驾驶电机车进行中段运输、大型旋回破碎机碎岩、长距离胶带输送机运矿。于 2017 年 3 月投产，2020 年生产能力突破 1000 万 t，已成为目前国内生产工艺先进、装备水平高、生产能力最大的地下铜矿山，也标志着我国自然崩落法开采技术水平进入了国际先列。

图7-4 普朗铜矿自然崩落法开采技术

2. 采场结构参数

根据矿体规模，可以采用如下3种采场布置方式：

①按一定规格在平面上划分长方形矿块，崩落矿石和覆盖岩层在整个面积上均匀并大致保持一个水平面崩落。

②将矿体水平面划分为垂直矿体走向的崩落盘区，从盘区一侧向另一侧后退式崩矿，崩落矿石和覆盖岩层接触面始终保持一斜面状态。

③矿体水平面不划分固定盘区，从矿体一端向另一端后退式崩矿，崩落矿石和覆盖岩层接触面始终保持一斜面状态。

阶段高度主要取决于矿体倾角和矿体可崩性，国内一般为 50~60 m、国外一般为 150~200 m；矿体倾角陡、可崩性好、矿块侧面无崩落岩石时可取大值。矿块水平面积主要受矿体可崩性影响，矿块宽度一般为 30~90 m，长度为 40~120 m。

由于自然崩落法底部出矿结构应力集中现象明显，支护难度大，国内普遍采用漏斗式底部结构配合电耙出矿，而国外则常采用堑沟式配合铲运机出矿。

3. 采准切割工程

（1）采准工程

如图7-5所示，电耙出矿的自然崩落法采准工程包括运输平巷、穿脉、溜矿井、观察天井、电耙道、电耙联络道、回风巷道、观察巷道以及放矿漏斗等。切割主要分为切帮和拉底两个步骤，包括切帮天井、切帮巷道、拉底巷道等工程。

（2）切帮工程

切帮的目的是沿矿块边界削弱矿块与原矿和岩体的联系，破坏矿石自然崩落过程中形成

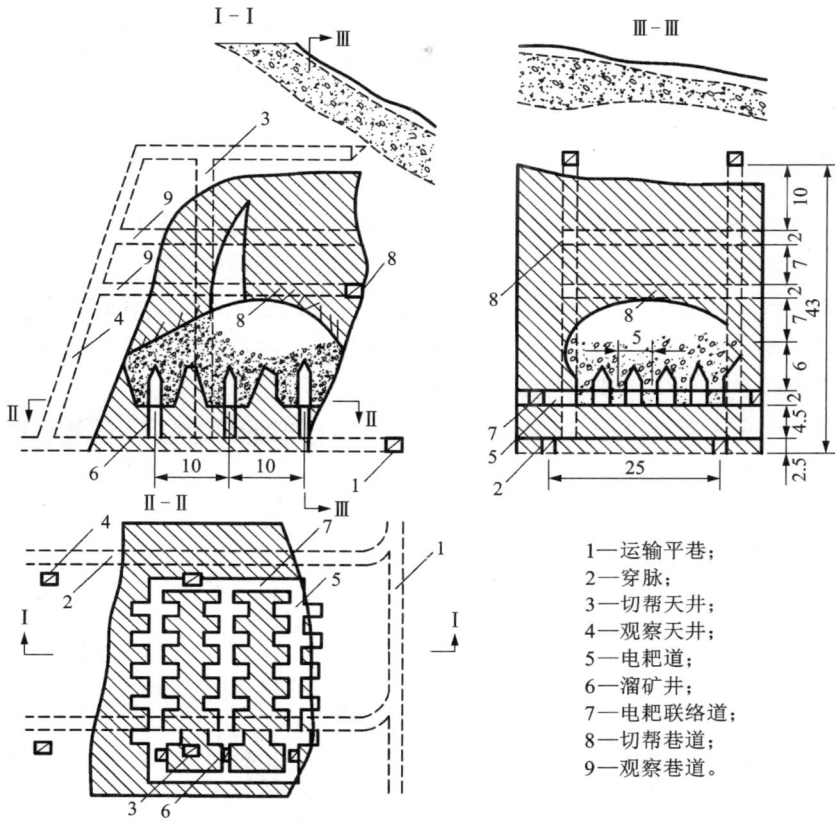

图 7-5　电耙出矿的自然崩落法采矿方法图

1—运输平巷；
2—穿脉；
3—切帮天井；
4—观察天井；
5—电耙道；
6—溜矿井；
7—电耙联络道；
8—切帮巷道；
9—观察巷道。

的平衡拱基；圈定矿块的崩落边界，使其不发展到相邻未采矿块或两帮的围岩；切断或降低平衡拱角的应力，提高崩落边界附近处于高应力区的巷道稳定性。采用巷道切帮时，在矿块边角布置 2~4 条切帮天井，自切帮天井沿矿块界面掘进切帮平巷和横巷，其垂直间距为 6~14 m，矿石可崩性好时取大值；采用槽切帮时，除了布置切帮巷道外，自水平切帮巷道钻凿数排垂直平行深孔，分次爆破形成 2.5~3 m 宽的切帮槽，或钻凿一排孔距较小的垂直平行预裂深孔，随拉底进行一次同段爆破形成预裂面。

（3）拉底工程

拉底的目的是在矿块底部形成自由空间，促使矿石自然崩落，影响其效果的有拉底高度、拉底方式和拉底方向等。根据拉底的高度分为低拉底和高拉底，低拉底的高度为 3~4 m，高拉底的高度为 4~8 m。拉底方式分为浅孔、中深孔和深孔拉底，分别自拉底巷道钻凿水平浅孔、上向扇形中深孔和水平平行深孔。

4. 回采工艺

自然崩落法回采主要是指出矿工作。出矿分为两个阶段：第一阶段是在矿石自然崩落过程中的局部出矿；第二阶段是矿石自然崩落结束后，在崩落岩石覆盖下的大量出矿。局部放矿的作用是形成矿石继续崩落的补偿空间，并控制放矿速度，使之与矿石的自然崩落速度相适应。为了最大限度地降低矿石损失和贫化，在矿块回采中一般实行均匀等量放矿，以保持矿岩接触面呈水平下降，故在盘区和全面连续回采时，均保持倾斜的矿岩接触面。斜面角保持在45°左右为宜，矿岩接触面太陡容易增加贫化，太缓势必扩大放矿区面积。

5. 自然崩落原理

自然崩落法的最大技术难题在于拉底切割完成后，矿石能否顺利自然崩落。如果矿石自然冒落至一定高度后停止进一步冒落，则会造成巨大的矿石损失。因此，在采用自然崩落法之前，必须科学研究矿石可崩性，并根据研究结果，探寻各种诱导崩落的方法。常用的诱导崩落方法包括切帮天井、深孔边界预裂爆破等。如图7-6所示，矿石自然崩落过程如下：

①矿块下部拉底后，失去支撑的矿石在重力 P 和地压作用下出现裂隙破坏而自然崩落。

②冒落一定时间后形成暂时稳定的平衡拱而停止崩落。

③借助向上开掘的切帮巷道，破坏拱（首先是拱脚 A、B）的稳定性，使边界内矿石自然崩落下来，直至全阶段崩落完毕。

6. 矿岩可崩性

矿岩可崩性是指一定的矿块对于崩落法总的适用性，是评价矿体能否应用自然崩落法的一个综合性的矿岩特性指标，是矿体自然崩落可行性研究中的主要内容，对采矿方法的经济效益影响较大，直接支配着拉底、爆破和放矿时间，进而直接影响矿石的贫化损失指标。矿岩可崩性有两个方面的含义：一是在矿体一定的水平面积范围内拉底后矿岩能自然崩落；二是矿岩在崩落时能破碎成适于运搬的块度。

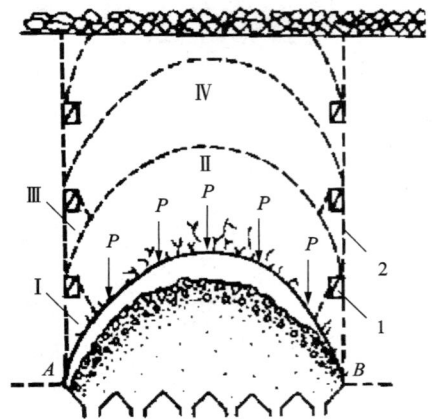

1—切帮巷道；2—崩落边界；
Ⅰ、Ⅱ、Ⅲ、Ⅳ—崩落顺序。

图7-6 自然崩落机理

（1）理想的矿体崩落条件

①一经拉底即容易崩落。

②能崩落成小的块度而又不致压紧难以放出。

③能抵挡不打算崩落的采准巷道中的地压。

（2）可崩性影响因素

①岩体质量指标 RQD。RQD 是以岩体构造的发育情况、构造方位和岩体强度为基准，间接地从钻孔岩芯中获得评价岩体完整性的一个重要指标。RQD 越大，矿岩越难以自然崩落。

②构造频率。构造频率系指岩体内节理间距和发育状况，节理越发育越容易崩落。

③矿岩强度。矿岩强度越低，越容易崩落。

④节理面粗糙度和充填物。硅化作用和硅化胶结增强矿岩强度；节理面被黏土、绢云母、绿泥石、黑云母等充填，节理裂隙容易张开并增加矿岩间润滑移动作用；石膏和硬石膏充填物形成的软弱夹层，虽然容易破碎，但易堵塞放矿口。

⑤节理组的排列和连续性。通常三组节理相等频率、互成角度关系(两组节理近于垂直,另一组近于水平),能使崩落矿石块度更加均匀。

⑥地下水。地下水能降低岩体强度和滑动摩擦,裂隙水压力作用可增强绿泥石、云母等沿构造面的滑动作用。

⑦原岩应力大小和方位。一般崩落线方向垂直于主应力方向,小的水平应力有利于矿岩崩落,如果水平应力高,节理会受压闭合,增加摩擦力,从而提高应力拱的稳定性。

7. 方案综合评价

(1)优点

①安全性好。

②效率高,生产能力大,集中生产,便于管理。

③成本低。

④通风条件好。

(2)缺点

①矿块准备工作量大,时间长。

②适用条件严格,方法灵活性差,较难改变成其他采矿方法。

③对切帮、拉底和出矿的管理水平要求高,矿石贫化与损失大。

④出矿巷道的支护和维修工作量大,产量调节困难。

8. 存在的问题及发展趋势

(1)存在的瓶颈问题

采用自然崩落法时,尽管采矿工艺大大简化,管理方便,效率高,无须爆破落矿,成本低;但工程实践表明,自然崩落法风险较高,主要表现在以下5个方面:

①地质资料的准确性。自然崩落法的可崩性评价和采矿设计需建立在准确的地质资料基础上,地质数据的准确与否对方法的实施起着至关重要的作用。

②矿体连续崩落问题。尽管其应用前提是矿体破碎、节理裂隙发育,但工程实践证明,若诱导崩矿工作质量差,会导致矿体不能连续崩落,影响矿山生产。

③矿体块度难以控制。由于大部分矿体是利用自重崩落,局部人工诱导,所以矿体崩落块度难以控制,大块处理难度大且安全性差,直接影响出矿效率。

④放矿管理复杂。放矿截止时间大多依靠现场人员的经验判断,无系统理论指导,截止品位管理难度大,矿石损失和贫化控制难。

⑤底部结构维护困难。由于矿体崩落规模较大,平衡拱破坏瞬时地压显现明显,影响底部结构稳定性,后期维护难度较大。

(2)发展趋势

①矿体可崩性定量化研究。建立基于地质资料动态调整的矿体可崩性研究模型,通过量化数据控制,进行矿体可崩性评价,为采矿设计提供准确的基础资料。

②阶段高度的提升。由于自然崩落法的矿块准备工作量大、时间长,为充分利用采准工程,提高生产效率,需进一步增加阶段高度,由目前 100 m 增加为 300~400 m。

③无轨大型设备的应用。简化底部结构,利用大型无轨设备,充分发挥该采矿方法的产

能优势。采用铲运机出矿的底部结构，底柱高度一般为 18~20 m。

④崩落矿石块度预测。根据矿体节理裂隙发育情况，进行矿石崩落块度预测。

⑤全域化定量放矿管理。放矿管理是崩落法中至关重要的步骤，开展放矿相似模拟和放矿技术研究，根据矿岩移动规律提出崩落法定量放矿管理方式。

7.4　覆盖层下放矿理论

7.4.1　覆盖层形成

崩落法是在覆盖岩石下进行放矿的，因此在回采初期必须形成覆盖层，覆盖层厚度一般应不小于两个分段高，即 20 m 左右。为防止覆盖围岩提前混入崩落矿石，造成矿石提前损失与贫化，覆盖岩层的块度应大于崩落矿石的块度。

覆盖层的形成主要是根据矿体赋存条件、距地表的距离、地面和井下现状、废石来源等情况确定。选择形成方法时，首先考虑自然冒落，其次才考虑强制崩落。

(1)自然冒落法

顶板围岩不稳固时，可采用自然冒落形成覆盖层。有自然冒落条件的矿山应尽量采用这种方法，必要时可辅之少量爆破处理。

(2)强制崩落法

顶板围岩不能自然冒落的矿山，应采用强制崩落法形成覆盖层，具体方案包括：

①露天转地下开采矿山，采用大爆破崩落边坡围岩形成覆盖层。

②矿体上部先用其他方法开采(空场法)，下部采用崩落法时，可崩落上部矿柱及围岩形成覆盖层。

③盲矿体直接采用崩落法开采时，一般采用深孔强制崩落围岩形成覆盖层。

(3)暂留矿石作为覆盖层

采用强制崩落法形成覆盖层的工程量大、时间长、矿石损失与贫化率高。对于急倾斜矿体或上部采用其他采矿方法的矿体，可预留部分崩落矿石作为覆盖层，待顶板围岩冒落或开采结束后，再放出覆盖矿石层。

(4)人工回填废石

露天转地下开采矿山，如果上部面积不大且废石来源充分，可以采用废石回填露天坑作为崩落法覆盖层。

随着开采强度增加，覆盖层厚度可能变小，应随时掌握覆盖层变动情况，及时补充覆盖围岩。为了掌握顶板围岩冒落情况和覆盖层厚度，在顶板围岩未冒落到地表之前，应在地表通过钻孔或其他手段对顶板围岩加强观测，清除地面黄土层，设置隔挡和排水设施，避免黄土随降雨进入井下，恶化放矿条件；即将冒落到地表时，应在地表划定危险区，防止人员进入，并设立地面观测线，测量地面下沉量和陷落范围。

7.4.2　覆盖层下放矿理论

（1）漏斗放矿理论

崩落法是在覆盖岩石下进行出矿作业的，受矿石与覆盖废石块度、物理力学性质不同等因素影响，在出矿过程中，矿、岩移动速度不可能完全一致，矿岩接触面也难以做到均匀下降，因此容易造成矿石损失与贫化。自然崩落法崩落矿石是借助重力经放矿漏斗流至出矿巷道的，上部崩落的覆盖岩层随着矿石的放出而向下移动。崩落矿岩散体放出过程中的整体流动研究，即漏斗放矿理论。

单漏斗实体放矿模型如图 7-7 所示，A–B 水平面即为矿岩接触面，下部为颗粒均匀的松散矿石，上部为松散废石。放矿过程中，并不是所有的矿石和废石都投入运动，只有位于漏斗口上部的一部分矿石和废石进入运动状态，且愈靠近漏斗中心线，其流动速度愈大。

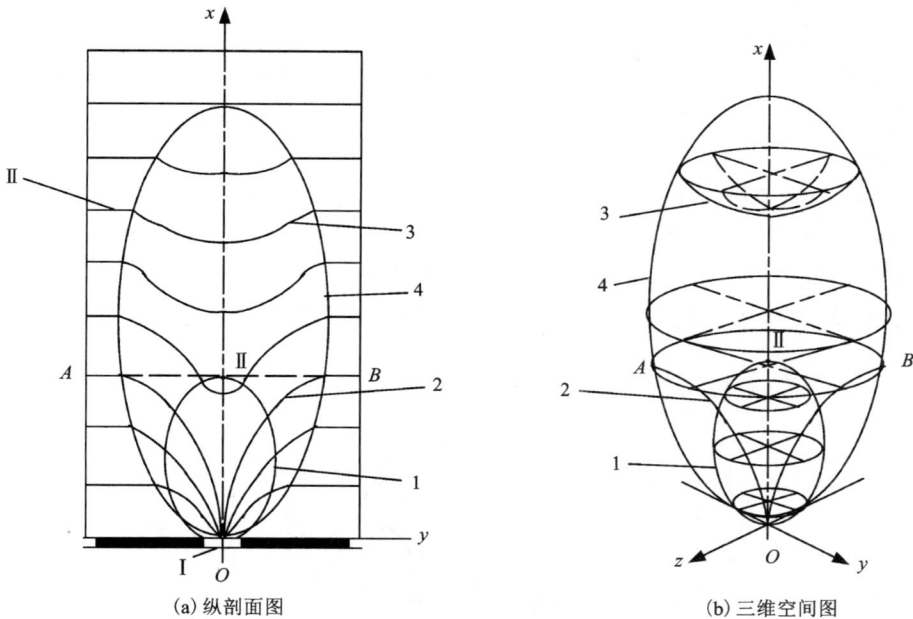

(a) 纵剖面图　　　　　　　　　(b) 三维空间图

A–B—松散矿石与松散废石接触面；Ⅰ—放矿漏斗；Ⅱ—彩色标志带；

1—放出椭球体；2—放出漏斗；3—移动漏斗；4—松动椭球体。

图 7-7　单漏斗实体放矿模型

当废石到达漏斗口时，表示纯矿石已经放完，此时曲线所包络的漏斗状形体称为放出漏斗（或废石漏斗），如图 7-7 中的曲线 2。放出的矿石在模型内散体中所占据的空间形态为一个近似的旋转椭球体，称为放出椭球体，如图 7-7 中的椭球体 1。A–B 水平层以上各水平弯曲下降所形成的下凹漏斗称为移动漏斗，如图 7-7 中的曲线 3。随着放出椭球体内矿石的流出，其周围矿石随即发生二次松散，占据放出矿石原来所占据的空间形成了松动椭球体，如图 7-7 中的椭球体 4。

废石漏斗形成后，废石开始被不断放出，废石漏斗随之扩大，废石漏斗母线的倾角随之变缓，并最终趋于稳定（通常在 70° 以上），此时的废石漏斗称为极限废石漏斗，相应的漏母线倾角称为极限漏斗倾角。在极限漏斗倾角以外的矿石是放不出来的,相邻漏斗间放不出来的脊部矿石造成的损失称为脊部损失,脊部损失矿石量由极限漏斗倾角确定。放矿时,小颗粒矿岩的流动速度通常大于大颗粒矿岩的流动速度。如果废石块度小于矿石块度,则废石向下流动的速度大于矿石速度,放出椭球体内的矿石未放完之前,就会出现贫化,因此,覆盖岩层的块度应大于崩落矿石的块度,以优化贫化损失指标。

放出漏斗的形状取决于漏斗母线曲率。放矿层高度大,曲率半径减小,母线与原矿岩接触面交汇处较平缓;散体流动性好,放出体偏心率小,母线曲率半径大。单漏斗放矿时,放出漏斗的体积和放出椭球体的体积以及放出纯矿石的体积近似相等。放出漏斗的高度等于矿石层高,其半径等于松动椭球体和矿岩接触面相截的圆横断面的半径。矿山生产实际过程中,往往有多个漏斗放出口同时放矿,相邻漏斗的松动椭球体有不相互影响(相离)、相切和相交三种情形,相应的放矿规律比较复杂,本书不再赘述。

(2)端部放矿理论

与自然崩落法底部漏斗放矿不同,无底柱分段崩落法属于端部放矿。在进路的横剖面图上,放矿椭球体、松动椭球体和废石漏斗这三种几何体的形状同漏斗放矿时相差不大,但在进路的纵剖面图上,因受端壁的阻碍,发育不完全,放矿体形状是扁椭球体,体积大小因端壁倾角和轴偏角(流轴偏离端壁的角度)大小而异。

如图7-8所示,端壁前倾时,三种几何体前倾,轴偏角(进路纵剖面图上放出椭球体长轴线与垂直线的夹角)较小或为零,放矿体也较小;端壁垂直时,三体稍前倾,轴偏角和放矿体均较大;端壁后倾时,三体垂直,轴偏角和放矿体最大。由于端壁后倾凿岩、装药安全性差,综合考虑放出矿量和作业便利性及安全性,无底柱分段崩落法一般采用端壁垂直布置的方式。

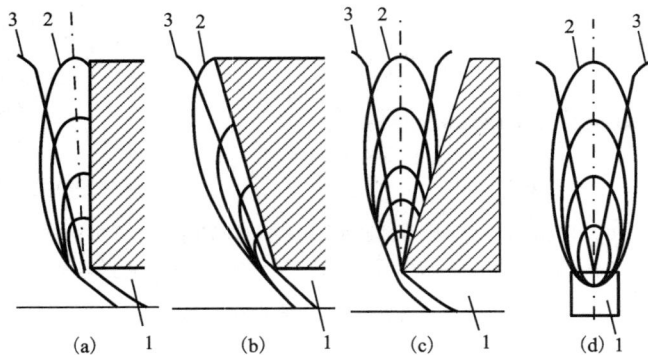

(a)端壁垂直时进路纵剖面; (b)前倾时进路纵剖面;

(c)后倾时进路纵剖面; (d)三种端壁的进路横剖面;

1—进路;2—放矿椭球体;3—废石漏斗。

图7-8 端部放矿时矿岩移动规律

7.4.3 放矿管理

崩落法是在覆盖岩石下出矿的,因此,放矿管理是控制矿石损失率和贫化率的重要一环。所谓放矿管理是指规定不同漏斗或进路放矿顺序及放矿量的放矿方案和放矿制度。

（1）放矿截止品位

废石漏斗形成后，开始逐步混入废石，放矿品位逐渐降低，达到放矿截止品位时即停止放矿。放矿截止品位是使用崩落法的每个漏斗或进路当次（瞬时）停止放矿时的矿石极限品位，此品位是采选盈亏平衡点对应的临界品位。放矿截止品位是选矿所允许的最低入选品位，是影响矿山经济效益的重要指标。放矿过程中，应适时监测、化验出矿品位，到达截止品位后应立即停止出矿作业，此时留在采场内的矿石将永久性损失。

（2）端部放矿矿石损失

无底柱分段崩落法进路出矿品位降低到截止品位停止出矿后，在相邻的进路间留下脊部矿石堆积，这堆积中的大部分矿石能在下分段回采时回收，只有部分放不出来成为脊部损失〔见图 7-9（a）〕；同时，在进路的正面还留下被废石覆盖的正面矿石堆积，这堆积(是崩矿层厚度大于出矿设备铲斗的铲取深度所致)中的大部分矿石在下分段不能回收而成为正面损失〔见图 7-9（b）〕，即使少部分能回收的，贫化也极大。因此，应尽量避免正面损失。

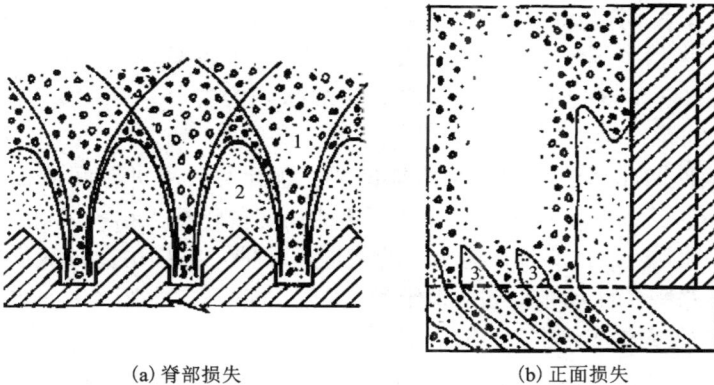

(a) 脊部损失　　　　　　　　　　　(b) 正面损失

1—废石漏斗；2—进路侧边脊部损失；3—进路正面损失。

图 7-9　端部放矿损失

（3）放矿方案

按照矿岩界面的下降状态，放矿方案有水平放矿和倾斜放矿两种。水平放矿是指调整漏斗或进路放矿顺序及放矿量，使矿岩接触面呈水平状态均衡下降；倾斜放矿是指调整漏斗或进路放矿顺序及放矿量，使矿岩接触面呈斜线均衡下降。

（4）放矿制度

放矿制度是实现放矿方案的手段。根据不同的放矿顺序、一次放矿量和放矿方案，放矿制度有顺序等量均匀放矿、顺序不等量均匀放矿和依次放矿三种。顺序等量均匀放矿是指漏斗或进路按一定顺序依次放出等量的矿石，周而复始，直至漏斗或进路达到截止品位；顺序不等量均匀放矿是指漏斗或进路按一定顺序依次放出不等量的矿石，周而复始，直至漏斗或进路达到截止品位；依次放矿是指漏斗或进路按一定顺序依次放出全部矿石。由于依次放矿矿岩接触面不能保证均衡下降，矿石损失率和贫化率较大，故生产中多采用前两种放矿方案。顺序等量均匀放矿和顺序不等量均匀放矿都是以矿岩接触面呈水平或倾斜均衡下降为目的，根据漏斗或进路距上下盘的位置，确定各漏斗或进路每个循环放出矿量。

(5)放矿图表

放矿图表是执行放矿制度的措施和指导放矿的依据。通过图表可以及时掌握放矿过程中矿岩界面的空间形状、位置及品位变化，借此分析漏斗或进路发生过早贫化和纯矿石量回收量少等放矿异常原因，并及时采取相应措施。

7.4.4 放矿理论在无底柱分段崩落法设计中的应用

放矿理论在无底柱分段崩落法设计中的重要应用在于：可基于放矿椭球体及松动椭球体理论优化选择采场结构参数。

(1)分段高度

根据放矿理论得知，为了使贫化开始前纯矿石回收量最多，对无底柱分段崩落法采场而言，应使两相邻分段上回采进路在空间上呈菱形布置，使两相邻回采进路的侧壁正好与最大纯矿石放出体相切。这时，最大纯矿石放出体的短轴长度正好等于回采进路间矿柱的宽度，而它的长轴长度加上2/3进路高度称为极限高度。极限高度是无底柱分段崩落法分段高度确定的主要依据之一，合理的分段高度应为极限高度的一半。如某矿经现场测定和理论分析，椭球体长半轴 a 的取值范围是10.28~10.70 m，而其进路高度为2.8 m，故合理的分段高度取值范围：10.28+2/3×2.8~10.70+2//3×2.8＝12.15~12.57 m。

(2)回采进路间距

按放矿理论应使两相邻进路间距尽可能减小，直到两回采进路间矿柱宽度等于进路宽度，形成所谓"筒仓式"崩落矿石多面体放矿，此种状态贫化损失指标最好，但这一般是不可能实现的，因为间距越小，进路地压越大，进路越难维护。根据国内外无底柱分段崩落法实施经验，要保持进路间矿柱具有足够的稳定性，矿柱宽度不应小于4 m。如某矿经现场测定和理论分析，放出椭球体短半轴 b 的取值范围是2.95~3.98 m，进路宽度 $M＝3.5$ m，根据最优回采进路间距经验公式：$L＝2b/1.2+M＝8.42~10.13$ m，即回采进路间距以8~10 m为宜。

(3)崩矿步距

崩矿步距是回采过程的重要指标。如前所述，步距过大时，岩石从顶面混入，截止放矿时在进路端面前残留较大的端部损失（正面损失）；反之，步距过小时，正面岩石混入后将崩落矿石截断为上、下两部分，导致上部矿石尚未放出时已达截止品位停止放矿。因此，其值过大或过小都会造成矿石损失和贫化的增大。根据椭球体理论，最优放矿步距应为：

$$Y = a\tan\theta + 0.77b \tag{7-1}$$

如某矿理论分析，周偏角 $\theta＝3°$，因此，最优放矿步距为2.23~3.11 m。合理崩矿步距一般比放矿步距小0.5 m，因此，该矿山崩矿步距以1.7~2.6 m为宜，即每次爆破1~2排炮孔。

思考题

1. 崩落法的典型特征和适用条件分别是什么？
2. 为什么崩落法转充填法势在必行？
3. 论述无底柱崩落法的优缺点及发展方向。
4. 论述自然崩落法的优缺点及发展方向。
5. 如何降低崩落采矿法放矿过程中矿石的损失贫化？

第8章 矿床开拓

要开发地下矿产资源，需从地表掘进一系列的井巷工程通达矿体，使地面与井下构成一个完整的提升、运输、通风、排水、供水、供电、供风（压气动力）和充填系统（俗称矿山生产八大系统），以便把人员、材料、设备、充填料、动力和新鲜空气送到井下，以及将井下的矿石、废石、废水和污浊空气等提运或排出到地表。这些工作的总称称为矿床开拓，其间形成的井巷及硐室工程称为开拓工程。

8.1 概述

1.开拓工程

矿山常见开拓工程包括：

（1）井筒

井筒是指长度方向具有一定倾角的垂直或倾斜坑洞，分别称为竖井和斜井。竖井断面形状有圆形、方形和矩形，以圆形最为常见；斜井则多为拱形。地面有出口的井筒称明竖井或明斜井，地面没有出口的则称为盲竖井、盲斜井。斜井可分为胶带运输斜井、串车斜井和行走无轨设备的斜坡道。井筒分为主井、副井和其他辅助井筒，主要提升矿石的井筒称为主井，提升人员、设备、材料，并兼作进风作用的井筒称为副井，其他辅助井筒则包括溜矿井、泄水井、通风井等。

（2）水平巷道或坑道

水平巷道是指沿长度方向基本呈水平布置的地下坑道，包括平硐（地面有出口的水平巷道）、阶段运输巷道、石门（连接井筒与运输巷道的水平坑道）、井底车场、其他辅助巷道等。

（3）硐室

硐室是指长、宽、高三个方向尺寸相差不大的专用坑道，如井下破碎硐室、水泵房、炸药库以及其他各种辅助硐室。

如表8-1所示，开拓工程按照其在矿床开采中所起的作用，可分为主要开拓工程和辅助开拓工程两大类。前者是指起主要提升运输（矿石）作用的开拓井硐；后者是指起其他辅助提升、运输（人员、材料、设备和废石）、通风、排水、充填等作用的开拓井硐与其他开拓巷道。

表 8-1　开拓工程分类表

井巷类型	井筒	巷道	硐室
主要开拓工程	1. 主井 2. 主斜坡道 3. 主溜井	1. 主平硐 2. 主要运输巷道 3. 主要运输石门 4. 井底车场	1. 坑内破碎硐室 2. 坑内卷扬机硐室 3. 坑内卸载硐室 4. 矿仓及转载硐室
辅助开拓工程	1. 副井 2. 通风井 3. 专用排水井	1. 非主运输巷道 2. 回风巷道 3. 充填巷道 4. 排水巷道	1. 水泵房 2. 修理硐室 3. 避灾硐室 4. 井下值班室 5. 变电硐室 6. 炸药库等 7. 通风机硐室

2. 矿床开拓方法分类

矿床开拓方法分为单一开拓法和联合开拓法两大类。前者是指整个井田用一种类型的主要开拓巷道(配以其他必要的辅助开拓巷道)的开拓方法,按主要开拓巷道形式不同,又分为平硐开拓、竖井开拓、斜井开拓和斜坡道开拓;后者是在不同深度分别采用两种及以上主要开拓巷道(配以其他必要的辅助开拓巷道)的开拓方法,如上部采用平硐开拓,下部采用盲竖井(或盲斜井)开拓等。矿床开拓方法及典型开拓方案如表 8-2 所示。

表 8-2　矿床开拓方法及典型开拓方案表

开拓方法		典型开拓方案
单一开拓法	1. 平硐开拓法	1. 沿矿体走向平硐开拓法 2. 垂直矿体走向下盘平硐开拓法 3. 垂直矿体走向上盘平硐开拓法
	2. 竖井开拓法	1. 下盘竖井开拓法 2. 上盘竖井开拓法 3. 侧翼竖井开拓法
	3. 斜井开拓法	1. 脉内斜井开拓法 2. 下盘斜井开拓法 3. 侧翼斜井开拓法
	4. 斜坡道开拓法	1. 螺旋式斜坡道开拓法 2. 折返式斜坡道开拓法 3. 直线式斜坡道开拓法
联合开拓法	1. 平硐与井筒联合开拓法 2. 明井与盲井联合开拓法 3. 平硐或井筒与斜坡道联合开拓法	1. 平硐与明(盲)竖井联合开拓法 2. 平硐与明(盲)斜井联合开拓法 3. 竖井与斜坡道联合开拓法

8.2 单一开拓方法

1.平硐开拓法

当矿体全部或大部分位于当地地平面以上时,为节约基建费用、缩短基建时间,可采用平硐开拓法。平硐开拓法是自地表掘进水平巷道(平硐)作为矿山主要运输通道的矿体开拓方法。用平硐开拓井田时,主平硐水平以上各个阶段所采出的矿石,通过溜井下放到主平硐水平,通过电机车牵引矿车或汽车或胶带运输机将矿石运至地面。由于平硐直接与地表相通,故主平硐以上涌水一般采用自流方式,沿平硐排出,因此,平硐一般有3‰~5‰的坡度,以利行车和自流排水。

根据矿体和山坡的相对倾斜位置,平硐开拓有如下3种布置方案:

(1)沿矿体走向平硐开拓法

当矿体侧翼沿山坡展布时,沿矿体走向掘进平硐进行开拓的方法,称为沿矿体走向平硐开拓法。由于采用此种布置时,矿体一般距山坡较近,故平硐大多采用脉内布置(见图8-1),并留设必要的保安矿柱。如果矿体厚度较大且稳固性较差,则可将平硐布置在矿体下盘围岩中。

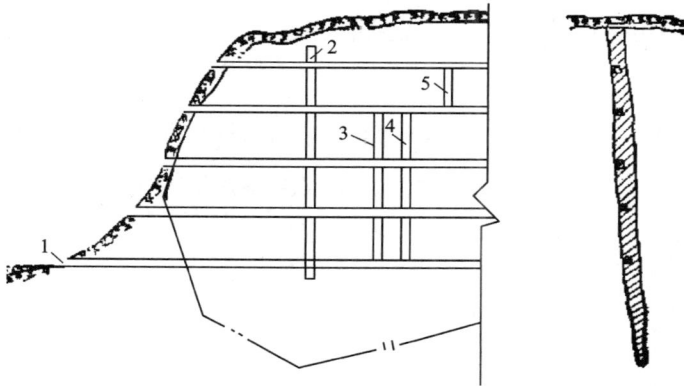

1—主平硐;2—辅助盲竖井;3—矿石主溜井;4—废石主溜井;5—采场溜井。

图8-1 沿矿体走向平硐开拓示意图

(2)垂直矿体走向下盘平硐开拓法

当山坡和矿脉倾斜方向相反时,一般在矿体下盘掘进平硐开拓矿床,称为垂直矿体走向下盘平硐开拓法。如图8-2所示,平硐掘进至矿体后,沿矿体走向布置阶段运输巷道。对于多中段平硐开拓,一般将最低水平平硐作为主平硐,最高水平平硐作为回风平硐,中间为辅助平硐。各阶段采下的矿石通过电机车牵引矿车或直接用铲运机卸入主溜井,通过主平硐运出。如果矿山采用有轨运输,则可在最低水平只设1条主平硐,既可运输矿又可行人(但必须保证矿山有2个以上安全出口);如果采用无轨运输,则一般设置1条主平硐运输矿石,另设置 1 条副平硐，运送人员并通行无轨设备。

（3）垂直矿体走向上盘平硐开拓法

当山坡和矿脉倾斜方向相同时，一般在矿体上盘掘进平硐开拓矿床，称为垂直矿体走向上盘平硐开拓法。如图 8-3 所示，与下盘平硐开拓其他主要井巷工程一般布置在平硐同侧（下盘）不同，上盘平硐开拓主平硐一般需穿过矿体，以便将阶段运输巷道、主溜井等布置在下盘，以降低因矿体开采对这些井巷工程的影响程度。垂直矿体走向平硐开拓，因平硐同时可起到补充勘探作用，且矿石转运方便，故应尽量采用平硐垂直矿体走向布置。

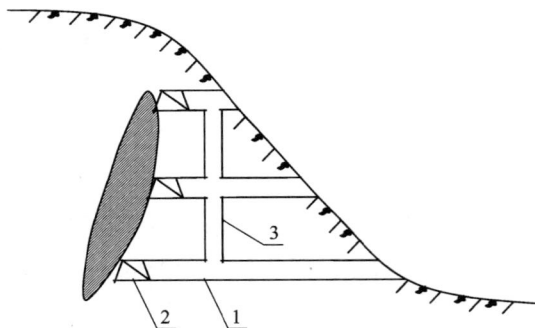

1—主平硐；2—阶段运输平巷；3—溜矿井。

图 8-2　垂直矿体走向下盘平硐开拓示意图

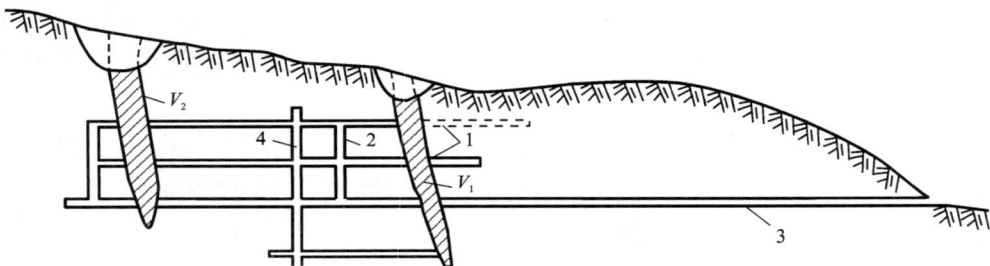

1—阶段平硐；2—溜矿井；3—主平硐；4—辅助盲竖井；V_1、V_2—矿体编号。

图 8-3　垂直矿体走向上盘平硐开拓示意图

2. 竖井开拓法

矿体埋藏在地平面以下，无法采用平硐开拓时，则需采用竖井、斜井或斜坡道开拓。与斜井开拓、斜坡道开拓相比，竖井提升能力大，自动化程度高，维护方便，故竖井开拓在矿山开拓中得到广泛应用。竖井开拓的适宜应用范围为埋藏在地平面以下的倾斜、急倾斜矿床，或者埋深较大的缓倾斜，甚至水平矿床。用竖井开拓时，为提高提升效率，一般设置一个主提升水平，主提升水平以上的各个阶段所采出的矿石，通过溜井下放到主提升水平矿仓，破碎至合格块度后，通过罐笼或箕斗竖井提升至地表。

（1）竖井形式

大中型矿山一般采用主副多竖井形式，主井布置箕斗或罐笼提升矿石，副井布置罐笼提升人员、材料、设备和废石，并作为进风井和安全出口。部分矿山采用在井筒内同时布置箕斗和罐笼两种提升容器的混合竖井。与主副井形式相比，混合井具有箕斗和罐笼提升的双重优势，工程量少，地表工业场地集中，管理方便。混合井可采用箕斗、罐笼独立提升（两套提升系统，分别提升箕斗和罐笼）和箕斗、罐笼混合提升（一套提升系统，箕斗、罐笼串联提升，或者箕斗、罐笼互为配重并联提升)两种提升方式。

（2）下盘竖井开拓

将竖井布置在矿体下盘岩层移动带之外，通过石门通达矿体的开拓方法称为下盘竖井开拓（见图 8-4）。因下盘竖井开拓具有如下明显的优势，故条件允许时应优先选用该法：

①竖井保护条件好，无须留设保安矿柱，不压矿。

②采用下行式开采顺序时，上部石门较短，基建时间短。

下盘竖井开拓的主要缺点是，随着开采深度的增加石门长度增加，尤其矿体倾角较小时，该问题更为明显，故该开拓方法最适宜开采埋藏在地平面以下的急倾斜矿体。

（3）上盘竖井开拓

将竖井布置在矿体上盘岩层移动带之外，通过石门通达矿体的开拓方法称为上盘竖井开拓（见图 8-5）。由于上盘岩层移动角普遍小于下盘移动

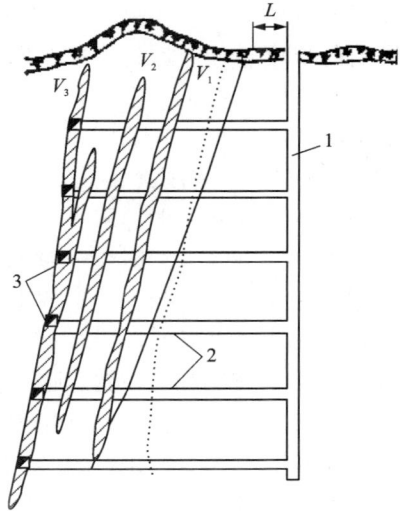

1—竖井；2—石门；3—阶段平巷。

图 8-4 下盘竖井开拓示意图

角，故与下盘竖井相比，上盘竖井离矿体更远，上部阶段石门更长，基建时间长，初期投资大，且井筒、石门等开拓工程保护条件差，故仅当由于特殊原因，不宜在下盘布置竖井时，才采用上盘竖井开拓。具体条件如下：

①地形原因难以布置下盘竖井。

②上盘开拓使地表及厂区外部运输联系更为便利，运输成本更低。

③下盘水文地质与工程地质复杂或地表有河流、湖泊、铁路等。

（4）侧翼竖井开拓

为减小井下矿石运输功，上、下盘竖井一般布置在矿体中央部位。如果由于地形原因，只有矿体侧翼才能布置井筒及其地表工业场地，则称为侧翼竖井开拓。如果竖井布置在上盘侧翼，则称为上盘侧翼竖井开拓；反之，如果布置在下盘侧翼，则称为下盘侧翼开拓（见图 8-6）。侧翼开拓的主要缺点是井下进行单向运输，运输功大；回采工作线也只能单向推进，掘进与回采强度受限制。

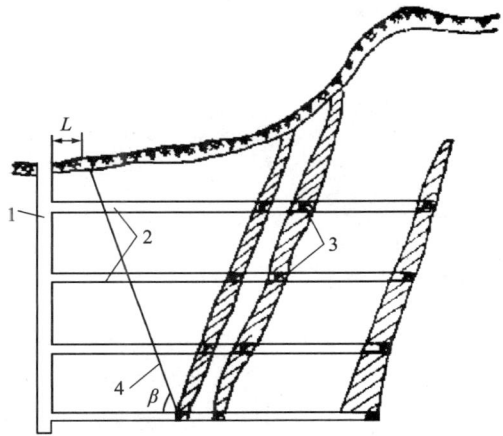

1—竖井；2—石门；3—阶段平巷；4—上盘岩层移动界线。

图 8-5 上盘竖井开拓示意图

3. 斜井开拓法

对于缓倾斜矿体,如果采用竖井开拓,则石门长度过长,此时可采用斜井开拓。采用斜井开拓时,根据斜井倾角不同,采用不同的提运矿石设备:当斜井倾角大于30°时,采用箕斗提升矿石;当斜井倾角为18°~30°时,采用串车提升;当斜井倾角小于18°时,一般采用皮带运输机运矿。斜井与水平运输巷道之间可以用吊桥、甩车道联结。

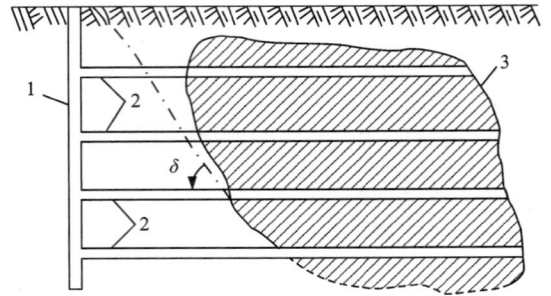

1—竖井;2—石门;3—矿体。

图 8-6　侧翼竖井开拓示意图

按斜井与矿体的相对位置,通常有脉内斜井开拓、下盘斜井开拓和侧翼斜井开拓 3 种方案。如图 8-7 所示,下盘斜井开拓是最常见的斜井开拓方式,具有石门短、基建工程量少、投产快、无须留设保安矿柱等优点。因地质和地表地形条件限制或因矿石运输方向要求,在矿体一翼布置斜井比较方便时,可考虑采用将斜井布置在一翼的侧翼斜井开拓方案。

4. 斜坡道开拓法

随着无轨设备(如凿岩台车、铲运机、服务台车、运输汽车)在地下矿山的大量使用,斜坡道在部分大中型矿山成为一种主要的开拓巷道。各种无轨车辆可以通过斜坡道直接从地表驶入地下,或从一个中段驶入另一个中段。利用斜坡道开拓整个井田的开拓方法称为斜坡道开拓(见图 8-8)。

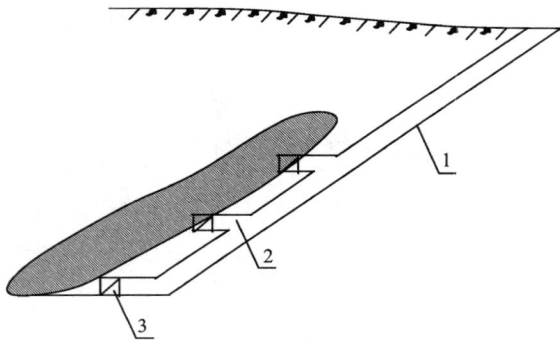

1—斜井;2—吊桥与甩车道;3—水平运输巷。

图 8-7　下盘斜井开拓示意图

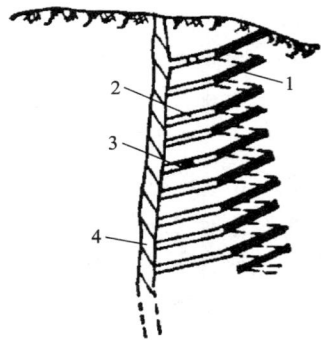

1—螺旋式斜坡道;2—石门;3—阶段平巷;4—矿体。

图 8-8　斜坡道开拓示意图

根据斜坡道用途,可分为主斜坡道和辅助斜坡道。前者直通地表,作为无轨设备出入地表的主要通道,并兼通风和辅助运输之用,属开拓工程(见图 8-9);后者是连接阶段间,供无轨设备在不同阶段间转移的通道,可作为采准工程。是否需要设置主斜坡道,视具体情况而定,有的采用无轨设备的矿山,不设主斜坡道,仅在阶段间设置辅助斜坡道。不设主斜坡道的矿山无轨设备通过副井拆解下放,井下组装,无轨设备大修亦在井下进行。

图 8-9 直通地表斜坡道硐口布置图

根据运输线路不同,斜坡道分为直线式、螺旋式[见图 8-10(a)]和折返式[见图 8-10(b)]3 种。受斜坡道坡度、开口与矿体相对位置关系的限制,直线式斜坡道仅用于开拓埋藏较浅的矿床、缓倾斜矿床或作为辅助开拓巷道用于阶段间的联络。与螺旋式斜坡道相比,折返式斜坡道具有容易开掘(测量定向容易,无路面外侧超高)、司机视野好、行车安全、车辆行驶平稳、轮胎磨损小、路面容易维护等优点,因此得到广泛采用。无轨运输的斜坡道,应设人行道或躲避硐室。行人的无轨运输水平巷道应设人行道。人行道的有效净高应不小于 1.9 m,有效宽度不小于 1.2 m。躲避硐室的间距在曲线段不超过 15 m,在直线段不超过 30 m。躲避硐室的高度不小于 1.9 m,深度和宽度均不小于 1.0 m。躲避硐室应有明显的标志,并保持干净、无障碍物。除少量仅设置斜坡道作为矿石主运输通道的矿山外,大部分设有斜坡道的矿山,将斜坡道作为辅助开拓工程,与其他主要开拓井筒,如竖井、斜井等配合使用。主要运送矿石的斜坡道坡度一般不大于 10%,运输人员、设备的斜坡道坡度一般不大于 15%,对于阶段间的辅助斜坡道坡度可适当加大,但必须满足无轨设备的爬坡能力要求。

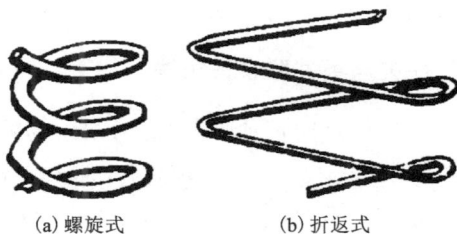

(a) 螺旋式   (b) 折返式

图 8-10 斜坡道的形式

8.3 联合开拓方法

不少矿山根据矿床赋存条件、地形地貌特征、勘探程度、机械化程度、矿山生产能力的具体情况,因地制宜地选择联合开拓方法,互补单一开拓方法的不足。

1. 平硐与井筒(竖井或斜井)联合开拓法

平硐开拓的矿山,如果在平硐水平以下仍有矿体,则需要竖井或斜井(包括盲竖井、盲斜井)进行下部矿床的开拓。图 8-11 为新冶铜矿平硐与盲竖井联合开拓示意图。+260 m 以上水平采用平硐开拓，+260 m 以下则采用盲竖井开拓。平硐与明井筒联合开拓时，平硐提升、运输、排水等系统与明井筒相互独立；但平硐与盲井筒联合开拓时，地平面以下矿石需通过盲竖井或盲斜井提升到主平硐中，通过主平硐运输系统转运至外部矿仓或选厂。深部涌水也利用排水设施排至主平硐，自流出地表。

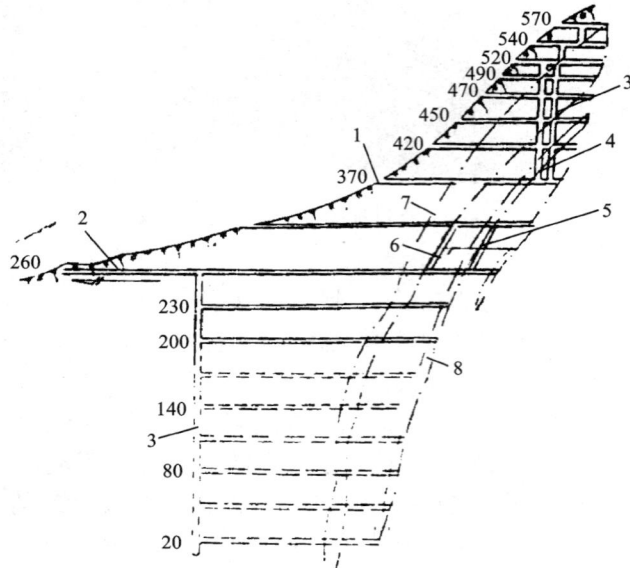

1—370 平硐；2—260 平硐；3—盲竖井；4—辅助竖井；5—溜矿井；6—斜溜井；7—520 号矿体；8—420 号矿体。

图 8-11　新冶铜矿平硐与盲竖井联合开拓法示意图

2. 明井与盲井联合开拓法

对于矿体走向长、延伸大的矿床，为减少基建投资和基建工程量，尽快投产、达产，一般采用分期开采。如一期工程采用竖井开拓，到深部二期(甚至三期)工程时，有两种开拓方案，一是原明井原位延伸；二是采用盲竖井与原明竖井构成联合开拓。虽然明竖井与盲竖井联合开拓可以保证原竖井不停产条件下进行盲竖井掘砌和安装，并可缩短深部石门长度(见图 8-12)，但由于存在如下缺点，设计时应做全面比较，只有在与明井原位延伸相比具有明显优势时，才建议采用此种联合开拓方式：

①明井、盲井都需要单独的提升设施，盲井提升设备安装在井下，硐室工程量大，所需提升司机、信号工等人员多。

②需要增加阶段矿石转载系统与设施，管

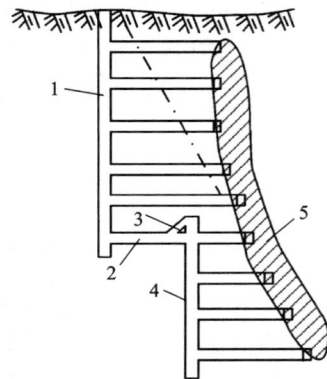

1—明竖井；2—石门；3—提升机硐室；
4—盲竖井；5—矿体。

图 8-12　明竖井与盲竖井联合开拓示意图

理复杂,效率受到影响。

③人员、材料、设备需转运,影响工效。

3.平硐或井筒与斜坡道联合开拓法

随着无轨设备的大量使用,许多矿山开始在平硐或井筒开拓之外,另行施工一条斜坡道,作为无轨设备运行通道,从而构成平硐或井筒与斜坡道联合开拓法。图8-13为加拿大Creighton铜镍矿竖井与斜坡道联合开拓示意图。

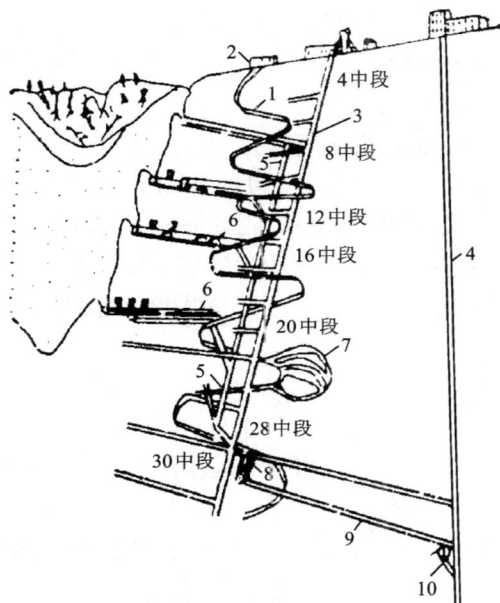

1—斜坡道;2—斜坡道口;3—通风井;4—箕斗井;5—主溜矿井;6—通行无轨设备的阶段运输巷道;
7—井下车库及修理硐室;8—破碎转运设施;9—胶带运输机;10—计量硐室。

图8-13 加拿大Creighton铜镍矿竖井与斜坡道联合开拓示意图

8.4 矿床开拓方案选择

矿床开拓方案选择是矿山总体设计的重要内容之一,与矿山总体布置,提升、运输、通风、排水、供水、供电、供气、充填等生产系统,矿床赋存条件,矿山生产能力,采矿方法等密切相关。

1.基本要求

①确保良好的劳动卫生条件和生产安全条件。

②技术可靠,生产能力满足当前要求并充分考虑未来矿山扩能的可能性。

③基建工程量小,投资少,投产、达产快,经济效益好。

④不留或少留保安矿柱,尽量不压矿,以减少矿石损失。

⑤工业场地布置紧凑,外部运输条件好,尽量少占农田。

⑥保证矿山有两个以上独立的可直达地表的安全出口。

2. 影响开拓方案选择的主要因素

①地表地形条件:矿床赋存在山岳地带,且埋藏在当地地平面以上时,可考虑采用平硐开拓;若部分在当地地平面以上,部分埋藏在地面以下时,可考虑采用平硐与井筒或斜坡道的联合开拓。

②矿体倾角:倾角在15°以下,倾斜较长时可采用斜井胶带运输机、矿车组斜井或斜坡道开拓;20°~50°矿床多采用斜井开拓;0°~15°或50°~90°时多采用竖井开拓。上述倾角范围仅为一般性开拓方式选择的参考。

③开采深度:矿体埋藏较深时,宜采用竖井开拓。

④矿山生产能力:大型矿山多采用箕斗竖井、混合竖井或胶带运输机斜井运送矿石;中小型矿山则多用罐笼竖井、混合竖井、矿车组或胶带运送机斜井、汽车斜坡道运送矿石。

⑤岩层移动带范围:岩层移动带直接影响地表工业场地布置。

⑥矿岩稳固性和水文地质条件:影响主要开拓井巷位置选择,如上、下盘或侧翼布置。

3. 平硐与井筒的比较

与井筒(竖井、斜井)相比,平硐开拓有如下优点:

①平硐运输比井筒提升简单、安全、可靠,运输能力大,主平硐以上各阶段的矿石通过溜井下放到主平硐水平,运矿费用低。

②主平硐以上各阶段的涌水可通过天井或钻孔下泄至主平硐水平,经水沟自流排到地表,无须安装排水设备和施工相应的硐室,排水费用低。

③不需要提升设备及提升机房或硐室,也不需要建筑井架或井塔,没有复杂的井底车场巷道。

④施工简单,掘进速度快,基建时间短。

⑤如果主平硐以下还有矿体,则从平硐进行深部开拓,这样对上部生产基本上没有干扰。因此,在条件允许的情况下(如山坡地形便于施工平硐,平硐口有足够工业场地等),应优先考虑采用平硐开拓。

4. 斜井与竖井的比较

斜井与竖井比较,具有以下特点:

①斜井容易靠近矿体,所需石门短,可以减少开拓工程量,缩短地下运输距离,减少新水平的准备时间。

②斜井施工简单,成井速度快。

③斜井提升能力小,提升费用高,提升容器容易掉道、脱钩,提升可靠性差(皮带运输机提升除外)。

④开拓深度相同时,斜井长度比竖井大,所需的提升钢丝绳和各种管线长,排水等成本高。

⑤斜井与各水平运输巷道连接形式复杂，管理环节多。

因此，斜井开拓适宜于埋藏浅，厚度、延伸和长度较小的倾斜和缓倾斜矿体；竖井开拓适宜于埋藏浅的大、中型急倾斜矿体，埋藏深度较大的水平或缓倾斜矿体，埋藏深度和厚度较大的倾斜矿体和走向很长的各种厚度的急倾斜矿体。

5. 斜坡道与其他主要开拓井巷工程的比较

与竖井和斜井相比，斜坡道具有施工相对简单，可以通行无轨设备等优点；但由于斜坡道坡度所限，同等井深条件下，斜坡道长度较长，通行柴油设备存在污染问题。

当采用平硐开拓时，阶段之间可由斜坡道连通，省去人行天井、设备井等盲井筒工程。

6. 选择步骤

矿床开拓方案选择一般经过方案初选和详细经济技术比较两个步骤，最终确定最优的矿床开拓方案。

方案初选阶段，应详细分析矿床地质资料，根据矿床赋存条件、工程及水文地质条件、矿床勘探程度、矿石品位及储量、内外部运输条件、地形地貌特征、拟采用的采矿方法、设计的生产能力等因素，经现场踏勘，拟定若干个可能的开拓方案，经初步分析剔除存在明显缺陷的方案，预留2个或3个可行方案进行详细经济技术比较。

详细经济技术比较应重点考虑基建工程量、基建投资、基建时间、所能达到的生产能力、提升运输费用、建设条件等，最终确定最优开拓方案。

7. 矿山分期开拓

分期开拓是减少矿山初期投资，加快建设速度、降低开采成本的有效措施，被很多矿山所采取。分期开拓可分为沿矿体走向分期和沿倾向分期两种方式。前者实际上是将矿床划分为几个井田，各期之间的连接与过渡较为简单；后者为同一井田各期工程之间的过渡，较为复杂，相互之间容易受到影响。分期开拓的深度和范围必须经过详细经济技术比较才能确定，而且前期工程设计过程中，应充分考虑与后期工程的衔接问题。

8.5　现代化矿山典型开拓方案

8.5.1　竖井与斜坡道联合开拓系统

针对于矿体埋藏（或延伸）较深或生产能力较大的矿山，采用竖井作为主要开拓井筒，以满足大能力和高效率的矿石提升需求；联合斜坡道作为辅助开拓井巷，为其他生产系统布设、机械化采掘设备和人员通行提供便利，从而可以有效简化矿山生产系统布设、加强中段分段联络、提高机械化装备水平，已成为现代化矿山的典型矿床开拓方案之一。

滦州田兴铁矿有限公司属典型的"鞍山式"大型沉积变质铁矿床，包括南矿段和大贾庄两个矿段，铁矿石总地质储量 14.5 亿 t，设计生产能力 1500 万 t/a。区内有 5 条层状、似层状产出的主矿体，倾角 30°~60°、厚度 10~200 m，埋藏深度 0~100 m、但延伸深度超过 1000 m。如图 8-14 所示，为满足超大规模地下开采的矿石提升需求，布置了 3 条斗容为 20 m³ 的双箕斗主井，3 条配置双层罐笼的副井；为满足大型潜孔钻机、凿岩台车和铲运机的通行需求，布置了 1 条贯通地表的辅助斜坡道，作为矿山的安全出口和进风通道。

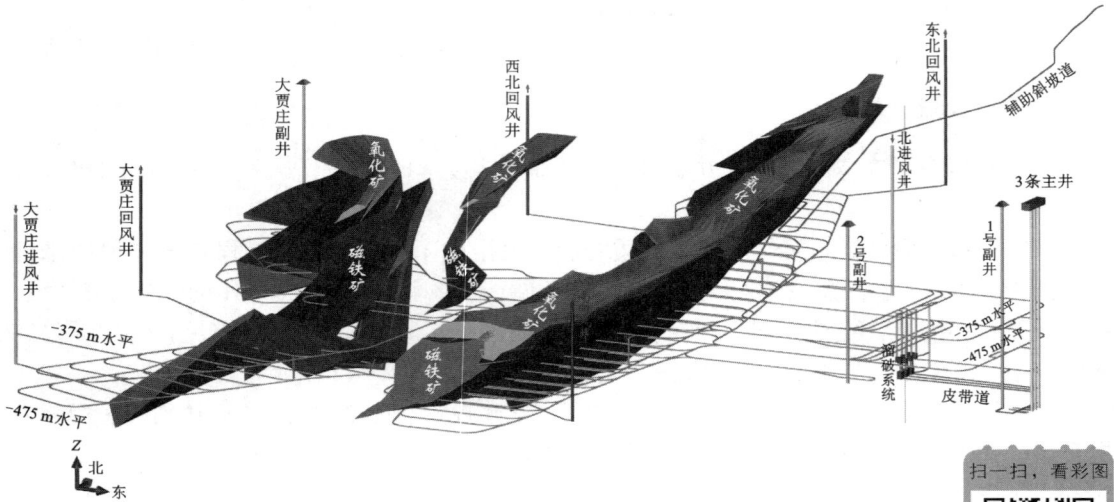

图 8-14 滦州田兴铁矿竖井与斜坡道联合开拓系统立体图

8.5.2 斜井与斜坡道联合开拓系统

针对于矿体埋藏较浅、生产能力较大的缓倾斜或微倾斜矿床，采用胶带斜井作为主要开拓井筒，以满足大能力和高效率的矿石提升需求；联合斜坡道作为辅助开拓井巷，为其他生产系统布设、机械化采掘设备和人员通行提供便利，从而可以有效简化矿山生产系统布设、加强中段分段联络、提高机械化装备水平，已成为微倾斜和缓倾斜矿山的典型矿床开拓方案之一。

宜昌诚信工贸有限责任公司孙家墩磷矿属典型的沉积型矿产，矿山保有矿石储量 4234 万 t，设计生产能力 80 万 t/a。区内主矿体呈层状产出，倾角 4°~10°、厚度 1~15 m，走向长度 2500 m、倾向宽度 400~980 m、埋藏深度 200~450 m。如图 8-15 所示，为减少微倾斜矿床的开拓工程量并提高矿石提升效率，布置了 1 条倾角为 14° 的皮带主斜井，采用钢绳芯胶带输送机运输矿石；为满足大型凿岩台车和铲运机的通行需求，布置了 1 条贯通地表的辅助斜坡道，作为矿山的安全出口和进风通道。

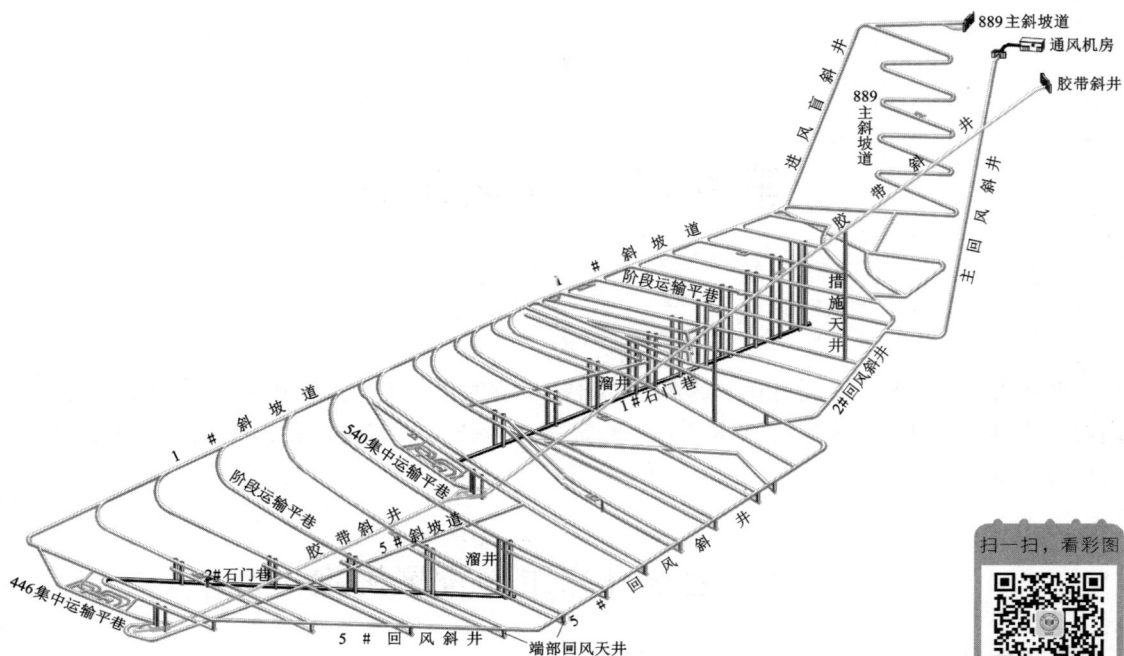

图 8-15 孙家墩磷矿皮带斜井与斜坡道联合开拓系统立体图

思考题

1. 论述平硐开拓的优缺点和适用条件。
2. 对比分析斜井开拓和竖井开拓的优缺点。
3. 对比分析斜井开拓和斜坡道开拓的优缺点。
4. 适用于深井大规模开采的开拓系统方案有哪些？
5. 论述矿床开拓方案选择的原则和步骤。

第9章 开拓工程

开拓方案确定后，主要开拓工程和辅助开拓工程的设计就成为矿山开拓系统设计的主要内容。必须结合地质、采矿等技术条件，确定主要开拓工程和辅助开拓工程的类型、位置、规格等关键参数。

9.1 主要开拓工程位置确定

1. 主要开拓工程位置确定应考虑的因素

主要开拓井巷是矿山的咽喉工程，其位置一经确定，即不容易更改，因此，必须合理确定其位置，以保证其处于良好的地层中，不压矿，具有足够的服务年限，降低矿山经营费用。

（1）在安全带以外

开采作业打破了采空区周围岩石的原始平衡状态，引起周围岩石的变形、破坏和崩落，并最终导致地表发生移动和陷落。地表产生陷落和移动的地带，分别称为陷落带和移动带，如图 9-1 所示。采空区底部与地表陷落带或移动带边界的连线和水平面的夹角称为岩石的陷落角或移动角，其大小与岩石的性质、矿体倾角与厚度、采矿方法和开采深度等有关。

地面主要建（构）筑物应布置在岩石移动带一定范围（称为安全带）以外。否则，就要在其下部留一部分矿体作为保安矿柱。主要建（构）筑物保护等级及距移动带的安全距离如表 9-1 所示。一般来讲，上盘移动角小于下盘移动角，而走向端部的移动角最大。由于移动角越小，其移动带范围越大，因此，矿山主要建（构）筑物及开拓巷道一般布置在矿体下盘或侧翼。岩层移动角可以类比同类型矿山选取，也可参考表 9-2 的概略值。

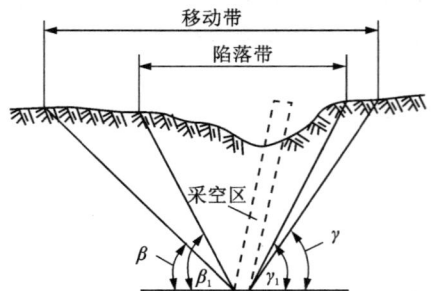

γ—下盘岩石移动角；γ_1—下盘岩石陷落角；
β—上盘岩石移动角；β_1—上盘岩石陷落角。

图 9-1 陷落带和移动带

表 9-1　主要建(构)筑物及开拓工程保护等级及距移动带的安全距离

保护等级	主要建(构)筑物及开拓巷道名称	安全距离/m
Ⅰ	国务院明令保护的文物、纪念性建筑;一等火车站,发电厂主厂房,在同一跨度内有 2 台重型桥式吊车的大型厂房,平炉,水泥厂回转窑,大型选矿厂主厂房等特别重要或特别敏感的、采动后可能导致发生重大生产、伤亡事故的建筑物、构筑物;铸铁瓦斯管道干线,高速公路,机场跑道,高层住宅;竖(斜)井、主平硐,提升机房,主通风机房,空气压缩机房等	20
Ⅱ	高炉,焦化炉,220 kV 及以上超高压输电线路杆塔,矿区总变电所,立交桥,高频通信干线电缆;钢筋混凝土框架结构的工业厂房,设有桥式起重机的工业厂房,铁路矿仓,总机修厂等重要的大型工业建筑物和构筑物;办公楼、医院、剧院、学校、百货大楼;二等火车站,长度大于 20 m 的 2 层楼房和 3 层以上住宅楼;输水管干线和铸铁瓦斯管道支线;架空索道,电视塔及其转播塔,一级公路等	15
Ⅲ	无吊车设备的砖木结构工业厂房,三、四等火车站,砖木、砖混结构平房或变形缝区段小于 20 m 的 2 层楼房,村庄砖瓦民房;高压输电线路杆塔,钢瓦斯管道等	10
Ⅳ	农村木结构承重房屋,简易仓库等	5

表 9-2　岩层移动角概略值

岩石名称	上盘移动角/(°)	下盘移动角/(°)	端部移动角/(°)
第四纪表土	45	45	45
含水中等稳固片岩	45	55	65
稳固片岩	55	60	70
中等稳固致密片岩	60	65	75
稳固致密岩石	65	70	75

(2)地面地下运输功最小

运输量与运输距离的乘积称为运输功,运输费用与运输功成正比。合理的主要开拓巷道位置,应该位于地面与地下运输功最小的位置,尽量避免地面与地下出现反向运输现象。

(3)地面因素

①每个矿井应有 2 个以上独立的直达地面的安全出口,安全出口的间距应不小于 30 m;大型矿井,矿床地质条件复杂,走向长度一翼超过 1000 m 的,应在矿体端部的下盘增设安全出口。

②井口附近应有足够的工业场地,选厂应尽量利用山坡地形,以利于各选矿工序间物料可以借助重力转运。

③井口应选择在安全可靠的位置,不受洪水及滑坡等地质灾害影响,竖井、斜井、平硐口以及工业场地标高,应高于当地历史最高洪水位 1 m。

④与外部运输联系方便。

⑤不占或少占农田等。

⑥进风井应位于当地常年主导风向的上风侧,进入矿井的空气不应受到有害物质的污染;回风井应位于当地常年主导风向的下风侧,排出的污风不应对矿区环境造成危害。放射性矿山进风井与回风井的间距应大于300 m。

⑦位于地震烈度6度以上地区的矿山,主要井筒的地表出口及工业场地内主要建(构)筑物,应进行抗震设计。

(4)地下因素

主要开拓巷道穿过的地层应稳固,无流砂层、含水层、溶洞、断层、破碎带等不良地质条件,并应布置工程地质检查钻孔。斜井和平硐的工程地质检查钻孔应沿纵向布置。

2. 保安矿柱的圈定

如上所述,主要开拓工程应位于地表移动带之外;但如受具体条件限制,必须布置在地表移动带之内时,应留设足够的保安矿柱加以保护。保安矿柱的圈定,是根据建(构)筑物的保护等级所要求的安全距离,沿其四周划定保护区范围,再以保护区周边为起点,按照所选取的岩层移动角向下反向画出移动界线,此移动界线所截矿体范围即为保安矿柱。保护主要开拓井巷工程的保安矿柱一般作为永久损失不予回收;其他保安矿柱,如露天转地下境界矿柱、"三下"开采保安矿柱,如需回采必须经专题研究,采取足够安全措施后,经主管部门审批方能进行回采。保安矿柱圈定步骤(以竖井井筒保安矿柱为例,见图9-2)如下:

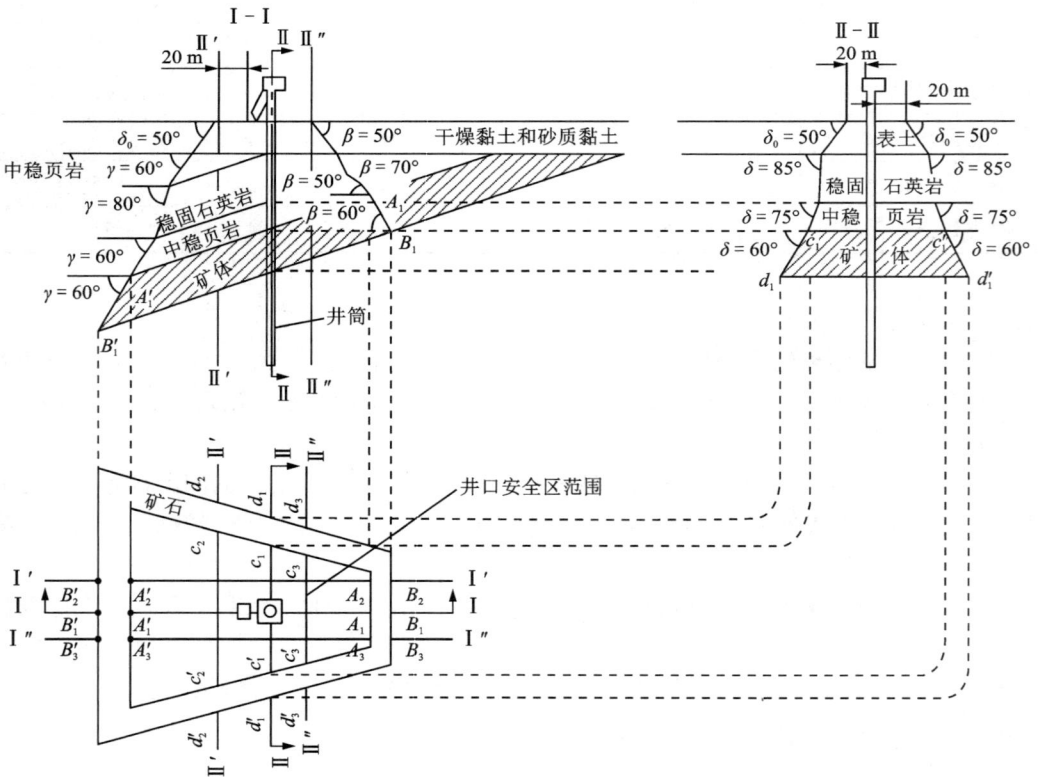

图 9-2 保安矿柱圈定方法

①根据表9-1确定需要保护的主要建(构)筑物保护等级及安全距离，类比同类型矿山并参考表9-2选定矿体及上覆各岩层的上盘移动角 β、下盘移动角 γ 和端部移动角 δ。

②以保护建(构)筑物为中心，自外檐(如竖井井壁一侧起距离20 m，另一侧自提升机房外檐起距离20 m)起，按照安全距离要求画出保护区界线。分别连接后便得到保安矿柱在平面图上的边界线。

③在沿井筒中心所做的垂直矿体走向 I – I 剖面上，井筒左侧根据下盘岩石移动角，从保护带的边界线由上向下作移动线；井筒右侧根据上盘岩石移动角从上向下作移动线，分别交矿体顶底板于点 A_1、B_1、A_1'、B_1'，这4个点就是井筒保安矿柱沿矿体倾斜方向在此剖面上的边界点。类似这样的剖面作多个，就可得到多个边界点，分别连接后便得保安矿柱在平面图上沿矿体倾斜方向的边界线。由于自地表至矿体中间可能存在不同岩性的岩石，因此，可自上而下逐层画出各岩层的移动线，下一岩层的移动线起点为上一岩层移动线的终点。

④同理，在平行走向的 II – II 剖面上按端部移动角作移动线，也可同样得到在矿体走向方向上顶底板的边界点 c_1、d_1、c_1'、d_1'，这4个点就是井筒保安矿柱沿矿体走向方向在此剖面上的边界点。类似这样的剖面作多个，就可得到多个边界点，分别连接后便得保安矿柱在平面图上沿矿体走向方向的边界线。

⑤将两个方向做出的平面边界线，分别按顶底板延接，围成的闭合图形即为整个保安矿柱的轮廓界线。

9.2　主井和副井

1. 主井和副井的布置方式

对于采用井筒(竖井、斜井)开拓的矿山，除用于提升矿石的主井作为主要开拓工程外，一般还需配置副井，用于提升人员、材料、设备和废石，并作为进风井和安全出口。在确定开拓方案时，主井、副井的位置应统一考虑，常见有两种布置方式，即主井、副井紧邻的集中布置和主井、副井间距较远的分散布置。

主井、副井集中布置的优点：

①工业场地集中，有利于节约土地，减少工业场地平整工程量。

②井底车场布置集中，生产管理方便，井下基建工程量少。

③井筒相距较近，开拓工程量少，基建时间短。

④井筒集中布置，有利于集中排水。

⑤井筒延伸时施工方便，可利用一条井筒先下掘到设计位置，然后反掘另一条井筒，加快另一条井筒延伸速度。

集中布置的主要缺点：

①两井筒相距较近，若一条井筒发生火灾，往往危及另一条井筒的安全。

②如井筒穿过岩层稳定性较差，而两井筒距离又过近时，可能存在稳定性隐患。

③主井采用箕斗提升时，扬尘可能影响副井进风质量，因此，箕斗主井口应设置收尘设施或主、副井隔离设施。

分散布置优缺点与集中布置恰好相反。因集中布置优点突出，故在地表地形条件和运输条件允许情况下，主井、副井应尽量靠近布置，以节约地表工业场地和井下开拓运输巷道工程。但为保证两井筒安全，两井筒间距离应不小于 30 m。

根据主井、副井与矿体走向的相互关系，集中布置分为中央集中式和侧翼集中式。前者两井筒布置在矿体中央位置附近[见图 9-3(a)]，后者两井筒布置在矿体端部位置[见图 9-3(b)]。条件允许时，应尽量采用中央集中布置方式。

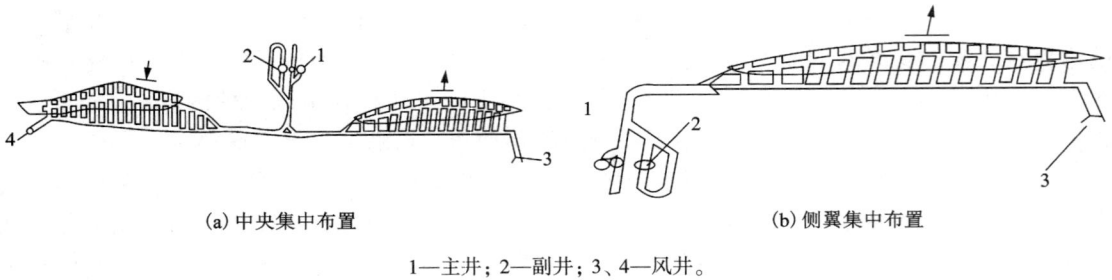

(a) 中央集中布置   (b) 侧翼集中布置

1—主井；2—副井；3、4—风井。

图 9-3　主井、副井集中布置方式

2. 竖井井底车场

井底车场是在井筒与石门联结处所开凿的巷道与硐室的总称。它是转运人员、矿岩、设备、材料的场所，也是井下排水和动力供应的转换中心。根据开拓方式的不同，分为竖井井底车场和斜井井底车场。

(1)竖井井底车场组成

竖井井底车场是矿山井下运输的中转站，由行车线、储车线、调车线、各种绕道和辅助硐室组成(见图 9-4)。对于主、副井集中布置的矿山，主、副井井底车场一般一体布置。

行车线是矿山空、重车运行的轨道线路，包括矿车出入罐笼的马头门线路；储车线是容纳空、重车辆，等候调度的专用线路；调车线是车辆变换轨道的摆渡线路，包括各种岔道等。除此之外，井底车场还有各种辅助线路，如水仓通道、清理井底斜巷、通向各硐室(如电机车修理硐室、水泵房硐室等)的专用线路等。绕道是由井筒一侧到另一侧的人行通道。副井井底车场布置有：水泵房、电机车修理硐室、值班室、排水管道、水仓、变电所、机车库、调度室、候罐室、推车机硐室；主井井底车场有贮矿仓、翻车机硐室等。

(2)竖井井底车场形式

按矿车运行系统不同，竖井井底车场分为尽头式、折返式和环形式 3 种类型。

①尽头式井底车场：车辆从罐笼中拉出空车再推进重车，如图 9-5(a)所示。

②折返式井底车场：重车从井筒一侧进入，空车从另一侧出来，空车经过另外敷设的平行线路或从原线路调头(改变矿车首尾方向)返回，如图 9-5(b)所示。

③环形式井底车场：进、出车与折返式井底车场相同，也是在井筒一侧进重车，另一侧出空车。但不同的是空车经空车线和绕道不调头返回，如图 9-5(c)所示。

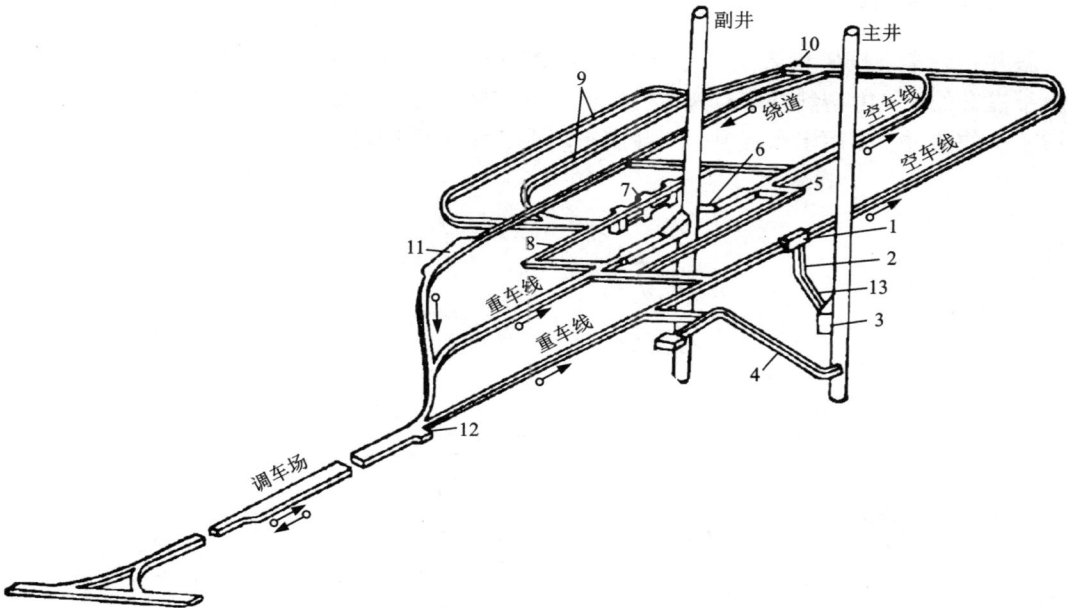

1—翻笼硐室；2—主矿石溜井；3—箕斗装载硐室；4—粉矿回收井；5—候罐硐室；6—马头门；7—水泵房；
8—变电所；9—水仓；10—水仓清理绞车硐室；11—机车库及修理硐室；12—调度室；13—矿仓。

图 9-4　竖井井底车场的结构示意图

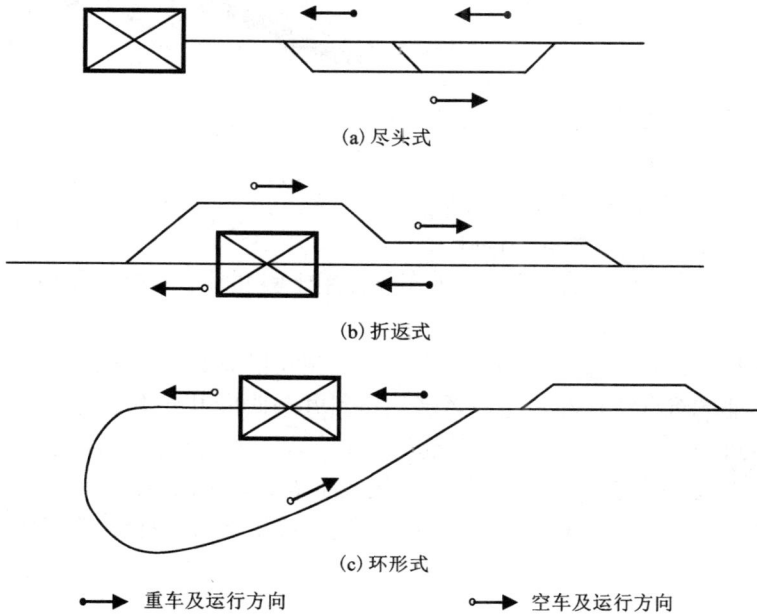

(a) 尽头式

(b) 折返式

(c) 环形式

→ 重车及运行方向　　　　→ 空车及运行方向

图 9-5　竖井井底车场形式示意图

3.斜井井底车场

斜井井底车场按矿车运行系统分为折返式和环形式两种。环形式井底车场一般用于箕斗或胶带提升的大、中型斜井中,其结构特点大致与竖井井底车场相同。金属矿山,特别是中、小型矿山的斜井,多用串车提升,其井底车场形式多为折返式(见图9-6)。

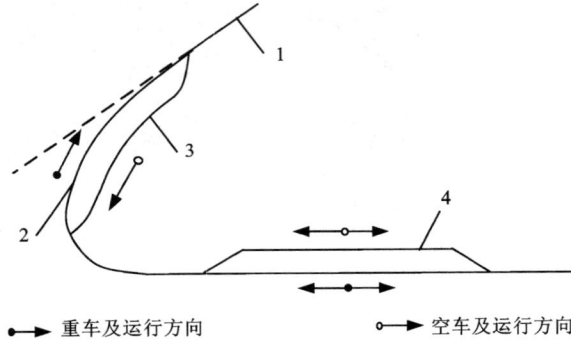

➡ 重车及运行方向　　⟶ 空车及运行方向

1—斜井;2—重车线;3—空车线;4—调车线。

图9-6　斜井井底车场折返式示意图

串车斜井井筒与车场的联结有3种方式:

(1)甩车道

由斜井井筒一侧或两侧开掘甩车道,矿车经甩车道由斜变平后进入车场,如图9-7所示。

(2)平车场

斜井井筒直接过渡到车场,用于斜井井底与最后一个阶段的连接。与甩车道相比,平车场具有明显的优点,如钢丝绳磨损小、矿车不易掉道、提升效率高、巷道工

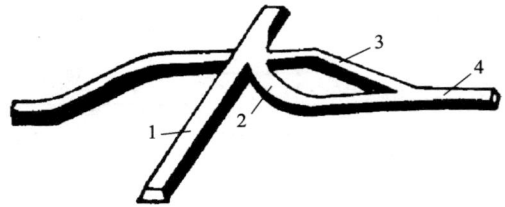

1—斜井;2—甩车道;3—绕道;4—平巷。

图9-7　甩车道示意图

程量小、交叉处断面小、易于维护等,但平车场仅用于斜井最后一个中段(见图9-8)。

(3)吊桥

矿车经吊桥从斜井顶板进入车场(见图9-9)。吊桥既具有平车场的优点,又解决了平车场不能多阶段作业的难题。矿车经过吊桥来往于斜井与阶段井底车场之间,吊桥放下时,矿车自斜井经吊桥进入本阶段车场;吊桥升起时,矿车通过本阶段沿斜井上下。由于人员也要通过吊桥进入各中段,因此,吊桥上需铺设木板或钢板。采用吊桥时,斜井倾角不能过小(一般要求大于20°),因为斜井倾角过小时,吊桥长度与质量增加,安装、使用均不方便。

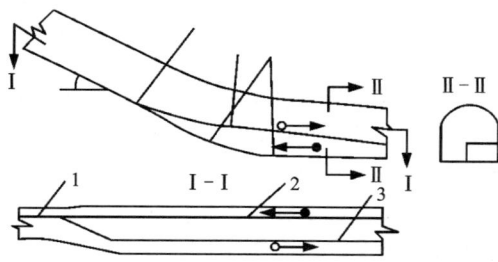

1—斜井；2—重车线；3—空车线。

图9-8　平车场示意图

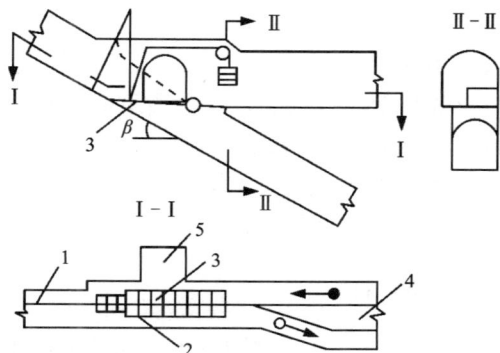

1—斜井；2—人行道；3—吊桥；4—吊桥车场；5—信号硐室。

图9-9　吊桥示意图

9.3　风井

专门用来进风和出风的巷道，分别称为进风井和回风井。对于中小型矿山，副井一般兼作进风井，大型矿山为满足风量和风速要求(提升人员和物料的井筒、中段主要进风道和回风道、修理中的井筒及主要斜坡道风速不超过 8 m/s)，除副井、斜坡道兼作进风井外，还需设置专用进风井(特殊情况下，进风井内可布设提升系统，兼作辅助人员提升通道)。箕斗井不应兼作进风井。混合井作进风井时，应采取有效的净化措施，以保证风源质量。进入矿井的空气，不应受到有害物质的污染；放射性矿山出风井与入风井的间距，应大于 300 m；矿山一般均需设置专用回风井，污风不应对矿区环境造成危害。根据进风井与回风井的位置关系，通风方式分为中央并列式、中央对角式和侧翼对角式三种。

1. 中央并列式

进风井与回风井位于井田中央的通风方式称为中央并列式[见图 9-10(a)]。两井之间的距离不小于 30 m。

该种通风方式的优点：

①进风井、回风井贯通快，有利于缩短基建时间。

②当井筒必须布置在岩石移动带内时，可减少保安矿柱量。

其缺点：

①通风路线长、风流短、漏风严重。

②安全出口过于集中。

③风流贯通快，风源质量差。

由于该通风方式缺点突出，因此，仅在矿体走向短、两侧翼不宜设井时才可考虑采用。

2. 中央对角式

进风井和回风井分别位于井田中央和侧翼的通风方式称为中央对角式[见图 9-10(b)]。

按主井提升容器类型不同,分为以下两种情况:

①当主井为箕斗井时,需在主井附近另行布置一条罐笼副井作为进风井,在矿体一翼或两翼布置回风井。

②主井是混合井,且布置罐笼提升矿石、人员、废石、材料时,可作为进风井,在矿体一翼或两翼布置回风井。

该种通风方式虽然初始贯通困难,工程量大,但其通风路线适中,风源佳,安全出口条件好,因此,在大中型矿山得到广泛应用,尤其是中央进风、两翼回风的三井中央对角式。

3.侧翼对角式

进风井和回风井分别位于井田两翼的通风方式称为侧翼对角式[见图9-10(c)]。对于中小型矿山,如果矿体走向长度不大,可以考虑采用此种布置方式。

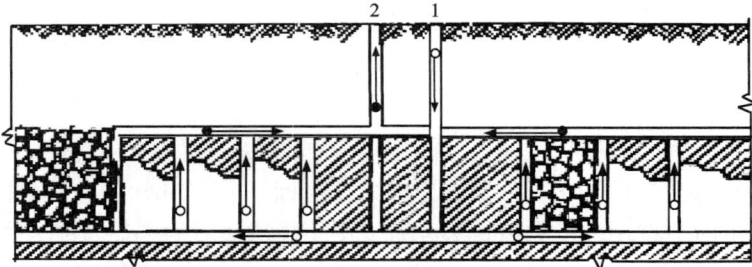

(a) 中央并列式

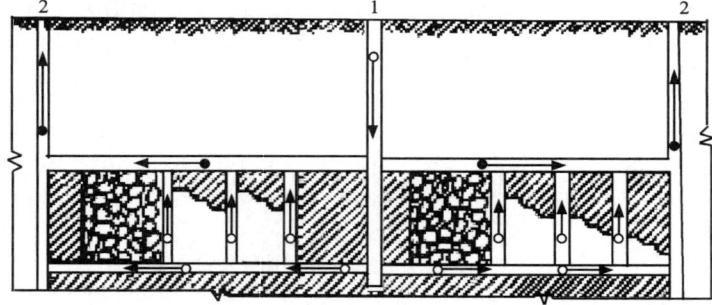

(b) 中央对角式

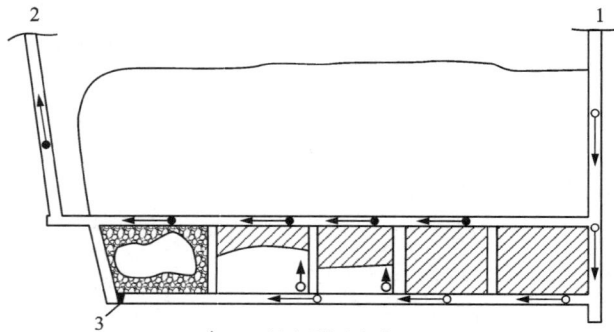

(c) 侧翼对角式

1—进风井;2—回风井;3—风门;◀━━ 新鲜风流;◀━━ 污风风流。

图9-10 通风方式

4. 回风巷道

对于单中段生产矿山，上阶段运输巷道一般作为下阶段的回风平巷。对于双中段同时生产但在垂直方向上可以错开的矿山，由于下阶段生产时，污风可以通过阶段间回风天井，进入上阶段运输平巷没有回采工作面的一翼，而不影响上阶段另一翼回采作业(见图9-11)，因此，上阶段运输巷道也可以作为下阶段的回风平巷。对于双中段同时生产，且回采区域在垂直方向上无法错开，或者对于2个以上多中段同时生产的矿山，为避免下阶段回采作业的污风污染上阶段工作面，一般需设立独立的回风平巷(见图9-12)。

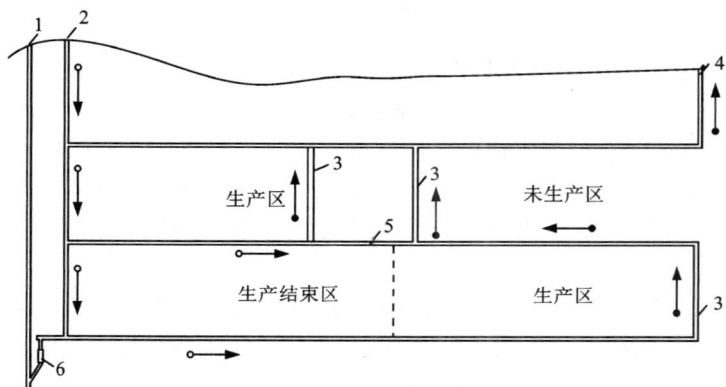

1—主井；2—副井；3—回风天井；4—风井；5—风门；6—溜破系统；—○ 新鲜风流；—● 污风风流。

图9-11 上阶段运输巷道是下阶段的回风巷道

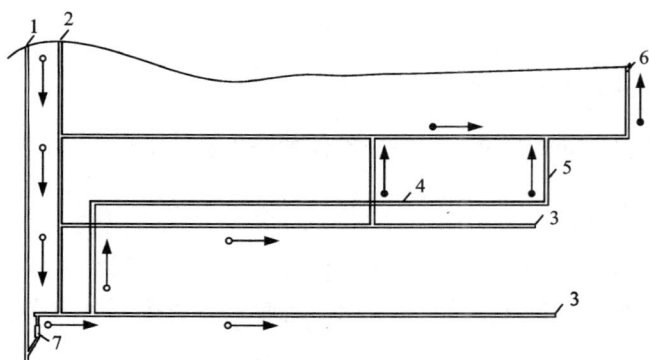

1—主井；2—副井；3—阶段运输巷道；4—专用回风巷道；5—回风天井；
6—回风井；7—溜破系统；—○ 新鲜风流；—● 污风风流。

图9-12 专用回风巷道

9.4 阶段运输巷道

阶段运输巷道的布置或称阶段平面开拓设计,不仅是矿床开拓设计的一项重要内容,而且与采矿方法、采准工程布置密切相关。

1. 阶段运输方式

矿山运输包括分散运输和集中运输两种方式。

(1)分散运输

地下矿山每个阶段(中段)均直通井筒或平硐,各中段采出的矿石直接通过本阶段运输巷道运出地表。分散运输多用于罐笼提升或多阶段平硐开拓的中小型矿山。阶段矿石储量较大,阶段回采时间较长的大型矿山也可采用此种运输方式。分散运输的优点是不需掘进转运溜井,井筒初期工程量小,基建时间短。缺点是每个中段均需布置井底车场,采用双罐笼提升或多阶段生产时提升效率低,而采用箕斗提升时,每个阶段均需掘进装卸硐室,工程量大。

(2)集中运输

对于箕斗提升、混合井提升及胶带输送机斜井运输的大中型矿山,或采用主平硐开拓(上部平硐受地形条件所限无法布置工业场地)的矿山,一般设置集中运输水平。上部各阶段一般不与主井相通,矿石通过主溜井溜放至与主井相通的主运输水平,由主井或主平硐运出地表。集中运输的优点:运输水平集中,井底车场、破碎与装卸硐室工程量小;生产管理组织简单;可提高机械化、自动化程度,降低成本。其主要缺点:需设置井下溜破系统,增加矿石溜放至集矿水平的附加费用;矿石溜放到集矿水平后再向上提升,存在反向提升,增加提升费用;初期主提升井基建工程量大,基建时间长。

2. 阶段运输巷道布置方式

阶段运输巷道有多种布置方式,应根据矿体形态、矿山生产能力、选用的采矿方法及回采工艺等条件灵活确定。

(1)脉内、沿脉、脉外布置

运输巷道可在矿体内部、沿矿体边界及矿体外部布置,分别称为脉内布置、沿脉布置和脉外布置。对于勘探程度较低的薄至中厚矿体,运输巷道可采用脉内布置或沿脉布置,以起到顺路探矿作用。矿体规整,品位较低,不需回收顶底柱情况下,也可将运输巷道布置在脉内,或沿脉布置。脉内一般布置在矿体与下盘围岩接触面处。

大多数矿山均将阶段运输巷道布置在矿体下盘(下盘围岩稳固性差而上盘围岩稳定性较好时,也可布置在上盘),且与矿体间留有一定的距离(即脉外布置),以避免巷道受到采场回采作业的影响。

(2)脉外运输平巷+穿脉布置

此种布置方式是在下盘围岩中布置脉外运输平巷,沿平巷每隔一定距离布置穿脉(见图9-13)。此种布置方式在穿脉内装矿作业不影响阶段运输巷道行车,阶段运输能力大,穿脉对探矿工程有利,是目前中小型矿山常见的布置方式。

（3）上下盘脉外运输平巷+穿脉布置

如图9-14所示，该种布置方式由于采用环形运输，故生产能力大，装车安全方便，且穿脉对探矿工程有利，但工程量大，多用于厚和极厚矿体开采的大型矿山。

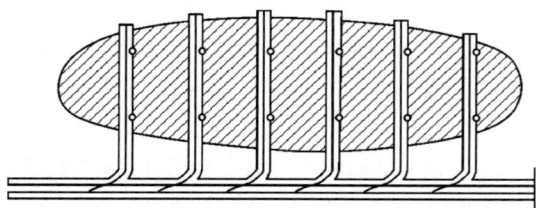

图9-13 脉外运输平巷+穿脉布置方式

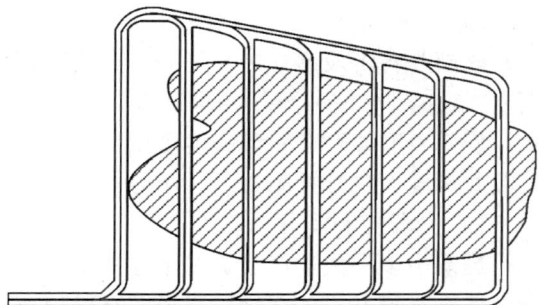

图9-14 上下盘脉外平巷+横巷布置方式

（4）有轨运输巷道与无轨运输巷道

根据通行设备不同，阶段巷道可分为有轨运输巷道和无轨运输巷道。前者主要通行电机车和矿车，而后者主要通行无轨设备，如铲运机、汽车等。

9.5 溜井与其他专用井筒

1. 溜井的分类

溜井不仅是地下矿山普遍采用的放矿形式，而且对于部分山坡露天矿山，采用溜井加平硐的运输方式，以降低矿石经地面运输费用。根据溜井的用途，其作用包括以下几个方面：

（1）采场溜井

为提高装车效率，避免车(有轨矿车、无轨汽车，以及胶带输送机)等矿造成窝工，采场崩落矿石可借助重力作用，通过溜井下放到本中段运输水平，进行集中装车。

（2）主溜井

为实现集中运输，大部分矿山上部各中段采场崩落矿石，可通过矿山主溜井下放到主运输水平，实现集中运输。平硐开拓的矿山，如果上部平硐不具备布置硐口工业场地的条件时，一般采用主平硐运输，即上部各中段采下矿石，通过主溜井下放至主平硐水平，装车外运。

（3）溜破系统溜井

箕斗提升的矿井，为提高箕斗装满率，一般需设立井下溜破系统。井下采场运出的矿石，卸入溜破系统溜井贮存，经破碎后装入箕斗提升至地表。

（4）其他辅助溜井

矿山根据需要，布置各种专用溜井，实现物料的重力运输。如部分喷浆量大的矿山，为减轻副井压力，可布置下料溜井，将喷浆物料，如砂石等通过溜井下放井下。

2. 溜井形式及其使用条件

根据溜井直立程度,以及溜井与各中段之间的连接方式,溜井分为垂直溜井、分段控制溜井、阶梯式溜井和倾斜溜井4种形式。

(1)垂直溜井

该溜井各阶段溜井井身呈一条直线,中间阶段矿石由分支斜道放入溜井[见图9-15(a)、图9-15(b)]。该种溜井结构简单,不易堵塞,使用方便,开掘容易,是应用最广泛的溜井形式。但垂直溜井贮矿阶段高度受限制,放矿冲击力大,矿石易粉碎,井壁冲击磨损大,尤其是溜井深度大时维护困难。对于分支溜井,上下中段同时生产时,卸矿作业会受到影响。

(2)分段控制溜井

当矿山多中段生产、溜井通过岩层稳定性差、溜井施工困难时,为降低溜井施工难度,降低矿石在溜井内的落差,减轻矿石粉碎及对井壁的磨损,可将溜井按阶段分设控制闸门及转运硐室[见图9-15(c)]。

(3)阶梯式溜井

该溜井形式是将溜井分成若干段,各段之间采用巷道连接[见图9-15(d)]。由于各中段之间需要转运设备,不仅投资大,而且管理复杂,运行成本高,效率低,除非矿石黏性大、易结块,高溜井放矿困难,一般不宜采用这种溜井。

(4)倾斜溜井

该溜井形式是沿矿体倾斜方向将溜井布置在局部稳固岩层内[见图9-15(e)、(f)]。为实现顺利放矿,同时便于施工,溜井倾角一般应大于60°。由于倾斜溜井长度大,施工困难,溜井容易磨损,当矿石细粒含量多或湿度大时,容易造成溜井底板矿石残留,因此,一般不建议采用此种形式。

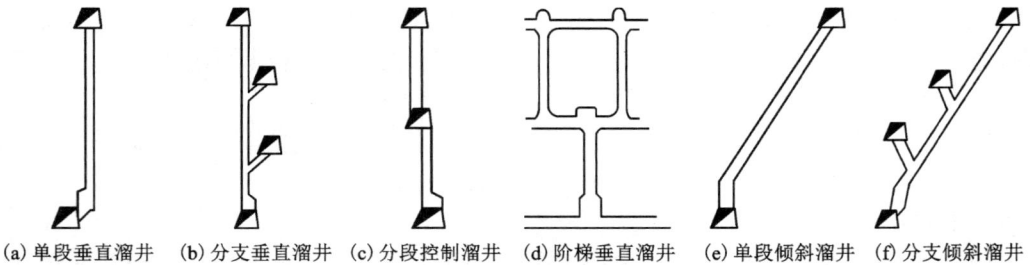

(a)单段垂直溜井　(b)分支垂直溜井　(c)分段控制溜井　(d)阶梯垂直溜井　(e)单段倾斜溜井　(f)分支倾斜溜井

图9-15　溜井形式

3. 溜井形状、规格与数量

溜井有圆形、方形和矩形3种形状。矿山主溜井(包括溜破系统溜矿井)一般采用圆形,采场溜井也大多采用圆形。但对顺路溜井,如充填法采场内顺路架设的溜矿井,为施工方便,也可采用木板或预制件构筑成方形或矩形。

溜井规格主要取决于溜井通过能力、矿岩块度、矿岩性质(湿度、粉碎性、黏结性、稳固性等)。矿山主溜井直径一般为3~4 m,采场内顺路溜井一般为2~3 m。采场溜井直径应不小于最大矿岩块度的3倍;主溜井(包括溜破系统溜矿井)溜放段一般不小于最大矿岩块度的

4 倍，而贮矿段一般不小于最大块度的 5 倍。

溜井数量除取决于矿山生产能力、溜井通过能力、矿岩性质外，还应考虑矿石分采情况、围岩产出情况，以及运输设备的最优运输距离等。矿山生产能力在 500 万 t/a 以上时，应至少设置 3 个矿石溜井；如果矿山有 2 种以上原矿种类，且需要分采、分运时，应分别设置多个溜矿井；废石量较大时，可以考虑设置单独废石溜井。

4. 溜井位置选择

溜井位置主要取决于矿山开拓系统布置、矿岩工程地质和水文地质条件。应根据矿体埋藏条件、运输巷道布置，以开拓工程量小、运距短、安全可靠、服务年限长、经济效益好等为目的合理确定：

①溜井应尽量布置在矿量集中，运输条件好，运输功小的地段。

②溜井应布置在岩层坚硬稳固地段，尽量避开破碎带、断层、溶洞及涌水量大的地段。

③溜井装卸口位置，应避免直接位于石门、运输巷道上方，以保证巷道行人、行车安全，减少对运输线路的干扰，防止矿尘污染运输巷道。

④溜井位置应充分考虑列车长度，避免在弯道等车、装车。

5. 充填天井与充填钻孔

采用充填法的矿山，一般需在矿体内部布置充填天井，以便充填料浆（或废石）通过充填天井，进入待充采场，此种充填天井属于采场采准工程。采场充填天井一般布置在矿体内靠近上盘位置或矿体中间部位。充填天井一般兼作通风天井，对于分段（或阶段）空场嗣后充填采矿法，充填天井也可兼作切割天井。

采用充填法的矿山，地面制备系统制备的充填料浆一般也通过充填钻孔输送到井下。充填钻孔位置应综合考虑充填倍线、充填区域分布、拟穿过岩层工程地质与水文地质条件，并结合充填制备站站址选择确定。充填钻孔直径一般为 200～300 mm，内设套管。如果充填钻孔深度不大（如在 200 m 以内），可以在套管内另行布置一条充填管道，如果充填管道磨损后可及时更换，以实现充填钻孔的长期使用。充填钻孔一般施工到主充填水平，接入水平充填管道。随着充填水平逐步下降，则通过二级、三级、甚至四级钻孔，实现下部中段的充填作业。

6. 其他专用井筒

矿山根据开拓系统设计及生产需要，有时需施工不同的专用井筒。

（1）倒段风井

为节省基建工程量，缩短基建时间，矿山一般将回风井施工到第一个回风水平。下部各中段的回风则通过阶段回风井，或称倒段风井，汇聚到第一个回风水平，由通风机抽出地表。

（2）泄水井或泄水钻孔

矿山一般在最低水平设置水仓和水泵房，上部各中段的涌水一般通过泄水井或泄水钻孔，汇聚到水仓中，由水泵抽出地表。

（3）其他井筒

其他井筒包括人行、设备天井、管缆井等。这类井筒的位置确定原则与溜矿井基本相同。

9.6　地下硐室工程

矿山井下布置有各种各样的硐室,承担不同的井下作业功能。地下主要硐室一般多布置于井底车场附近,具体位置随井底车场形式的不同而变化。由于地下硐室断面较大,为减少支护工程量,要求在满足工艺要求条件下,尽量布置在稳固的岩层中。地下硐室按其用途不同,分为地下破碎硐室、水仓与水泵房、地下变电所、井下爆破器材库、地下避难硐室及其他服务性硐室,如值班硐室、候罐硐室、机修硐室、无轨设备修理硐室等。

1. 地下破碎硐室

采用箕斗提升或胶带斜井运输的矿山,一般需在地下设立集中破碎系统,将采场崩落大块破碎至合格块度后,由箕斗或胶带输送机提升至地表,进入选矿流程。破碎后合格块度的要求,根据各矿山采用的箕斗或胶带输送机型号确定,一般为 100~300 mm。

如图 9-16 所示,某矿山破碎系统包括破碎硐室、主溜井、上部矿仓、下部矿仓、变电硐室、操作硐室、卸矿硐室、分支斜溜道、大件道、皮带道以及联络道等。由于主溜井是破碎系统的重要组成部分,也称为溜破系统。

溜破系统采用中央竖井单机双侧布置方式。破碎硐室设置在 −430 m 水平,内设 PEF900×1200 型颚式破碎机,负责−230、−270、−330 和−380 四个中段矿石的破碎。主溜井采用直溜井,井筒净径 3.5 m,共设 2 条,其中 1 条备用。−230 中段采用中心卸矿方式,−270 中段、−330 中段和−380 中段采用分支斜溜道与主溜井连通。主溜井下口至破碎系统设上部矿仓(净径 4 m),破碎硐室下部设下部矿仓(净径 4 m)。

破碎硐室通过大件道与箕斗主井相连,通过破碎硐室联络道与粉矿回收井相连;下部矿仓设皮带道与箕斗主井相连,并通过皮带道联络道与粉矿回收井相连。粉矿回收系统设在−380 m 水平,包括卷扬机硐室、水泵硐室、沉淀道、沉淀池、吸水井、粉矿回收道等。在主井附近从−380 中段向下掘进一盲竖井(粉矿回收井)至−509 m 水平,井筒净径 3.5 m,分别在−430 m 与−459 m 水平设置破碎硐室联络道与皮带道联络道,在−509 m 水平通过粉矿回收道与主井贯通。主井井底粉矿采用装岩机装入 0.7 m³ 矿车,人工推至粉矿井内罐笼,通过罐笼将粉矿提至−380 中段,卸入溜破系统。

2. 水仓及水泵房

地下涌水汇入水仓,由布置在水泵房内的水泵沿副井排水管道排出地表(见图 9-17)。水仓应由两个独立的巷道系统组成。涌水量较大的矿井,每个水仓的容积,应能容纳 2~4 h 的井下正常涌水量。一般矿井主要水仓总容积,应能容纳 6~8 h 的正常涌水量。水仓进水口应有篦子。采用水砂充填和水力采矿的矿井,水进入水仓之前,应先经过沉淀池。水沟、沉淀池和水仓中的淤泥,应定期清理。泵房的出口应不少于两个,其中一个通往井底车场,其出口应装设防水门;另一个用斜巷与井筒连通,斜巷上口应高出泵房地面标高 7 m。泵房地面标高,应高出其入口处巷道底板标高 0.5 m(潜没式泵房除外)。

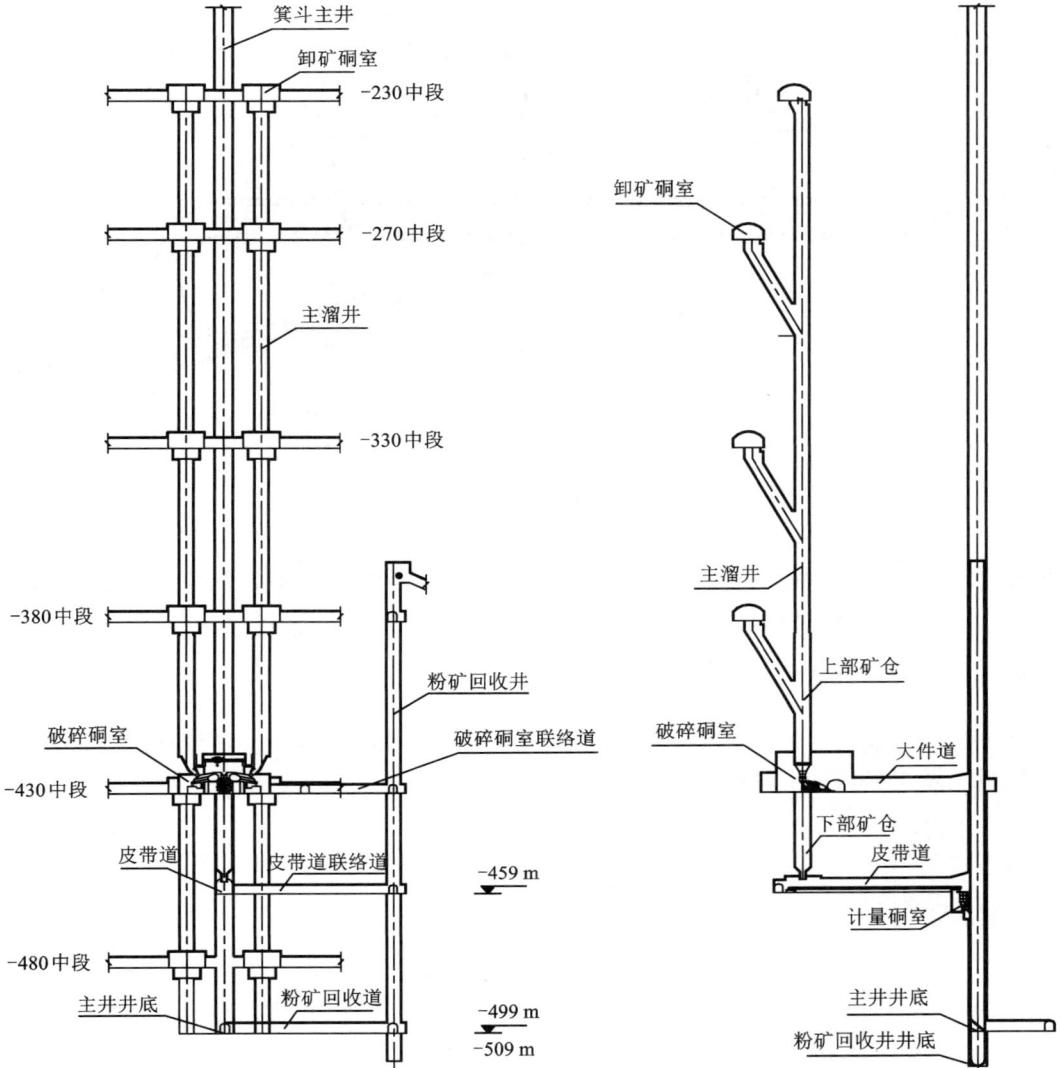

图 9-16　某矿山溜破系统配置图

3. 地下变电所

地下变电所一般与水泵房相邻，或布置在井筒附近，以满足变电所尽量靠近负荷中心布置的节能原则要求。井下永久性中央变(配)电所硐室，应砌碹。采区变电所硐室，应用非可燃性材料支护。硐室的顶板和墙壁应无渗水，电缆沟应无积水。

中央变(配)电所的地面标高，应比其入口处巷道底板标高高出 0.5 m；与水泵房毗邻时，应高于水泵房地面 0.3 m。采区变电所应比其入口处的巷道底板标高高出 0.5 m。其他机电硐室的地面标高应高出其入口处的巷道底板标高 0.2 m。硐室的地平面应向巷道等标高较低的方向倾斜。长度超过 6 m 的变(配)电硐室，应在两端各设一个出口；当硐室长度大于 30 m 时，应在中间增设一个出口；各出口均应装有向外开的铁栅栏门。有淹没、火灾、爆炸危险

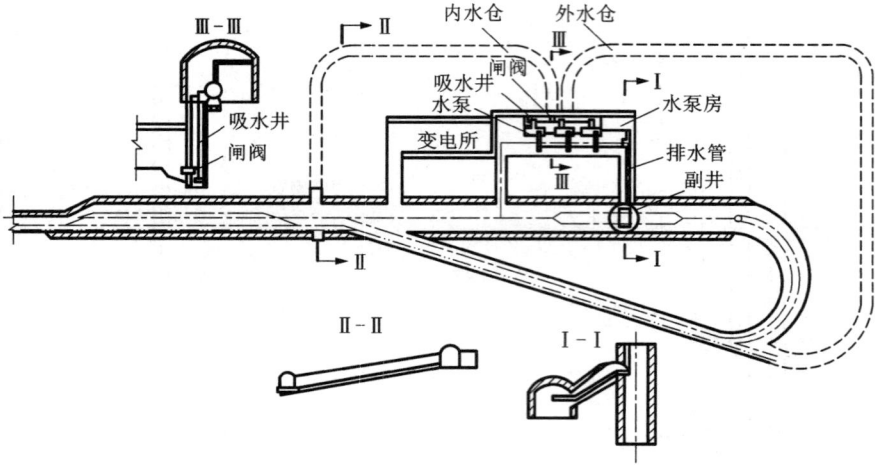

图 9-17　水仓及水泵房

的矿井，机电硐室都应设置防火门或防水门。硐室内各电气设备之间应留有宽度不小于 0.8 m 的通道，设备与墙壁之间的距离应不小于 0.5 m。

4. 井下爆破器材库

地下矿山爆破量大时，可以设立炸药分库（见图 9-18）。库容量不应超过炸药三昼夜的生产用量以及起爆器材十昼夜的生产用量。

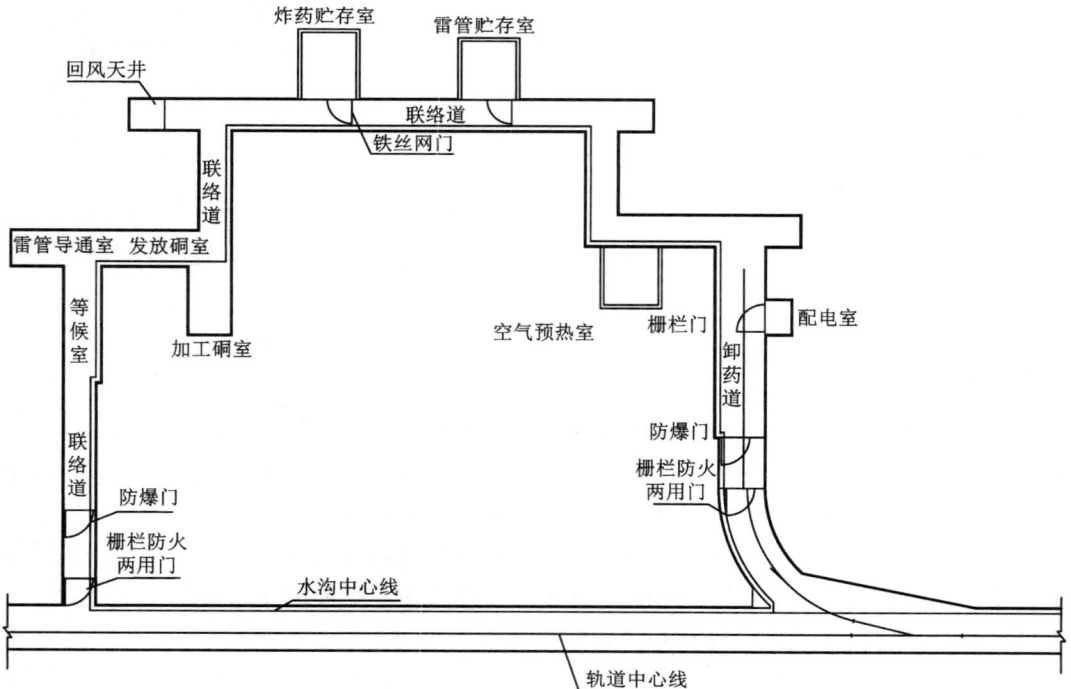

图 9-18　井下爆破器材库

井下爆破器材库有硐室式和壁槽式两种，其布置应遵守下列规定：

①井下爆破器材库不应设在含水层或岩体破碎带内。

②炸药库距井筒、井底车场和主要巷道的距离：硐室式库不小于 100 m，壁槽式库不小于 60 m。

③炸药库距行人巷道的距离：硐室式库不小于 25 m，壁槽式库不小于 20 m。

④炸药库距地面或上下巷道的距离：硐室式库不小于 30 m，壁槽式库不小于 15 m。

⑤井下炸药库应设防爆门，防爆门在发生意外爆炸事故时应可自动关闭，且能限制大量爆炸气体外溢。

⑥井下爆破器材库除设专门储存爆破器材的硐室和壁槽外，还应设连通硐室或壁槽的巷道和若干辅助硐室。

⑦储存雷管和硝化甘油类炸药的硐室或壁槽，应设金属丝网门。

⑧储存爆破器材的各硐室、壁槽的间距应大于殉爆安全距离。

⑨井下爆破器材库单个硐室储存的炸药，不应超过 2 t，单个壁槽不应超过 0.4 t。

5. 地下避灾硐室

按照《国务院关于进一步加强企业安全生产工作的通知》（国发〔2010〕23 号）精神以及《国家安全监管总局关于切实加强金属非金属地下矿山安全避险"六大系统"建设的通知》（安监总管〔2011〕108 号）的要求，地下矿山必须建立"六大安全系统"，即监测监控系统、井下人员定位系统、通信联络系统、压风自救系统、供水施救系统和紧急避险系统。紧急避险系统是用于在矿山井下发生灾变时，为避灾人员安全避险提供生命保障的系统，系统建设主要内容包括：为入井人员提供自救器、建设紧急避险设施、合理设置避灾路线和科学制定应急预案等。紧急避险设施包括移动式救生舱和避灾硐室，条件允许时，应优先采用避灾硐室（见图 9-19）。

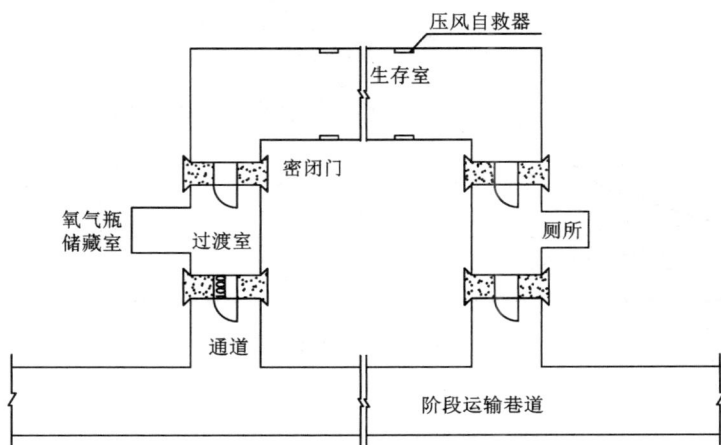

图 9-19 井下避灾硐室

井下避灾硐室的设置条件为：

①水文地质条件中等及复杂或有透水风险的地下矿山，应至少在最低生产中段设置紧急避险设施。

②生产中段在地面最低安全出口以下垂直距离超过 300 m 的矿山，应在最低生产中段设置紧急避险设施。

③距中段安全出口实际距离超过 2000 m 的生产中段，应设置紧急避险设施。

避灾硐室技术要求包括：

①避灾硐室净高应不低于 2 m，长度、深度根据同时避灾最多人数以及避灾硐室内配置的各种装备来确定，每人应有不低于 1.0 m² 的有效使用面积。

②避灾硐室进出口应有两道隔离门，隔离门应向外开启；避灾硐室的设防水头高度应在矿山设计中总体考虑。

③避灾硐室内应配备有毒有害气体监测报警装置，配备自救器，接入压风自救系统和供水施救系统，并配备必要的生活用品。

6. 机修硐室

矿山机修设施的主要任务是承担机械设备的维护检修工作。大量采用无轨设备的矿山应在井下设置修理硐室(见图 9-20)负责铲运机等无轨设备的日常维修工作，大、中修及保养工作则由地面维修车间负责。在井底车场附近应设置有轨设备修理硐室(见图 9-21)，负责井下电机车、矿车、装岩机、凿岩机等修理工作。

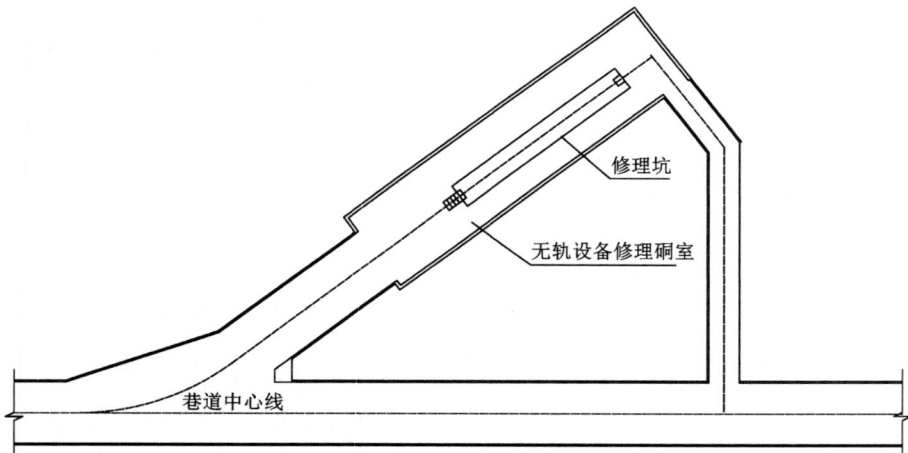

图 9-20　井下无轨维修硐室

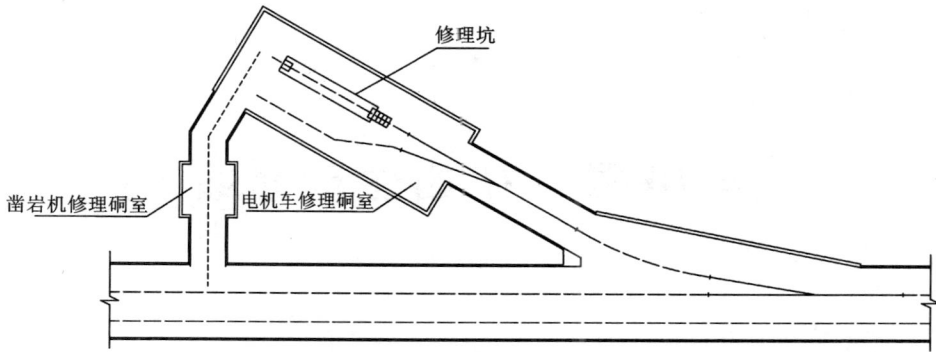

图 9-21 井下有轨维修硐室

思考题

1. 如何圈定保安矿柱?
2. 论述充填采矿法是否存在地表移动带和陷落带。
3. 论述主、副井的常见布置方式及其优缺点。
4. 论述井下常见的通风方式及其优缺点。
5. 论述井下常见的硐室工程及其作用。

第 10 章 矿山生产系统

矿山生产八大系统包括：提升、运输、通风、排水、供水、供电、供气（压气动力）、充填系统。矿山安全避险六大系统包括：监测监控系统、井下人员定位系统、通信联络系统、压风自救系统、供水施救系统和紧急避险系统。

10.1 提升与运输系统

矿山提升与运输是矿山生产的重要环节，其主要任务是将采掘工作面采下的矿石运到地表选厂或贮矿场，将掘进废石运到地表废石堆场，以及运送材料、设备、人员等。

10.1.1 矿井提升

矿井提升实际上就是井筒中的运输工作，是全矿运输系统中的重要环节。矿井提升设备包括提升机、提升容器、提升钢丝绳、井架、天轮及装卸设备等。由于矿井提升工作是使提升容器在井筒中以高速度做往复运动，因此，要求提升机运行准确、安全可靠。

1. 提升机

目前我国金属、非金属地下矿山使用的提升机主要有单绳缠绕式矿井提升机（有单筒、双筒两种形式）和多绳摩擦式矿井提升机等。

单绳缠绕式矿井提升机是指每个卷筒缠绕一根钢丝绳通过旋转进行提升或下放的机械设备。其提升高度（竖井提升）或斜坡长度（斜井或斜坡提升）受卷筒上缠绕钢丝绳层数的限制，不可能过大。

多绳摩擦式矿井提升机的钢丝绳不是固定和缠绕在主导轮上，而是搭放在主导轮的摩擦衬垫上，提升容器悬挂在钢丝绳的两端，为了使两边的重量不致相差过大，在两个容器的底部用钢丝绳相连。当电动机通过减速器带动主导轮转动时，钢丝绳和摩擦衬垫之间便产生很大的摩擦力，使钢丝绳在这种摩擦力的作用下，跟随主导轮一起运动，从而实现容器的提升或下放（见图 10-1）。由于提升高度不受卷筒直径和宽度的限制，多绳摩擦式矿井提升机的应用越来越广泛。摩擦式提升机和缠绕式提升机应装设如下保险装置：防止过卷装置、防止过速装置、限速装置、闸间隙保护装置、松绳保护装置（摩擦式无此项要求）、满仓保护装置、减速功能保护装置、深度指示器失效保护装置、过负荷和欠压保护装置。

2. 提升容器

(1) 罐笼

罐笼用于竖井内升降人员、提升和下放物料。根据层数不同，有单层罐笼、双层罐笼和多层罐笼之分，图 10-2 为金属矿中常用的单层罐笼。

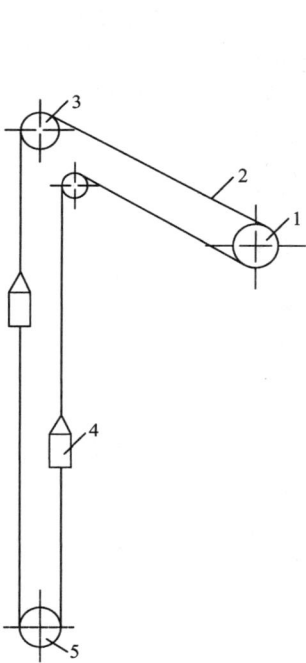

1—主导轮；2—钢丝绳；3—天轮；
4—提升容器；5—导向轮。

图 10-1　摩擦式提升机结构示意图

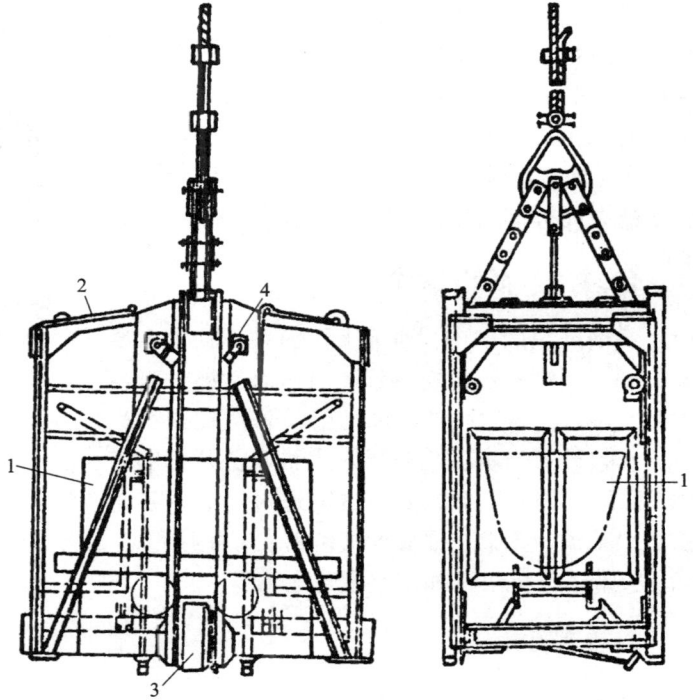

1—矿车；2—罐盖；3—罐耳；4—断绳保险器。

图 10-2　单层罐笼

罐笼内可装矿车，罐笼顶部有可开启的罐盖，以供在罐笼内运送长材料。罐笼在井筒内的运动是靠罐道（钢罐道或钢丝绳罐道）来导向的，因此在罐笼的两侧焊接罐耳与罐道啮合，使罐笼沿罐道运动。为防止断绳时罐笼坠井事故发生，应在罐笼上装有断绳保险器，当钢丝绳或连接装置一旦断裂时，断绳保险器可使罐笼停在罐道上，以确保安全。

斜井用的罐笼称台车，如图 10-3 所示，由基架、两对轮子、立柱、平台、挡柱等组成。

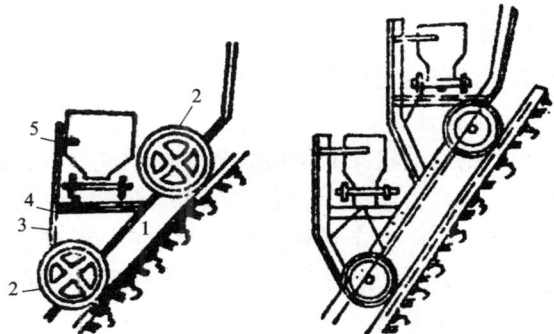

(a) 单层台车　　　　(b) 双层台车

1—基架；2—轮子；3—立柱；4—平台；5—挡柱。

图 10-3　斜井台车

（2）箕斗

箕斗只能提升矿石和废石。根据卸矿方式不同，竖井箕斗分为底卸式、侧卸式和翻转式；斜井箕斗则有翻转式和后壁卸载式之分。

图10-4为翻转式斜井箕斗。框架1可以绕固定在斗箱两侧的轴2转动。斗箱3备有两对轮子，其后轮4的钢轨接触面较前轮5宽。在井筒中这两对轮子同在钢轨6上运行，但在地表箕斗卸载处，钢轨弯曲成水平，而在其外侧另外敷设了一对轨距较大的钢轨7。当箕斗运行至弯轨处时，箕斗前轮继续沿钢轨6运行，而后轮则沿钢轨7的方向被继续提升，使箕斗翻转卸载。

10.1.2　矿山运输

井筒开拓的矿山，回采工作面采下的矿石要通过井下运输设备运送到溜矿井，通过提升设备提升至地表，然后通过地面运输设备运送至选矿厂或直接外运出售；平硐开拓或斜坡道开拓的矿山，回采工作面采下的矿石也需通过运输设备直

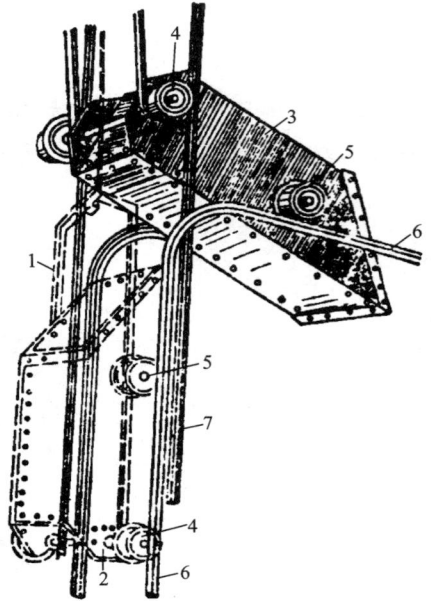

1—框架；2—转轴；3—斗箱；4—箕斗后轮；
5—箕斗前轮；6—斜井钢轨；7—辅助钢轨。

图10-4　翻转式斜井箕斗

接运出地面。因此，运输也是矿山主要生产系统之一。矿山运输方式包括轨道运输、汽车运输、胶带运输机运输和架空索道运输等。

1. 轨道运输

轨道运输主要设备是轨道、矿车和电机车。

（1）轨道

井下巷道中铺设的轨道通常是窄轨（轨距有600 mm、762 mm和900 mm）。它除了轨距窄、钢轨轻（8 kg/m、11 kg/m、15 kg/m、18 kg/m、24 kg/m、33 kg/m和38 kg/m）以外，与地面铁道没有什么不同。轨道主要由道轨、轨枕、道碴和连接件组成。

（2）矿车

地下矿车分为固定式、翻斗式、侧卸式和底卸式。矿车容积一般为 $0.5 \sim 4 \ m^3$。

（3）电机车

井下用的电机车有架线式和蓄电池式两种，金属矿山主要采用架线式电机车。架线式电机车由受电弓将电流引入电机车的电动机，并利用轨道作电流的回路。一般都以直流电为电源，需要在地下设变流所，将交流电变为直流电。架线式电机车结构简单，易于维护，运输费用较低，但电弓常冒火花，不能在有瓦斯和矿尘爆炸危险的矿山使用。

目前井下架线式电机车，有3 t、7 t、10 t、14 t、20 t等几种。应根据阶段运输量、运输距离、装矿方式、装矿点集中与否等因素综合考虑来选择。蓄电池式电机车由本身携带的蓄电池供电，不需要架线，也不产生火花，但需经常更换电池，且设备费和运输费较高，主要用于有瓦斯和矿尘爆炸危险的矿井。

2. 汽车运输

汽车运输主要用于平硐开拓或斜坡道开拓的矿山。其最大优点是不需铺设轨道，移动方便灵活，便于与铲运机等大型无轨采装设备配套，但汽车排出的尾气会恶化井下工作环境，对矿山通风工作提出了更高的要求。受巷道断面影响，地下汽车吨位一般不高。例如：获得国家《矿用产品安全标志证书》"KA"认证的 UQ-15 地下自卸车长 7000 mm，宽 2400 mm，高 2570 mm，额定载重 15 t。

3. 胶带运输机运输

胶带运输机是一种可实现连续运送物料的运输设备，具有很高的生产能力，可以与连续采矿设备与工艺配合，实现连续采矿。胶带运输机种类很多，但均由机头、机尾和机身三部分组成。机头即传动装置，包括电动机、减速箱和带动胶带旋转的主动滚筒；机尾即拉紧装置，由拉紧滚筒和拉紧装置组成；机身包括胶带、托滚和托架。胶带由托滚支托，绕过主动滚筒和拉紧滚筒，用胶带卡子把两端连接起来，形成一个环形带。主动滚筒旋转时，带动胶带连续运转，输送矿岩。

4. 架空索道运输

在一些地处山区、地形复杂的矿山，也有采用架空索道进行地面运输的实例。架空索道就是通过架设在空中的钢丝绳悬挂矿斗，随着牵引钢丝绳的运动，矿斗也运动的一种运输方式。它可以直接跨越较大的河流和沟谷，翻越陡峭的高山，从而缩短两点之间的运输距离，减少土石方工程量，并且无须构筑桥梁涵洞，对于地处山区、产量不大的矿山，是一种比较有效的地表运输方法。

10.2　通风系统

为了降低井下空气中粉尘含量及有害气体浓度，提高含氧量，以达到国家规定的卫生标准，必须进行矿井通风，即不断地将地面新鲜空气送入井下，并将井下污浊空气排出地表，调节井下温度和湿度，创造舒适的劳动条件，保证井下工作人员的健康与安全。

10.2.1　通风安全规程

根据《金属非金属矿山安全规程》(GB 16423—2020)规定，井下通风要满足以下要求。

1. 井下空气

(1)井下空气成分要求

采掘工作面进风风流中的 O_2 体积浓度不低于 20%，CO_2 体积浓度不高于 0.5%；入风井巷和采掘工作面的风源含尘量不大于 0.5 mg/m³；作业场所空气中有害气体浓度不超过表 10-1 规定；作业场所空气中粉尘(总粉尘、呼吸性粉尘)浓度不超过表 10-2 的规定。含铀、钍等放射性元素的矿山，井下空气中氡及其子体的浓度应符合《电离辐射防护与辐射源安全基本标准》(GB 18871—2002)的有关规定。

表 10-1 采矿工作面进风风流中有害气体浓度限值

有害气体名称	限值(体积浓度)/%
一氧化碳(CO)	0.0024
氮氧化物(换算成 NO_2)	0.00025
二氧化硫(SO_2)	0.0005
硫化氢(H_2S)	0.00066
氨(NH_3)	0.004

表 10-2 作业场所空气中粉尘浓度限值

游离 SiO_2 的质量分数/%	时间加权平均浓度限值/($mg \cdot m^{-3}$)	
	总粉尘	呼吸性粉尘
<10	4	1.5
10~50	1	0.7
50~80	0.7	0.3
≥80	0.5	0.2

注:时间加权平均浓度限值是每天 8 h 工作时间内接触的平均浓度限值。

(2)矿井进风应满足下列要求

井下工作人员供风量不少于 4 m^3/(min·人)。硐室型采场排尘风速不小于 0.15 m/s,饰面石材开采时风速不小于 0.06 m/s;巷道型采场和掘进巷道风速不小于 0.25 m/s;电耙道和二次破碎巷道风速不小于 0.5 m/s;箕斗硐室、装矿皮带道等作业地点的风速不小于 0.2 m/s。采用旋回破碎机的破碎机硐室,风量不小于 12 m^3/s;采用其他破碎机的,风量不小于 8 m^3/s;采用 2 台破碎设备时,风量不小于 12 m^3/s。柴油设备运行时供风量不小于 4 m^3/(min·kW)。

(3)有人员作业场所的井下气象条件要求

人员连续作业场所的湿球温度不高于27 ℃,通风降温不能满足要求时,应采取制冷降温或其他防护措施。湿球温度超过30 ℃时,应停止作业;湿球温度为27~30 ℃时,人员连续作业时间不应超过 2 h,且风速不小于 1.0 m/s;湿球温度为25~27 ℃时,风速不小于0.5 m/s;湿球温度为20~25 ℃时,风速不小于 0.25 m/s;湿球温度低于20 ℃时,风速不小于 0.15 m/s。

(4)防寒降温要求

进风井巷空气温度应不低于 2 ℃;低于 2 ℃时,应有空气加热设施。不应采用明火直接加热进入矿井的空气。严寒地区的提升竖井和作为安全出口的竖井应有保温措施,以防止井口及井筒结冰。如有结冰应及时处理,处理结冰前应撤离井口和井下各中段马头门附近的人员，并做好安全警戒。有放射性的矿山，不应用老窿或老巷预热及降温。

井巷内平均风速应不超过表 10-3 的规定。

表 10-3　井巷断面平均风速限值

井巷名称	平均风速限值/($m \cdot s^{-1}$)
专用风井、专用总进风道、专用总回风道	20
用于回风的物料提升井	12
提升人员和物料的井筒、用于进风的物料提升井、中段的主要进风道和回风道、修理中的井筒、主要斜坡道	8
运输巷道、输送机斜井、采区进风道	6
采场	4

2.通风系统

①地下矿山应采用机械通风。设有在线监测系统的矿山应根据监测结果及时调整通风系统；未设置在线监测系统的矿山每年应对通风系统进行 1 次检测，并根据检测结果及时调整通风系统。矿山应及时更新通风系统图，通风系统图应标明通风设备、风量、风流方向、通风构筑物及与通风系统隔离的区域等。

②矿井通风系统的有效风量率应不低于 60%。

③矿山形成系统通风、采场形成贯穿风流之前不应进行回采作业。

④进入矿井的空气不应受到有害物质的污染，主要进风风流不应直接通过采空区或塌陷区；需要通过时，应砌筑严密的通风假巷引流。主要进风巷和回风巷应经常维护，不应堆放材料和设备，应保持清洁和风流畅通。放射性矿山回风井与进风井的间距应大于 300 m。矿井排出的污风不应对矿区环境造成危害。

⑤箕斗井、混合井作进风井时，应采取有效的净化措施，保证空气质量。

⑥井下硐室通风应符合下列要求：来自破碎硐室、主溜井等处的污风经净化处理达标后可以进入通风系统；未经净化处理达标的污风应引入回风道；爆破器材库应有独立的回风道；充电硐室空气中 H_2 的体积浓度不超过 0.5%；所有机电硐室都应供给新鲜风流。

⑦采场、二次破碎巷道和电耙巷道应利用贯穿风流通风或机械通风。

⑧采场回采结束后，应及时密闭采空区，并隔断影响正常通风的相关巷道。

⑨风门、风桥、风窗、挡风墙等通风构筑物应由专人负责检查、维修，保持完好严密状态。主要运输巷道应设两道风门，其间距应大于一列车的长度。手动风门应与风流方向成 80°~85° 的夹角，并逆风开启。

⑩使用风桥应遵守下列规定：不应使用木制风桥；风桥与巷道的连接处应做成弧形。

10.2.2　矿井通风系统

矿井通风时，风流流动线路一般是新鲜风流由进风井送入井下，经石门、阶段运输平巷等开拓巷道和天井等采准工程到达需要通风的工作面，冲洗工作面后的污浊风流经回风井巷排至地表。风流所流经的通风线路及设施(包括通风设备)称为通风系统。

1. 通风系统方式

根据矿山拥有的独立通风系统的数目,可分为集中通风和分区通风;按进风井和出(回)风井的相对位置,通风系统分为中央式和对角式两大类。

(1)抽出式

主扇位于回风井井口或井底(一般位于井口,但当井口没有合适工业场地时,也可将主扇安装于井底),利用主扇提供的负压抽出污浊空气。抽出式是金属矿山普遍采用的通风方式,其优点:可利用副井进风,进风段风速小,人行、运输条件好;不需专用进风井巷和井口密闭;排烟速度快,且风流主要在回风段调节,不妨碍人行运输,便于维护管理;矿井风压呈负压状态,对自然发火矿井防止火灾蔓延或主扇停风时不引起采空区有毒有害气体突然涌出方面比较有利。其主要缺点:当工作面经崩落空区与地表连通时较难控制漏风污风通过主扇,腐蚀性较大。

(2)压入式

主扇位于进风井井口,利用主扇提供的正压,压入新鲜空气,排出污浊空气。其优点:利用采空区、崩落区或回风段其他连通地表的井巷,组成多井巷回风以减少阻力;使回风道密闭工程量少,维护费用低;矿井风压呈正压状态,可减少井巷、空区、矿岩裂隙中有毒有害气体的析出量;新鲜风流通过主扇,腐蚀性较小。其主要缺点:进风井巷维护困难;进风段风速大,对行人和运输不利,劳动条件差;回风段风压低,排烟速度慢。

(3)混合式

混合式是进风井主扇压入新鲜空气和回风井主扇抽出污浊空气的联合通风方式(见图10-5)。该方式兼有压入式和抽出式的优点,但需要两套主扇设备,投资大且管理复杂。

2. 多级机站压抽式通风系统

多级机站压抽式通风系统是在井下设立数级扇风机站,接力将地表新鲜风流由进风井巷压送到井下作业地点,而污风同样由数级风机经回风井巷抽送出地表。通风系统中每级机站

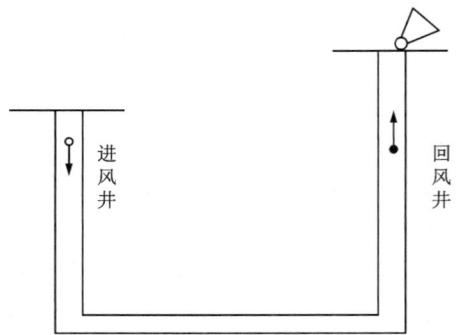

图10-5 混合式通风

由多台相同的风机并联组成,各级机站之间串联工作,在通风网络中,各级机站的工作方式既是压入式又是抽出式。多级机站通风系统与现行的集中大主扇通风系统相比,具有以下突出的优点:

①多级机站由多个并联的相同小风机组成,可以根据作业区需风量的变化而开闭风机调节风量,做到按需分配风量,降低能耗。

②多级机站间为压抽式串联通风,可降低全矿通风网络压差,使工作面形成零压区,从而减少漏风。

③可结合风网特点,合理布设机站,使用风机进行分风,灵活可靠,提高了工作面的有效风量。

3. 风流控制设施

要把新鲜空气保质保量送到各作业地点，同时把污浊风流按一定线路排出地表，风流在井巷中不能任其自然分配，必须根据需要加以控制，因此，需要构筑一定的风流控制设施。

（1）风门

在既需要隔断风流，又需要行人或运输的巷道中，可设置风门。风门有木制的和铁制的；有水动的、电动的、气动的和机械动作的等。主要运输巷道应设两道风门，其间距大于一列车的长度。手动风门应与风流方向成 $80° \sim 85°$ 的夹角，并逆风开启。

（2）风窗

为了使并联巷道内的风流能够按照设计所要求的风量通过，对那些通过风量超过要求风量的巷道，可在其中设置风窗进行调节。所谓风窗，实际上就是在风门上开一个可以用活动木板调节面积的小窗口。

（3）风桥

风桥是一种避免新风和污风交会的构筑物，一般设置在分别通过新风和污风的两条巷道交叉处，如图 10-6 所示，巷道 1 进新风，巷道 2 出污风。

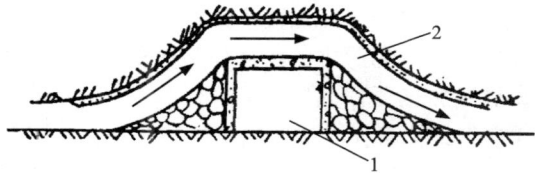

（4）密闭墙

将采空区、废弃巷道等用砖和混凝土等材料构筑的墙密闭起来，防止通风巷道由此漏风。

图 10-6   混凝土风桥

10.2.3   矿井通风方法

矿井内的空气之所以能够流动，是由于进风口与出风口之间存在着压力差。产生这种压力差，促使矿井内空气流动的动力，称为通风动力。按通风动力不同，可将矿井通风方法分为机械通风和自然通风。

（1）机械通风

机械通风是采用专门的机械设备（扇风机）来促使井下空气流动的通风方法。其特点是季节变化对通风影响不大，风流方向及风量可以调节。故此法是一种可靠的通风方法，为绝大多数矿山所采用，而且安全规程规定，地下矿山必须建立机械通风系统。

（2）自然通风

自然通风是靠自然压差促使空气流动的。当进风井筒与出风井筒地表位置的高度不同时，两个井筒中空气柱的质量不同，产生自然压差，也称自然风压。由于自然通风极不稳定，风流方向和风量大小均受季节影响（如在春秋季节，地面井下温度差别不大时，井下空气可能就不会流动），因此，自然通风只能作为机械道风的一种补充手段。

10.2.4   矿井降温与防冻

1. 高温矿井降温措施

不仅热水型矿井和高硫矿井井下温度较高，一般金属矿山井下温度也会随开采深度的增加而升高。高温矿井降温措施包括：

①隔离热源。在所有热害防治措施中，隔离热源是最根本、最重要、最经济的措施。具体措施如及时充填空区，对以热水为主要热源的高温矿井，优先考虑疏干方法降低水位等。

②加强通风。加强通风的主要目的是减少单位风量温升或提高局部风速，前者一般通过加大风量，后者则采用空气引射器来实现降温目的。

③用冷水或冰水对风流喷雾降温。利用水的气化吸热而降温，如向山硫铁矿采用冰块与27 ℃的水混合，形成10 ℃左右的冷水，在工作面进风风筒中对风流喷雾，使工作面入风温度下降5.5~6.5 ℃，相对湿度由40%增至50%。

④人工制冷降温。人工制冷有固定式制冷站和移动式空调机两类，前者适用于全矿或生产阶段总风流的降温，而后者主要用于少数高温工作面的风流降温。

2. 井筒防冻

地处严寒地区的矿山，冬季应采取如下防止井筒结冰的措施：

①热风炉预热。在远离工业场地的小型风井，无集中热源时采用。热风炉的位置应使进入井筒的空气不受污染，且符合防火要求。

②空气加热器预热。

③空气地温预热。是利用矿山废旧巷道或采空区的岩温，将送入井下的冷空气进行预热的方法，是一种经济可靠的空气预热方法，用于非煤非铀矿井。

④其他空气预热方法。如利用空压机等设备产出的热量预热。

10.3 充填系统

充填系统一般有干式充填、水砂充填、分级尾砂充填和全尾砂充填系统四种方式。其中，干式充填和水砂充填已经被淘汰，分级尾砂充填系统无法实现细粒径尾矿的综合利用，直排尾矿库又会对尾矿库的坝体稳定性产生诸多不利的影响，故用全尾砂充填全面取代分级尾砂充填，在矿山得到广泛应用。本节仅介绍现代矿山常见的三种全尾砂充填系统方案。

10.3.1 立式砂仓全尾砂充填系统

（1）全尾砂浓缩工艺

如图10-7所示，该方案的典型特征是选择立式砂仓作为全尾砂浆体的浓缩和储存装置。立式砂仓一般为一用一备，即一个砂仓用于放砂，另外一个砂仓可用于储砂和浓缩。仓体一般采用立式密闭的圆柱-圆锥状钢板焊接结构，容积根据其处理量计算确定；立式仓体顶部一般设置有溢流槽，可以及时将溢流水排出；仓体底部设置有高压风管和高压水管，以便实现高压风和高压水造浆。

选厂产生的全尾砂浆体经渣浆泵泵送至立式砂仓内，在重力和絮凝剂的共同作用下全尾砂快速沉降，形成浓度相对较高的底流和相对澄清的溢流。全尾砂一般在立式砂仓内絮凝沉降形成分层结构，越往底部浓度越高，上部则形成沉淀后的清水层。从立式砂仓顶部溢流出来的水往往含有极少的悬浮物颗粒，一般直接返回选厂循环利用作选矿用水。随着砂仓上部

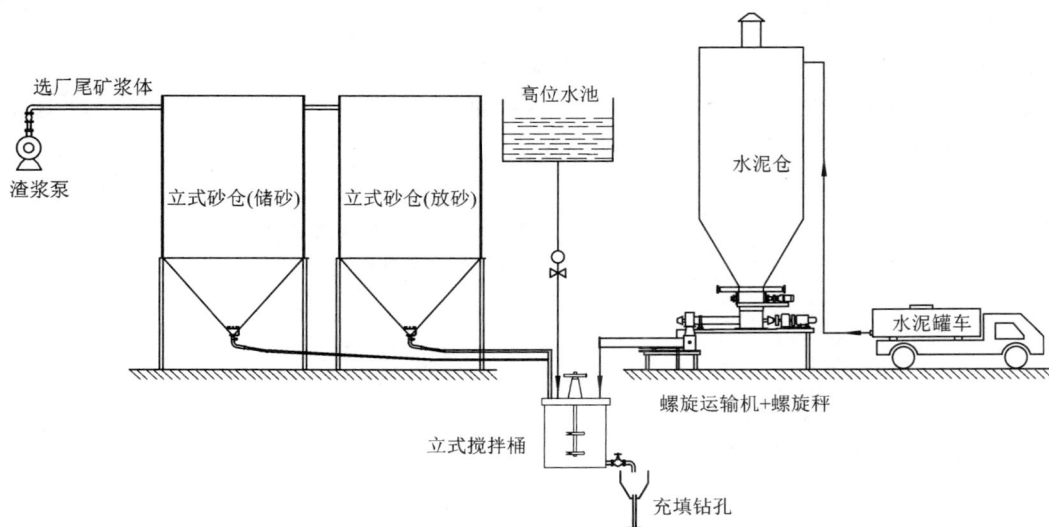

图 10-7　立式砂仓全尾砂充填系统流程示意图

溢流水的不断排出和全尾砂的不断沉降压缩，立式砂仓底部全尾砂的质量分数可进一步提高在 60% 以上，然后采用高压风和高压水联合造浆，将其排出至立式搅拌桶内。

（2）充填料浆制备工艺

胶凝材料一般选用散装水泥，采用水泥罐车将其输送至充填站内，现场配备一台移动式空气压缩机，从散装水泥罐车向水泥仓内压气卸料。水泥仓一般为成品结构，由立式密闭的圆柱-圆锥状钢板焊接组成，仓体顶部设有袋式除尘器，底部设有防板结的破拱装置，仓底排料口安装有插板阀、星形给料机、转子秤和螺旋输送机等设备，通过精确计量后经螺旋运输机向搅拌桶均匀供料。充填用水一般由高位水池提供，浓缩后的全尾砂和水泥以及水在立式搅拌桶内，经高速搅拌、均匀拌和成合格的充填料浆，再经充填钻孔和管道输送至采空区内。

（3）系统优点

①系统工艺简单、技术难度低。

②设备投资较小、系统建造成本较低。

③系统自动化程度相对较高。

（4）系统缺点

①单套系统的处理能力相对较小，大型矿山需要建设多套系统。

②需要建设两套系统一备一用，无法实现连续充填。

③立式砂仓底部易板结，高压风高压水造浆能耗较高。

④立式砂仓底部放砂浓度不稳定，初始放砂浓度可为 65%~70%，但是随着放砂的进行、泥层高度不断降低，放砂浓度越来越低。

立式砂仓全尾砂充填系统虽然工艺简单、技术难度较低且投资较小，但是也存在处理能力小、砂仓底部易板结、高压风高压水造浆能耗较高且充填浓度不稳定等诸多问题。随着矿山充填向更加精细化和智能化的方向发展，这种充填系统方案的使用将越来越少。

10.3.2　深锥浓密机全尾砂充填系统

（1）全尾砂浓缩工艺

如图10-8所示，该方案的典型特征是选择深锥浓密机作为全尾砂浆体的浓缩和储存装置。与立式砂仓相比，深锥浓密机处理能力更大、效率更高，底流浓度更高且更加稳定，因此从2010年开始，国内大中型矿山新建的全尾砂充填系统均主要以深锥浓密机作为核心的尾矿浓缩和储存设备。深锥浓密机也需要配置专门的絮凝剂制备和添加系统，以加速全尾砂中细颗粒的沉降速度，获得尽可能高的底流浓度和澄清的溢流。

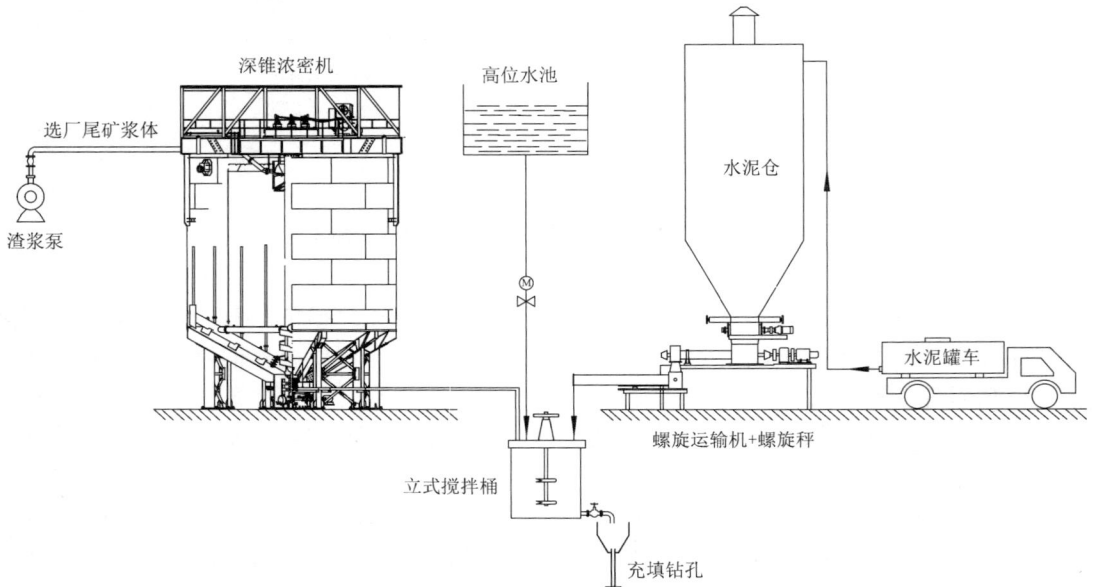

图10-8　深锥浓密机全尾砂充填系统流程示意图

选厂产生的全尾砂浆体经渣浆泵泵送至深锥浓密机内，在重力和絮凝剂的共同作用下全尾砂快速沉降，形成浓度相对较高的底流和相对澄清的溢流。全尾砂一般在深锥浓密机内絮凝沉降形成分层结构，越往底部浓度越高，上部则形成沉淀后的清水层。从深锥浓密机顶部溢流出来的水往往澄清度较高，一般直接返回选厂循环利用作选矿用水。随着深锥浓密机上部溢流水的不断排出和全尾砂的不断沉降压缩，深锥浓密机底部全尾砂的质量分数可进一步提高为60%~70%，然后将其从底部放出，采用循环剪切泵送至立式搅拌桶内。

（2）充填料浆制备工艺

胶凝材料一般选用散装水泥，采用水泥罐车将其输送至充填站内，现场配备一台移动式空气压缩机，从散装水泥罐车向水泥仓内压气卸料。水泥仓一般为成品结构，由立式密闭的圆柱—圆锥状钢板焊接组成，仓体顶部设有袋式除尘器，底部设有防板结的破拱装置，仓底排料口安装有插板阀、星形给料机、转子秤和螺旋输送机等设备，通过精确计量后经螺旋输送机向搅拌桶均匀供料。充填用水一般由高位水池提供，浓缩后的全尾砂和水泥以及水在立式搅拌桶内，经高速搅拌、均匀拌和成合格的充填料浆，再经充填钻孔和管道输送至采空区内。

（3）系统优点

①系统工艺简单。

②深锥浓密机处理能力大，可以实现连续充填。

③系统自动化程度高。

④深锥浓密机底部放砂浓度较高且稳定。

（4）系统缺点

①深锥浓密机耙架制造技术难度大，一旦压耙处置难度极大。

②设备投资大、建造成本高。

与立式砂仓相比，深锥浓密机全尾砂充填系统虽然技术难度大、系统投资高，但是处理能力却得到了大大的提升、设备运行能耗较低且可获得稳定的底流充填浓度，随着矿山充填精细化和智能化的不断发展，这种充填系统方案的使用将越来越多。

10.3.3　全尾砂全脱水充填系统

全尾砂全脱水充填系统方案的典型特征是选择高频振动筛作为尾矿粗细分级装置，选择浓密机+陶瓷过滤机作为分级后细尾砂的浓缩和脱水装置，实现了全尾砂的全脱水，以便于综合利用和无害化处置。

（1）尾砂分级工艺

选厂产生的全尾砂浆体经渣浆泵泵送至高频振动筛内，在高频振动作用和筛网孔目控制下，全尾砂实现了粗细颗粒分离。其中，经筛分后的粗颗粒成分含水率一般在 20% 以内，直接从高频振动筛末端排出，可直接用作建筑骨料或者进行二次利用；高频振动筛筛下的细骨料和水则自动流入浓密机内，进一步进行浓缩和脱水。

（2）尾砂浓缩工艺

经高频振动筛筛分出粗骨料后，剩余的含有大量细颗粒的浆体从高频振动筛筛下排出，统一汇入高效浓密机内。高效浓密机旁边设有絮凝剂添加装置，内部还设有机械耙架结构，在高分子絮凝剂的作用下，细颗粒成分快速絮凝成团，沉降至浓密机底部，溢流水则从浓密机上部溢流槽排出。通常高效浓密机可将细粒径尾矿的质量分数提升为 40%～50%，进而实现对后续陶瓷过滤机的稳定和均匀供料，有利于提高陶瓷过滤机的处理效率。

（3）尾砂脱水工艺

陶瓷过滤机一般每工作 5～8 h 就需要酸洗一次，因此，通常需要一用一备，即一个在酸洗期间，启动另外一台用于生产。陶瓷过滤机的处理能力主要受其陶瓷板类型、孔隙大小及过滤面积等诸多因素的影响，一般需要进行选型试验和计算确定。经高效浓密机浓缩后获得质量分数为 40%～50% 的细粒径尾矿浆体，通过管道输送至陶瓷过滤机进浆口内，在陶瓷板微孔隙的吸附作用下，水被吸附进滤板内，细颗粒尾砂则被吸附在陶瓷板上，从而获得含水率低于 20% 的尾砂滤饼。在刮刀的作用下，尾砂滤饼被从陶瓷过滤机滤板上刮下，落入底部的尾砂堆场内。

（4）分级细尾砂用于充填的料浆制备工艺

如图 10-9 所示，采用分级细尾砂作为充填骨料，粗尾砂用作建筑材料进行二次利用。经高频振动筛筛分后的细粒径尾砂和水，经高效浓密机浓缩、陶瓷过滤机脱水后，获得含水率低于20%的尾矿滤饼，在堆场内临时堆存。一般采用装载机将细粒径尾矿滤饼转运至卸料斗内，再经皮带秤计量和带式输送机上料至立式搅拌桶内。胶凝材料一般选用散装水泥，采用水泥罐车将其输送至充填站内，现场配备一台移动式空气压缩机，从散装水泥罐车向水泥仓内压气卸料。水泥仓一般为成品结构，由立式密闭的圆柱-圆锥状钢板焊接组成，仓体顶部设有袋式除尘器，底部设有防板结的破拱装置，仓底排料口安装有插板阀、星形给料机、转子秤和螺旋运输机等设备，通过精确计量后经螺旋运输机向搅拌桶均匀供料。充填用水一般由高位水池提供，尾砂滤饼和水泥以及水在立式搅拌桶内，经高速搅拌、均匀拌和成合格的充填料浆，再经充填钻孔和管道输送至采空区内。

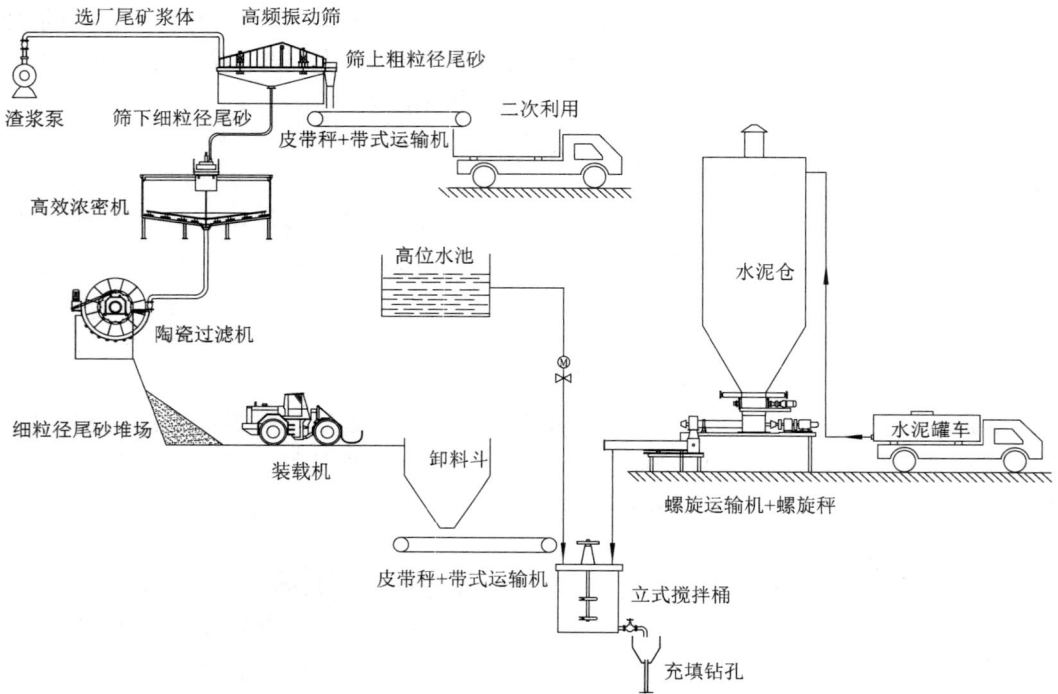

图10-9 全尾砂全脱水充填系统流程示意图

（5）系统优点

①采用振动筛进行粗细颗粒分级，可以有效控制分级粒径和筛分效果。

②粗骨料的分级和脱水工艺简单，筛分后含水率低，可直接进行综合利用。

③粗、细尾砂均可用作充填骨料或进行综合利用，避免了细粒径尾矿无法综合利用，长期向尾矿库内排放会对坝体稳定性产生不利影响。

④对不同粒径组成、不同种类的尾矿均具有较好的适用性。

⑤由于将尾矿脱水至滤饼状态，充填浓度可以自由调控。

⑥核心设备投资小、系统建造成本低。

（6）系统缺点

①系统工艺流程相对较复杂，涉及浓缩脱水装置较多。

②系统运行成本相对较高。

③陶瓷过滤机脱滤后的尾矿滤饼黏性大，易导致卸料斗堵塞。

④需要一定的陶瓷过滤机酸洗和陶瓷板更换成本。

全尾砂全脱水充填系统虽然运行成本相对较高，但是可以实现粗细尾砂的高效分级和全脱水，可以从根本上解决细粒径尾砂无法综合利用、长期向尾矿库内排放会对坝体稳定性产生不利影响的突出问题，符合绿色无尾矿山的建设发展要求，在国内矿山具有广泛的推广应用前景。

10.4　其他生产系统

10.4.1　排水系统

地下开采过程中，大量的地下水会涌入工作面，影响矿山正常生产，必须采取适当的方法，将大气降水、地表水、地下水和生产用水等涌入矿井的水排出地表，以保证作业安全。

1. 排水方式

矿井排水方式有自流式和扬升式两种。自流式排水是使坑内水自行流到地面，是最经济的排水方法，但只适用于平硐开拓的矿山。扬升式排水是借助排水设备，将水扬至地面，采用井筒开拓的矿山，都必须采用这种方法。地下水沿着阶段运输巷道的水沟，汇聚到井底车场附近的水仓中，再由水泵抽送到地面。水仓其实也是一种地下坑道，由两个独立的巷道系统组成，分别为内水仓和外水仓。水仓比所在水平的井底车场标高低 3~4 m，在一般情况下要能容纳地下 6~8 h 的正常涌水量。对涌水量较大的矿井，每条水仓的容积应能容纳 2~4 h 的井下正常涌水量。这样，一方面保证水泵可在较长的时间内正常工作；另一方面，当矿井涌水突然增加或当水泵需要停工检修时，都有较好的安全保证。

2. 排水系统

扬升式排水主要有直接排水、接力排水、集中排水等 3 种排水系统。

①直接排水。各阶段都设置水泵房，分别用各自的排水设备将水直接扬至地面。这种排水系统，各水平的排水工作互不影响，但所需设备多、并筒内敷设的管道多、管理和检查复杂，金属矿很少采用。

②接力排水。下部水平的积水，由辅助排水设备排至上水平主排水设备所在水平的水仓内，然后由主排水设备排至地表。这种排水系统适用于深井或上部涌水量大而下部涌水量小的矿井。

③集中排水。上部水平的积水，通过下水井、下水钻孔或下水管道引入下部主排水设备所在水平的水仓内，然后由主排水设备集中排至地表。这种排水系统虽然上部水平的积水流到下部水平，增加了排水电能消耗，但它具有排水系统简单，基建费和管理费少等优点，在金属矿采用较多，特别是下部涌水量大、上部涌水量小时更为有利。

3.排水设备

矿井排水设备主要包括水泵和水管。

(1)水泵

矿用水泵一般为离心式水泵，主要通过离心力的作用，使水不断被吸入和排出。单级水泵仅有一个叶轮，扬升高度有限。当扬程大时，可采用多级水泵，即在一根轴上串联多个叶轮，来增加扬升高度。矿用主排水设备，均为多级水泵。井下主要排水设备，至少应由同类型的 3 台水泵组成。除检修泵外，其他水泵应能在 20 h 内排出一昼夜的最大涌水量。

(2)排水管

排水管一般都敷设在井筒的管道间内。当垂直高度小于 200 m 时，可采用焊接管；如果垂深超过 200 m，可用无缝钢管。矿井的主排水管至少要敷设两条，当一条发生故障时，另一条必须在 20 h 内排出矿井 24 h 的正常涌水量。排水管靠近水泵处，设置闸板阀和逆止阀。闸板阀作调节排水量及开闭排水管之用；逆止阀的作用是在水泵停车时，防止水管中的水倒流进入水泵中损坏叶轮。

4.排泥

泥沙量大的矿山，需要定期对水仓沉淀物进行清理和排出。常用的清仓排泥方式包括：压气罐清仓串联排泥、压气罐配密闭泥仓高压水排泥、喷射泵清仓泥浆泵排泥、油隔离泵清仓排泥和清仓机排泥。

(1)压气罐清仓串联排泥

该系统是利用串联的压气罐将沉淀在水仓底部的泥浆排出的清仓排泥方法，其优点是体积小、成本低，清仓时人可不进入水仓，易于实现机械化，清仓时水仓仍可使用；缺点是压气排泥管线多，投资大。该方法一般适用于泥沙颗粒坚硬、清理量较大、水仓服务时间较长的矿山。

(2)压气罐配密闭泥仓高压水排泥

该系统是利用压气罐将沉淀在水仓底部的泥浆送入密闭泥仓贮存，待贮存一定量后，利用本阶段泵房高压水泵的压力水挤入稀释，并迫使稀释后的泥浆通过主排水管排至地表。该系统扬程高，泥浆不经过水泵，劳动强度低；但其缺点是密闭泥仓构筑技术要求高，工程量和投资大，一般适用于泥沙量大、扬程高和泥仓使用年限长的矿山。

(3)喷射泵清仓泥浆泵排泥

该系统是利用喷射泵将泥沙送入泥浆池，然后通过泥浆泵排至采空区或地表。该清仓排泥方法操作简单，投资少，但高压水消耗大，成本高，且受泥浆泵扬程限制，因此，一般适用于泥量少、扬程低(如向采空区排泥)的矿山。

(4)油隔离泵清仓排泥

该系统利用油隔离泵排出泥沙。

(5)清仓机排泥

随着我国机械制造水平的提高，利用专用清仓机对井下水仓和水沟进行机械化清理已成为可能。其主要原理是清仓机直接开进水仓，铲装淤泥并将其输送到后续的压滤设备上，直接压滤成滤饼，再利用废石提升系统提升至地表堆存。

10.4.2　供水系统

井下供水系统是指井下涌水经沉淀后由地面水池经水管送入井内各采掘工作面和需水点所组成的系统。地下供水管网系统应通达各开拓、采准、回采的中段与作业面,水压、水量能满足湿式凿岩、爆堆洒水及冲刷巷道粉尘的需要。

（1）供水系统规划

供水系统规划是在考虑矿山规模、深度、工作面数量和人员密度等因素的基础上进行的。需要确定供水设施的种类、规模和布局,以满足井下工人的生产用水需求。

（2）水源选择

井下供水系统的水源选择以地下水和地表水为主。地下水源可以通过钻井和井下抽水泵来获取,而地表水源则可以通过水库、河流或者人工池塘等方式收集。水源的选择应考虑水质、水量、水源的可靠性以及井下管网的可承受能力等因素。对供水系统的水源进行管理是确保供水的稳定性和安全性的基础,应及时监测水源的水质,定期对水源进行消毒和维护,确保水源的合格和可靠性;同时,建立水源管理档案,记录水源的相关信息和维护记录,为日后的管理和维护提供依据。

（3）供水管网设计

供水管网设计是供水系统中的核心环节。管网的设计应考虑矿山开采的实际情况,包括矿井的走向、矿区的布局和井下工作面的位置等因素。同时,为确保供水的稳定性和安全性,应选择合适材质的管道,并合理设置阀门和管网井。供水管网的管理主要包括巡查和维护两个方面。定期进行巡查,检查管路的运行情况和管道的压力、渗漏等情况,及时发现和排除故障。定期进行维护和保养,对管道进行清洗和防腐处理,以确保其正常运行,延长使用寿命。

（4）供水设备选型

供水设备的选型要考虑矿山井下的特殊环境和工况要求。例如,有瓦斯突出风险的煤矿要选用防爆型的泵站装置,以确保井下供水设备在瓦斯爆炸等突发情况下可以正常运行,并保证井下供水的稳定性和安全性。供水设备的管理涉及设备的维护、检修和更换等内容。包括建立设备管理计划,制订设备保养和维修周期,定期对设备进行检修和更换;还包括进行设备运行数据的记录和分析,及时发现设备故障和性能下降的情况,并采取相应的处理措施。

10.4.3　供电系统

供电系统是由供电线路和变电、配电设备组成的系统。井下供电系统包括井下中央变电所、采区变电所、工作面配电点(或移动变电站)和高低压电缆网。井下中央变电所由双回路或更多高压电缆供电,并引自地面变电所的不同母线段。任一回路停止供电时,其余回路能担负全部负荷。中央变电所一般设在井底车场附近靠水泵房的硐室内,经高压配电箱,用橡套电缆向井下水泵房、变流站、采区变电所供电,并经降压变压器供应车场附近的低压动力及照明。

1. 电力负荷分类

（1）一类负荷

凡由突然停电可能造成人身伤亡或重要设备损坏或给生产造成重大损失的负荷为一类负荷。如主通风机、提升人员的立井提升机、井下主排水泵以及上述设备的辅助设备等。对一类负荷供电必须有可靠的备用电源，一般由变电所引出的独立双回路供电。

（2）二类负荷

由突然停电可能造成较大经济损失的负荷为二类负荷。生产设备多为二类负荷，如非提升人员的主提升机、压风机以及没有一类负荷的井下变电所等。对大型矿井的二类负荷，一般采用具有备用电源的供电方式。

（3）三类负荷

不属于一、二类负荷的所有负荷都属于三类负荷。如生产辅助设备、家属区、办公楼、机修厂等。对三类负荷供电的可靠性没有要求，可采用一条线路对多个负荷供电，以减少设备投资。

2. 供电系统组成及要求

①主变电所要求设置在爆破警戒线以外，距离准轨铁路不小于 40 m，远离污秽及火灾、爆炸危险环境和噪声、震动环境，避开断层、滑坡、沉陷区等不良地质地带以及受雪崩影响地带；地面标高应高于当地最高洪水位 0.5 m。

②矿山一级负荷的两个电源均需经主变压器变压时，应采用 2 台变压器；主变压器为 2 台及以上时，若其中 1 台停止运行，其余变压器应至少保证一级负荷的供电。

③采矿场和排土场的手持式电气设备的电压不大于 220 V。

④采矿场采用双回路供电时，每回路供电能力应均能供全负荷；采用三回路供电时，每个回路的供电能力不应小于全部负荷的 50%。

⑤户外安装的电气设备应采用户外型电气设备；室外配电装置的裸露导体应有安全防护，当电气设备外绝缘体最低部位距地小于 2500 mm 时，应装设固定遮栏；高压设备周围应设置围栏；露天或半露天变电所的变压器四周应设高度不低于 1.8 m 的固定围栏或围墙。

⑥固定式高压架空电力线路不应架设在爆破作业区和未稳定的排土区内，移动式电气设备应使用矿用橡套软电缆。

10.4.4 供风系统

供风系统是井下设备用风的系统，比如凿岩机、风镐等设备，需要供风提供动力，是设备的动力系统之一。用来压缩和压送各种气体的机器称为压缩机(又称压风机或空压机)。压缩空气是金属矿山主要动力之一，井下的凿岩、装药、放矿闸门等机械，大多是风动的；其他设备如小绞车、锻钎机、碎石机、喷浆机等，往往也以压气为动力。即使广泛采用无轨设备的地下矿山，也离不开压气。因此，压缩空气供应是地下矿山生产不可或缺的工序之一。

金属矿山压缩空气通常在地面空压站进行，通过管道输送到工作地点。矿山压气系统由空压机(含中间冷却器、压力调节器等)、拖动装置(电动机或内燃机)、辅助设备(包括空气过滤器、储气罐、冷却装置等)和输气管网组成。

空压机型号很多,按其工作原理可分为活塞式和螺杆式两种。从节能角度出发,应优先选用螺杆式。按其工作状态可分为固定式和移动式两大类。排气压力为 0.7~0.8 MPa,排气量为 3 m^3/min、6 m^3/min、9 m^3/min、10 m^3/min、12 m^3/min、20 m^3/min、30 m^3/min、40 m^3/min、60 m^3/min、90 m^3/min、100 m^3/min。

压气输送管道一般为无缝钢管或对焊钢管。敷设在地面、主要开拓巷道等处的固定干线管道,可用焊接的方式连接;移动管道则用套筒、法兰盘连接;风动机械与压气管网之间则一般采用挠性软管(风绳)连接。

10.5　安全避险六大系统

为提高矿山安全生产保障能力,国家要求全国煤矿及非煤矿地下矿山都必须建立和完善监测监控、人员定位、供水施救、压风自救、通讯联络、紧急避险等安全避险六大系统。"六大系统"对保障矿山安全生产发挥重大作用,为地下矿山安全生产提供了良好的条件。

1. 监测监控系统

监测监控系统是用于监测气体、风速、风压、温度、地压、位移、通风机开停状态等参数以及对重要生产作业点的实时监控,具有采集传输、存储、处理、显示、打印、声光报警、控制等功能。

(1)一氧化碳传感器设置

①采用压入式通风的独头掘进巷道,应在距离掘进工作面 5~10 m 混合风流处和距离巷道出口 10~15 m 回风流中各设置 1 个一氧化碳传感器;采用抽出式通风的独头掘进巷道,应在风筒口与工作面的混合风流处设置 1 个一氧化碳传感器;采用混合式通风的独头掘进巷道,应在距离掘进工作面 5~10 m 混合风流处设置 1 个一氧化碳传感器。一氧化碳传感器应垂直悬挂,距顶板不得大于 0.3 m,距巷壁不得小于 0.2 m。混合风流处的一氧化碳传感器应有防止爆破冲击的防护设施。

②每个采场入口处应设置 1 个一氧化碳传感器。

③掘进天井时,应按照独头掘进巷道的要求设置一氧化碳传感器。

④一氧化碳传感器报警浓度应设定为 0.0024%。

⑤一氧化碳传感器的安装,应做到维护方便和不影响行人行车。

(2)风速传感器设置

①地下矿山各采掘工作面应设置风速传感器。当风速低于或超过安全规程的规定值时,应能发出报警信号。

②矿井主通风机房应设置风速和风压传感器,实现对全矿井总风量的动态监测。

(3)其他要求

①开采高硫等有自然发火危险矿床的地下矿山,还应在采掘工作面设置温度、硫化氢、二氧化硫等有毒有害气体传感器。

②存在大面积采空区、工程地质复杂、有严重地压活动的地下矿山,应对采空区稳定性、顶板压力、位移变化等进行动态监控,对开采范围内地表沉降量进行观测。

③开采与煤共(伴)生矿体的地下矿山，应对井下瓦斯、一氧化碳浓度、温度、风速等进行动态监测监控。

④地下矿山企业应建立完善提升人员的提升系统的视频监控系统，实现对井口调度室、提升绞车房、提升人员进出场所(井口、井底、中段马头门、调车场等)的视频监控。

⑤监测监控系统要具有数据显示、传输、存储、处理、打印、声光报警、控制等功能。

2. 井下人员定位系统

井下人员定位系统是将人员的考勤管理、自动控制技术、射频识别技术、网络通信技术等综合为一体的自动识别信息系统。该系统通过对进出入井口、巷道内移动目标进行非接触式信息采集处理，实现对人、车、物在不同状态移动、静止下的自动识别，实现对目标的定位跟踪和考勤管理。具体要求如下：

①地下矿山企业应建设完善井下人员定位系统。当班井下作业人员数少于30人的，应建立人员出入井信息管理系统。

②井下人员定位系统应具有监控井下各个作业区域人员的动态分布及变化情况的功能。人员出入井信息管理系统应保证能准确掌握井下各个区域作业人员的数量。

3. 紧急避险系统

矿山井下紧急避险设施有自救器、救生舱、避难所、防透水型固定式硐室，可在井下发生紧急灾害时为避灾人员提供生命保障。具体要求如下：

①矿山企业必须按照安全规程要求，为入井人员配备额定防护时间不低于30 min 的自救器。其主要用途就是在井下发生火灾、瓦斯、煤尘爆炸、煤与瓦斯突出或二氧化碳突出事故时，供井下人员佩戴脱险，免于中毒或窒息死亡。

②地下矿山应在每个中段至少设置一个避灾硐室或救生舱。独头巷道掘进时，应每掘进500 m 设置一个避灾硐室或救生舱。

③避灾硐室或救生舱应设置在岩石坚硬稳固的地方。避灾硐室应能有效防止有毒有害气体和井下涌水进入，并配备满足当班作业人员 1 周所需的饮水、食品，配备自救器、有毒有害气体检测仪器、急救药品和照明设备，以及直通地面调度室的电话，安装供风、供水管路并设置阀门。

4. 压风自救系统

压风自救装置是一种固定在生产场所附近的固定自救装置，它的气源来自压缩空气管路系统，并经过减压、节流达到适宜人体呼吸的压力和流量值，以便在有灾害事故时，井下工作人员能呼吸新鲜空气，达到自救的目的。压风自救系统由空气压缩机、集水放水器、送气管路、阀门、气水分离器、压风自救装置组成。具体要求如下：

①地下矿山应在按设计要求建立压风系统的基础上，按照为采掘作业的地点在灾变期间能够提供压风供气的要求，建立完善压风自救系统。

②空气压缩机应安装在地面。采用移动式空气压缩机供风的地下矿山企业，应在地面安装用于灾变时的空气压缩机，并建立压风供气系统。井下不得使用柴油空气压缩机。

③井下压风管路应采用钢管材料，并采取防护措施，防止因灾变而被破坏。井下各作业

地点及避灾硐室(场所)处应设置供气阀门。

5. 供水施救系统

供水施救系统包括清洁水源、供水管网、三通阀门及监测供水管网系统的辅助设备，能在矿井发生灾变时为井下重点区域提供饮用水。其要求如下：

①地下矿山应在现有生产和消防供水系统的基础上，按照为采掘作业的地点在灾变时人员集中场所能够提供水源的要求，建立完善供水施救系统。

②井下供水管路应采用钢管材料，并加强维护，保证正常供水。井下各作业地点及避灾硐室(场所)处应设置供水阀门。

6. 通信联络系统

井下通信联络系统包括矿用防爆调度电话、程控调度交换机、调度台、电源、电缆等，提供紧急报警广播、数字录音、分区广播、通讯联络和系统工作状态检测功能。具体要求如下：

①地下矿山应按照安全规程的有关规定，以及在灾变期间能够及时通知人员撤离和实现与避险人员通话的要求，建设完善井下通信联络系统。

②地面调度室至主提升机房、井下各中段采区、马头门、装卸矿点、井下车场、主要机电硐室、井下变电所、主要泵房、主通风机房、避灾硐室(场所)、爆破时撤离人员集中地点等，应设有可靠的通信联络系统。

③矿井井筒通信电缆线路一般分设两条通信电缆，从不同的井筒进入井下配线设备，其中任何一条通信电缆发生故障，另一条通信电缆的容量应能担负井下各通讯终端的通讯能力。井下通信终端设备，应具有防水、防腐、防尘功能。

④采用无线通信系统的地下矿山企业，通信信号应覆盖有人员流动的竖井、斜井、运输巷道、生产巷道和主要采掘工作面。

思考题

1. 对比分析罐笼和箕斗提升的优缺点及适用条件。
2. 论述有轨运输和无轨运输的优缺点及适用条件。
3. 论述常见的充填系统方案及其优缺点。
4. 论述矿山安全避险六大系统的建设内容及作用。
5. 论述如何提高矿山生产的本质安全。

第11章　矿山总图布置

　　矿山总图布置是指将矿山地表工业设施、行政管理设施、生活及福利设施，按照地表地形特点、根据矿区自然地理条件和交通状况，以及矿石地面加工和运输要求，合理布置在平面图上，并利用内外部运输线路将其连接在一起，形成一个有机整体的过程。

11.1　总图布置的主要内容

　　总图布置是矿山企业设计中的一个重要组成部分，不仅影响矿山井上、井下各生产工序之间转运及联结的通畅性，进而影响矿山总体效益，而且对人们工作与生活的舒适度，以及矿山总体美观性也有重要影响。总图布置一旦形成就很难改变，因此，在矿山设计环节，必须高度重视总图布置工作。总图布置是在矿区总体规划的基础上，合理分区布置地表工业场地、办公与生活场地。

　　(1)地表工业场地

　　地表工业场地是矿山总图布置的重点内容，包括主井工业场地、副井工业场地、风井工业场地、斜坡道工业场地、尾矿库、废石堆场、污水处理站工业场地、充填站工业场地、选矿工业场地、计量工业场地、油料设施等。

　　(2)办公与生活场地

　　办公与生活场地是矿山总图布置的另一项重要内容，包括厂前区、矿山办公区(包括行政办公区、化验与试验区等)、生活与福利区(包括职工宿舍、运动场、食堂、浴室、招待所、保健室等)、工区办公区等。

　　(3)内外部运输

　　内外部运输包括年运输量(包括运入量、运出量)计算、运输设备选型、运输线路设计、运输道路、厂区绿化等。

11.2　总图布置基本原则

　　根据矿区地形、地貌、地质、交通气象等自然条件及特点，总体布置需遵循下列原则：
①充分利用周围或矿山现有生产、生活等设施，在现有设施的基础上进行合理布置。

②充分利用地形,采取有效措施对新建工业场地合理布置,采取小集中大分散组团式布置原则,尽量少占地。

③在满足生产需要的前提下,利用地形,减少场地平整和填挖方工程量,节约投资。

④地表工业场地要统筹井下运输综合确定,避免出现反向运输。

⑤满足各种防护距离要求,从总体布置上为生产创造一个安全卫生的条件。

⑥保护生态环境。

11.3　总图布置应考虑的因素

总图布置应综合考虑如下因素,经多方案比较,合理确定各种工业场地和办公与生活场地的位置、形式和规模:

1. 地表地形条件与气象条件

地表地形是影响总图布置的主要因素:

①避开易受滑坡、泥石流等地质灾害影响的地段。

②地层稳定,无溶洞等不良地质现象。

③对于需要较大平面面积的场地,如副井工业场地、办公与生活场地,应选择开阔地段,且要避免受洪水影响。

④对于工序间物料频繁转运的场地,如选矿厂,最好布置在山坡上,借助自然高度差实现物料间的重力转运。

⑤办公与生活设施最好布置在南北通透、通风良好、对外交通方便的平整地形上。

2. 矿床赋存条件

矿床赋存条件影响井下开拓工程,如主副井、风井、斜坡道、充填钻孔等的布置方式,进而影响相应井筒、斜坡道口或充填钻孔的位置。

3. 开拓井巷工程的布置

在井口,尤其是副井井口周围要布置一系列的采矿生产设施、生活设施(如井口用房,含候罐室、职工浴室等),废石与材料的加工、储存和运输设施与线路,机修设施等。这些井口设施的布置与井下开拓井巷工程密切相关,如地表运输线路的走向就必须充分考虑井下进车方向。因此,必须统筹考虑地表工业场地布置与井下开拓井巷工程设计:在地表地形条件允许的前提下,工业场地的选择要有利于井下开拓井巷工程的布置;同样,开拓井巷工程设计时,也要充分顾及地表工业场地布置的可行性。

4. 地面设施的工艺

地表工业场地的最终决定因素是相应地面设施的工艺。如主井卸载方式决定着提升井架以及提升机房的布置,充填工艺决定着充填系统的平面布置,所采用的空压机、通风机型号等决定着空压机房、通风机房的布置方式,污水处理工艺决定着污水处理厂的总体设计。

11.4　地表工业场地布置

1.主井工业场地

主井主要担负矿石提升运输任务,其工业场地布置主要取决于提升设备(提升机、提升容器),包括井塔或井架、提升机房、贮矿仓、装矿设施、运输设施或线路、值班室等。

箕斗提升井一般布置井塔,提升机布置在井塔顶部(见图11-1)。此种布置方式的优点:

①矿石借助重力向后续运输设备(汽车、胶带输送机、轨道矿车等)卸料,节省转运环节,管理简单,成本低。

②所需工业场地面积小,节省土地。

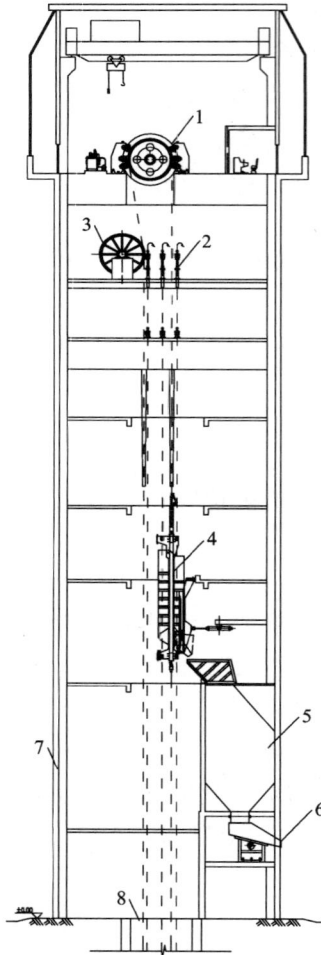

1—提升机;2—拉紧装置;3—导向轮;4—箕斗;5—贮矿仓;6—振动放矿机;7—井塔;8—井筒。

图11-1　箕斗主井井塔布置图

其主要缺点：

①井塔高（50~70 m）。

②提升机布置在井塔顶部，技术复杂，造价高。

主井采用罐笼提升时，一般采用井架结构，提升机落地布置（见图11-2）。该种布置方式的优点是井架结构简单，基建时间短，投资少；其主要缺点是占地面积较大。对于工业场地充足的矿山，箕斗主井有时也采用此种布置方式。

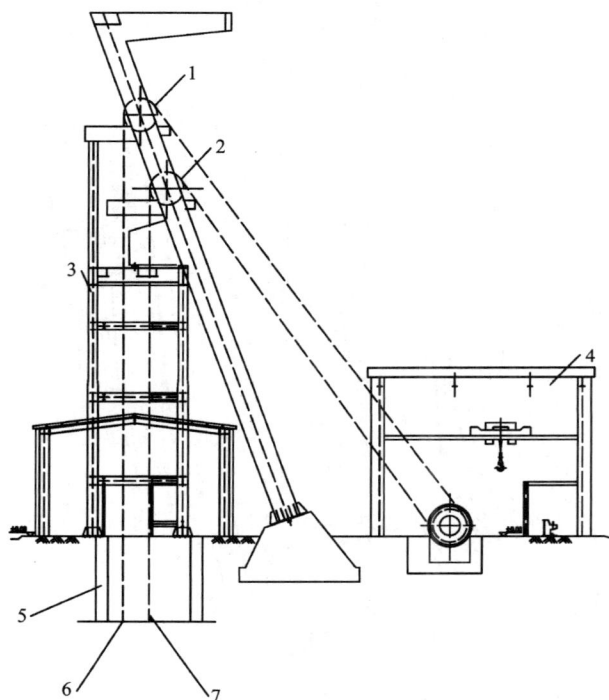

1—上天轮；2—下天轮；3—井架；4—提升机房；5—井筒；6—平衡锤中心线；7—罐笼中心线。

图11-2 罐笼井井架布置图

平硐与斜井地表工业场地相对简单，主要是窄轨铁路、修理间、绞车房（斜井）、矿石与废石堆场等（见图11-3）。

2.副井工业场地

副井主要担负废石、人员及材料的提升运输。副井由于多用罐笼提升，故一般采用井架结构。副井井口工业场地布置有井口房、副井准备用房、提升机房、窄轨铁路、综合修理间、材料堆场、废石临时堆场等。为节约工业场地，主副井工业场地一般集中布置（见图11-4），但主副井间距应满足安全要求。

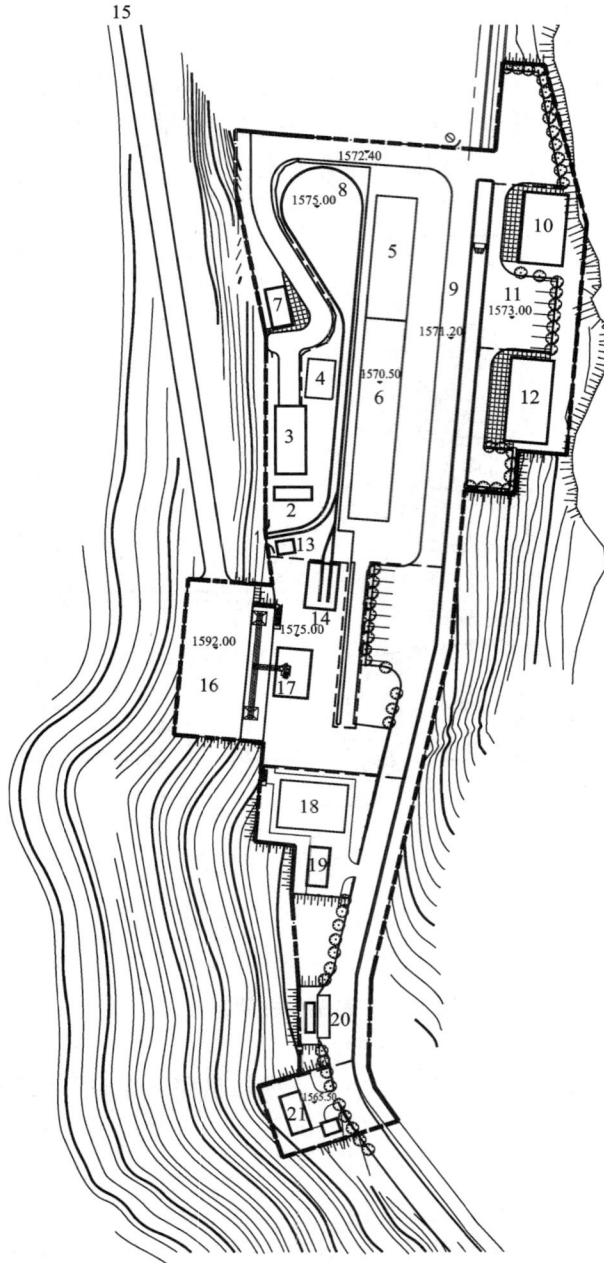

1—平硐口；2—候车室；3—铲运机修理车间；4—材料堆场；5，6—矿石堆场；7—厕所；
8—窄轨铁路；9—外部公路；10—办公楼；11—停车场；12—宿舍、食堂与运动室；
13—硐口值班室；14—电机车与矿车修理车间；15—充填站公路；16—充填废石堆场；
17—泵送充填制备站；18—污水沉淀池；19—配电房；20—地磅房；21—油库。

图 11-3　某平硐开拓矿山总图布置

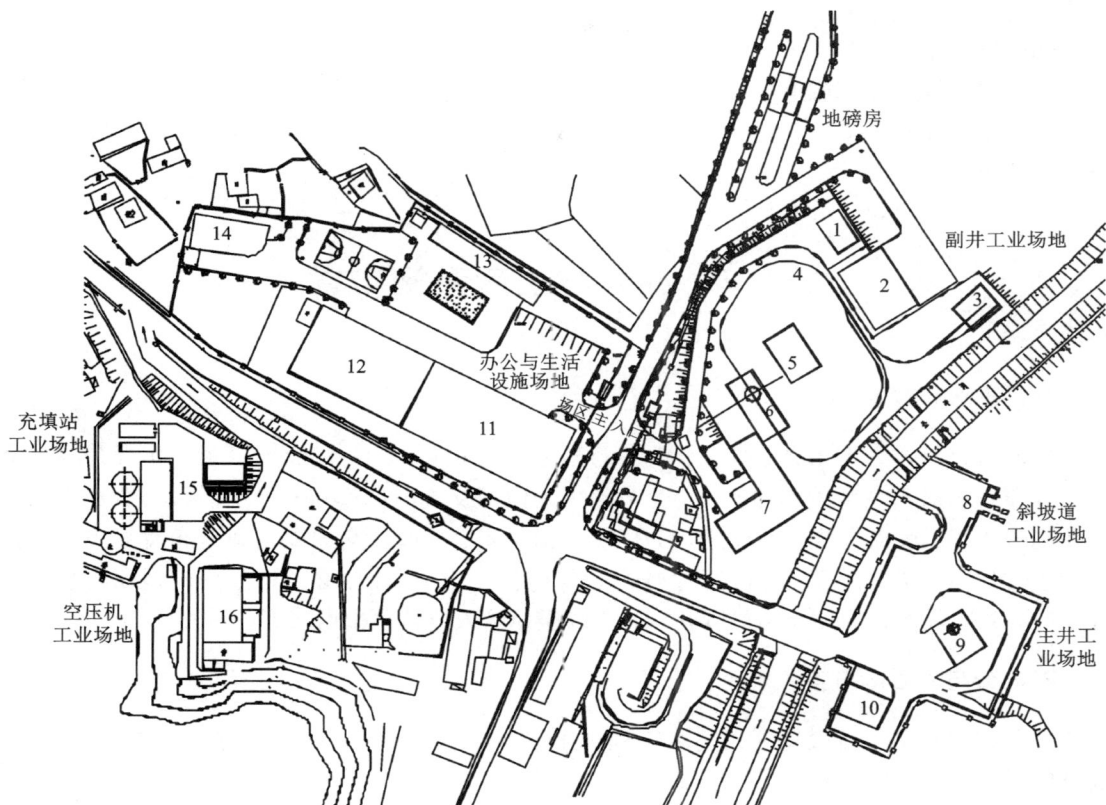

1—材料堆场；2—废石堆场；3—电机车修理间及蓄电池充电室；4—地表窄轨铁路；5—提升机房；
6—副井井口房；7—副井准备用房；8—斜坡道口；9—主井井塔；10—中央变电所；11—综合修理间；
12—综合仓库；13—职工宿舍；14—工区办公楼；15—充填制备站；16—空压机房。

图 11-4　某竖井开拓矿山部分总图布置

3. 工业场地

　　风井工业场地内布置通风机房，通风机房紧靠风井布置，内设风机、值班室和配电室。充填制备站尽量布置在矿床中心位置，以满足端部矿体开采对充填倍线的要求。

　　空压机房尽量靠近副井井筒布置，以最大限度地减少沿程损耗。

　　机修车间尽量靠近副井井筒布置。地磅房布置在主要运输公路一侧。

　　材料仓库、油料仓库及木料堆场应设在距离铁路或公路 15~20 m 的地方，以便于运输；为防火需要，与井口的距离应保持在 50 m 以上。木材场、有自然发火危险的排土堆、炉渣场，应布置在距离进风口常年最小频率风向上风侧 80 m 以外。

　　周转废石堆场应设在提升废石的井口附近。废石堆场容积应根据废石转运频率和能力确定，单个废石场不能满足要求时，可考虑设置两个堆场。废石堆场应考虑排水问题。

　　长材堆场、喷浆材料堆场应靠近副井地面窄轨铁路布置，以便于运输。

　　条件允许情况下，爆破器材尽量采用专业配送方式，不设地面炸药库。需要设置地面炸药库时，必须满足爆破工程要求。

变电所应尽量靠近电力负荷中心。

选矿厂应根据工艺要求，结合地形条件，以及与主井之间的矿石运输通道确定。

尾矿尽量用于充填或考虑综合资源化利用。剩余尾矿，条件允许情况下尽量考虑干堆。必须设置尾矿库时，应尽量设于山谷、洼地之中，以减轻筑坝工作量，减少尾矿库投资和运行维护费用。

11.5　办公与生活设施布置

1.厂前区布置

厂前区是指进入矿山办公与生活区，乃至工业区的入口。一般厂前区和矿山办公与生活区合并布置。对于位置偏僻的矿山，为节省工人内部交通时间，办公与生活区一般靠近采选工业场地布置，远离主要交通要道。为标明矿山位置，一般在交通要道附近布置简单的厂前区标志性建筑，如门楼等。厂前区远离矿山作业中心时，厂前区必须通过内部道路与矿山作业中心相连，且道路两侧需做好绿化工作，以避免给人进入厂前区突兀的感觉。

2.办公与生活区布置

办公与生活区是行政管理人员和工程技术人员工作、学习的地方，也是内部职工生活、休息的场所，更是矿山展示自我的窗口和内外部交流的重要平台，不仅要位置合理、功能齐全，而且要美观，符合创建绿色矿山的要求，其位置选择、功能与规模设定应考虑如下因素：

（1）地形地势因素

包括用地的大小与形状，地势的起伏与变化，有没有可以利用的景观，或应予以回避的不利因素(如易受洪水侵害的冲沟地段即不宜设置办公与生活区)。

（2）气候因素

应设在主导风向的上风侧，避免废气、粉尘污染生活区空气；北方寒冷地区应尽量集中布置，以利于集中采暖。

（3）交通与区位因素

办公区与生活区宜建立在交通相对便利的地段。条件允许时，如离城镇较近时，生活区尽量简化，应依托城镇，将生活区设在城镇内，以减轻企业后勤服务压力。

（4）与工业场地的关系因素

办公区与生活区既要便于生产指挥与调度，又要避免受到工业区噪声、粉尘、废气等的影响。要布置在岩层移动带外，且与工业场地的距离满足防爆、卫生、消防要求。

11.6　地面运输方式

矿山总图布置的重要内容之一即是确定矿山地面运输方式。矿山地面运输分为内部运输和外部运输。

1. 运输量计算

矿区内外运输主要包括矿石运输和废石运输以及生产辅助材料运输，应根据矿山设计或实际指标计算相应运输量(以年为单位)，以便确定内外部运输方式、选择运输设备、设计运输系统。运输量计算具体如下：

①根据矿山生产能力，确定矿石运输量；根据废石产出率(或千吨采切比、开拓比)，计算废石运输量。

②根据精矿、尾矿产量，计算精矿运输量和尾矿运输量。

③根据火工材料消耗指标(如单位炸药消耗量)，计算火工材料(炸药、雷管、导爆管)运输量。

④根据支护工程量，计算支护材料(锚杆、喷浆材料、木材、水泥、钢材等)运输量。

⑤根据凿岩工具消耗量，确定钻头、钢钎等运输量。

⑥根据选矿耗材指标，计算选矿药剂、钢球等运输量。

⑦根据无轨设备数量，计算轮胎、柴油、汽油等运输量。

⑧根据锅炉情况，确定煤炭运输量。

2. 内部运输

内部运输包括主运输和辅助运输。前者主要是主井(主平硐)运出的矿石转运到破碎厂、贮矿场(原矿售卖时)或选矿厂(精矿售卖时)，以及从副井口将废石运往周转废石堆场及废石场；后者内容广泛，既包括内部各工序材料、设备等的转运，也包括职工通勤等。内部运输方式包括窄轨铁路运输、胶带输送机运输、架空索道运输和汽车运输等，主要根据矿山生产能力、地表地形条件、运输距离、选矿工艺流程、主副井开拓巷道布置方式等确定。

3. 外部运输

外部运输包括由矿山向用户运送原矿或精矿产品，向尾矿库排放尾矿(尾矿库距离矿区较近时也可划归为内部运输)，以及由外部运进矿山生产、办公与生活所需的材料、燃料、设备等。

外部运输方式包括铁路运输、公路运输、架空索道运输和水路运输等几种形式，主要取决于地形、运输距离(与用户或供应商)、运输条件(是否有便利的水运条件等)、矿山生产规模等。

11.7　矿山地表环境保护

如图 11-5 所示，为了保护周围环境，同时为职工创造一个良好的劳动卫生条件，矿区应努力做好绿化和美化工作。在绿化设计方面，考虑点、线、面相结合，各工业场地进行重点绿化，以种植草坪、花卉等绿化植物为主，适当布置雕塑、花坛、宣传栏等小品建筑。在矿区道路两侧分别种植树木、灌木等，形成多层次的观赏景观。在其他建筑物附近，应充分利用闲散用地种植草坪、花卉，形成大面积的绿化氛围。绿化植物以选择适合本地气候、土壤等自然条件的速生型品种为主，以便尽快达到较好的绿化效果。

图 11-5　国家级绿色矿山金徽矿业地表工业广场鸟瞰图

思考题

1. 矿山总图布置的基本原则和关键因素有哪些。
2. 论述罐笼井和箕斗井地表工业场地的异同。
3. 论述地面运输方式的主要内容。
4. 查询绿色矿山建设规范中对矿山总图布置的要求。

第 12 章　特殊矿床开采技术

传统的硬岩矿山常采用凿岩爆破的开采方式,使用空场法、充填法和崩落法等开采工艺。但是,针对岩性较软的煤矿、可溶性盐类矿床、海底矿产资源、埋藏较深或开采技术条件复杂的矿床则需要采用特殊的开采工艺、技术和装备。

12.1　煤矿开采技术

12.1.1　煤矿开采的特点

与传统硬岩矿山建设步骤类似,煤矿开采也是一个复杂的生产过程,要综合运用地质测量、井巷掘进与支护、采煤、运输、提升、通风、排水、动力供应、安全、机械化、自动化等技术,推行先进的企业管理与经营方法;也需要开凿井筒通至地下,掘进巷道,布置采区(盘区或带区)和采煤工作面。同时,煤矿地下开采还具有如下特点:

①岩性软破。煤炭的坚固性系数普遍在 1~3,属于松软岩体,而且大多井下都存在较高的瓦斯突出和爆炸风险,因此,常常采用截隔机切割落矿的采煤工艺技术(也有少量的采用煤电钻凿岩的爆破落煤工艺)。

②支护成本高。除煤层软弱破碎外,煤层的顶底板也多为软弱破碎岩体,因此,地下开采过程中所施工的井巷工程通常情况下必须予以支护。

③安全风险高。煤矿井下生产要与可能发生的顶板、瓦斯、矿井水、火灾、煤尘等自然灾害做斗争,一些深矿井还要同高温热害和高应力做斗争,这就增加了开采的难度,安全工作也成为各项工作的重中之重。

④开采对象具有随机性和多变性。煤层赋存条件及地质构造分布具有随机的性质,且变化较大,甚至在同一工作面的不同部位或同一巷道的邻近段落也不尽相同。受勘探手段和勘探工程量的限制,井巷和工作面没有揭露前,对煤层赋存条件及地质构造分布的描述具有推断性质,要求工程技术人员对条件可能的变化要有足够对策,并在工作安排中留有余地。

⑤开采条件逐渐变差。开采顺序和过程一般是先近后远、先浅后深、先简单后复杂、先容易后困难,开采条件一般愈来愈差,使煤矿开采成为规模效益递减的行业。这就要求不断提高开采技术水平,并不断建设新矿井以抵消和替补效益和能力降低的衰老矿井。

12.1.2 典型采煤方法

由于煤层的自然赋存条件和使用的采煤机械不同,完成采煤工作各道工序的方法也各不相同,因此在进行的顺序、时间和空间上必须有规律地加以安排和配合,这种在采煤工作面内各道工序按照一定顺序完成的方法及其配合称为采煤工艺。

1.采煤方法的分类

经过半个世纪的采煤方法改革,我国的采煤方法有50多种,是世界上采煤方法最多的国家。采煤方法按巷道布置方式和回采工艺的特点,可分为壁式采煤法和柱式采煤法两大类。壁式采煤法的特点是煤壁较长,工作面的两端巷道分别作为入风和回风、运煤和运料使用,采出的煤炭平行于煤壁方向运出工作面,我国多采用壁式采煤法开采煤层。柱式采煤法的特点是煤壁短呈方柱形,同时开采的工作面数较多,采出的煤炭垂直于工作面方向运出。

目前,我国当前常用的采煤方法主要有:

①走向长壁采煤法。薄及中厚煤层长壁工作面沿走向推进的采煤方法。

②倾斜长壁采煤法。缓倾斜薄及中厚的煤层长壁工作面沿倾斜推进的采煤方法。

③大采高一次采全厚。厚煤层沿走向或倾斜面推进的采煤方法。

④放顶煤长壁采煤法。开采6 m以上缓斜厚煤层时,先采出煤层底部长壁工作面的煤,随即开采上部顶煤的采煤方法。

⑤掩护支架采煤法。在急斜煤层,沿走向布置采煤工作面,用掩护支架将采空区和工作空间隔开,向俯斜推进的采煤方法。

⑥倾斜分层走向(倾斜)长壁下行垮落采煤法。在缓斜煤层,沿走向(倾斜)布置采煤工作面,分层推进的采煤方法。

⑦台阶采煤法。在倾斜煤层的阶段或区段内,布置下部超前的台阶形工作面,并沿走向推进的采煤方法。

⑧水平分层采煤法。急斜厚煤层沿水平面划分分层的采煤方法。

⑨斜切分层采煤法。急斜厚煤层中沿与水平面成25°~30°的斜面划分分层的采煤方法。

⑩房柱式采煤法。沿巷道每隔一定距离先采煤房直至边界,再后退采出煤房之间煤柱的采煤方法。

⑪房式采煤法。沿巷道每隔一定距离开采煤房,在煤房之间保留煤柱以支撑顶板的采煤方法。

⑫仓储、巷道长壁采煤法。急斜煤层中将落采的煤暂存于已采空间中,待仓房内的煤体采完后,再依次放出存煤的采煤方法。

⑬倾斜分层长壁上行填充采煤法、刀柱式采煤法、水力采煤法。

中国、俄罗斯、乌克兰、波兰、英国、德国、法国、日本等国广泛采用长壁体系采煤法,其产量均占其地下开采产量的90%以上(西欧国家为100%)。近年来,美国和澳大利亚的长壁综采技术也有较大的发展。长壁体系采煤方法适用性强,可广泛用于不同厚度、倾角、围岩条件的煤层,并为发展综合机械化采煤创造了有利条件,而且采煤连续性强、安全条件好、采出率高,在世界范围内有进一步发展的趋势。

2.采煤工艺类型

我国长壁工作面的采煤工艺主要有爆破采煤工艺、普通机械化采煤工艺和综合机械化采煤工艺三种，其中综合机械化采煤工艺是目前采煤技术的主流发展方向。

（1）爆破采煤工艺

爆破采煤工艺是用爆破方法破煤和装煤、输送机运煤和单体支柱支护顶板的采煤工艺，简称"炮采"。其特点是爆破落煤、人工装煤、机械运煤。爆破采煤工艺包括钻眼、爆破落煤、人工装煤、刮板输送机运煤、支护、采空区处理(回柱放顶)等主要工序。

（2）普通机械化采煤工艺

普通机械化采煤工艺是用机械方法破煤和装煤、输送机运煤、单体支柱支护顶板的采煤工艺，简称"普采"。其特点是用采煤机或刨煤机完成落煤和装煤工序，支护和处理采空区工序与炮采相同，仍需要人工来完成。我国绝大多数普采工作面由滚筒采煤机破煤和装煤，可弯曲刮板输送机运煤，单体支柱配合金属铰接顶梁支护顶板；少数薄煤层工作面采用刨煤机破煤和装煤。

（3）综合机械化采煤工艺

综合机械化采煤工艺是用机械方法破煤和装煤、输送机运煤和自移式液压支架支护顶板的采煤工艺，简称"综采"。综采工作面的主要设备是采煤机、自移式液压支架、可弯曲刮板输送机。与普通机械化采煤工艺的区别在于工作面支护采用了自移式液压支架，使得采煤过程中破煤、装煤、运煤、支护和处理采空区等主要工序全部实现了机械化，大幅度降低了劳动强度，提高了工作面单产及安全性。

采煤工作面长度方向上应以大的断层、褶曲、陷落柱、火成岩侵入区、煤层倾角和厚度变化带等为上下边界，长度一般为 120~400 m。采煤工作面连续推进长度受地质构造、设备大修周期以及运输设备能力等因素限制，长度一般为 1000~3000 m，最长的综采工作面连续推进长度为 6000 m 以上。采煤机截深是采煤机滚筒正常割煤时切入煤壁的深度，主要有 0.6 m、0.8 m、1.0 m、1.2 m 等，主要与煤层硬度、顶板条件、采高、配套设备等有关。采煤机日开机率是采煤机运转时间占每日时间的百分比，综合反映机采面的地质条件、管理水平、设备使用情况和采区各生产系统的可靠性。目前，国内高产高效工作面截深一般为 0.8 m、割煤速度为 4~8 m/min，工作面的开机率一般为 40%~50%，工作面采出率一般在 90%以上，生产能力为 50 万~200 万 t/a。综合机械化采煤工作面布置如图 12-1 所示。

综采工作面一般采用双滚筒采煤机，各工序简化为割煤、移架和推移输送机。采煤机安装在输送机上进行割煤与装煤，一般前滚筒割顶煤，后滚筒割底煤。液压支架与工作面刮板输送机之间用千斤顶连接，可互为支点，实现推移刮板输送机和移架。移架时，支柱卸载，顶梁脱离顶板或不完全脱离顶板，移架千斤顶收缩，支架前移，而后支柱重新加载，支护新位置处的顶板。推移刮板输送机

图 12-1 综合机械化采煤工作面现场图

时, 移架千斤顶重新伸出, 将刮板输送机推向煤壁。综采的移架工序同时实现了普采的支护和处理采空区两道工序。割煤后可及时依次移设液压支架和输送机, 也可以先逐段依次推移输送机, 再依次移设液压支架。

12.2 溶浸开采技术

溶浸采矿是指根据某些矿物的物理化学特性, 将溶浸剂注入矿层或矿堆, 在化学浸出、热力、质量传递以及水动力等作用下, 实现对地下矿床或地表矿石中有价矿物由固态到液态或气态的转化并进行有效回收, 以此来达到低成本开采矿床的目的。水溶采矿法是利用某些盐和碱类矿床易溶于水的特点, 通过钻井或井巷注入淡水, 溶解地下矿床中的有益组分, 成为溶液返出地面, 进行加工的采矿方法。此法广泛用于开采地下岩盐矿床, 并逐步应用于钾盐、天然碱等矿床。熔融采矿法是向钻孔内压入过热水, 熔融地下自然硫, 使其自同一钻孔排出地表, 再进行加工的采矿方法。本章将溶浸采矿、水溶采矿法和熔融采矿法合并为一节进行论述。

12.2.1 溶浸采矿法

与传统采矿方法相比, 溶浸采矿具有建矿速度快、基建费用低、作业安全性好、生产成本低、绿色环保等优点。但是, 受矿石含泥沙量高、渗透性差、溶液分布不均而不能充分接触矿石的影响, 容易形成溶浸死角和浸出盲区, 使得溶浸采矿的矿石综合回收率较低、溶浸液流失严重。目前, 我国常用地表堆浸法、井下原地浸出法和微生物浸出法等典型工艺。虽然使用堆浸法提取的金属产量在逐年增长, 但是仍然普遍存在生产规模小、机械化程度低、金属回收率低及经济效益差等问题。

1. 地表堆浸法

地表堆浸法是指将溶浸液喷淋在破碎又有孔隙的废石或矿石堆上, 在其渗滤的过程中, 有选择性溶解和浸出废石或矿石堆中的有用成分, 将浸出堆底部的浸出液汇集起来进行提取并回收金属的方法。这种地表堆浸法是我国应用最早且最为广泛的溶浸采矿方法。它一般适用于处理边界品位以上且氧化程度深, 不宜采用选矿法处理的矿石, 以及处理边界品位以下具有回收利用价值的贫矿和废石。同时在化学成分比较复杂, 甚至含有有害伴生矿物的复杂难处理矿石中的应用也比较常见。紫金山金矿是国内以堆浸提金工艺为主的采选规模最大的黄金矿山, 其浸出率可达75%。德兴铜矿是堆浸提铜的典型矿山, 于1997年建成产铜规模2000 t/a的堆浸厂, 是当时中国规模最大的采用湿法炼铜工艺回收铜的堆浸厂 (如图12-2所示)。

2. 井下原地浸出法

由于价值低, 井下的一部分低品位矿石可采用井下原地浸出法。原地浸出法又称为地下浸出法, 它包括地下就地破碎浸出和地下原地钻孔浸出两种。地下就地破碎浸出就是指利用爆破法就地将地下矿体中的矿石破碎并且使其达到预定的合理块度, 然后将废弃矿石就地产生微细裂隙发育、级配合理、块度均匀以及渗透性能良好的矿堆布洒溶浸液，以此来有选择性地浸出矿石中的可利用金属的方法。此外，在这个过程中一般要将浸出的溶液收集后转输地面做进一步加工回收金属，而浸后产生的尾矿要在矿区进行就地封存处置。由于溶浸矿山与常规矿山相比，更有利于实现矿山机械化与自动化以及矿区环境的保护，并且其基础建设具有投资比较少、建

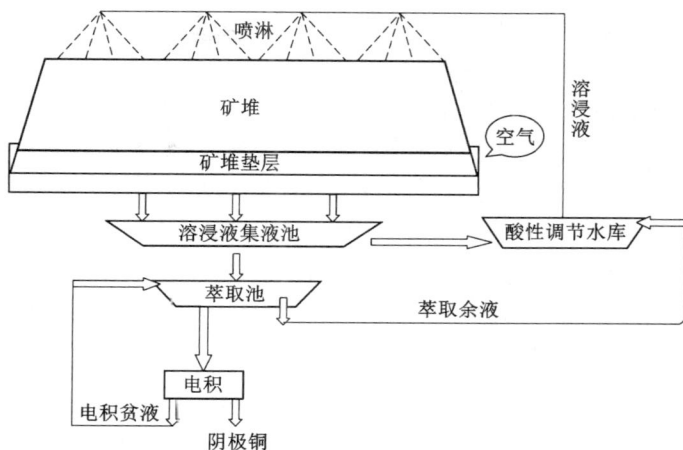

图 12-2　德兴铜矿堆浸提铜工艺流程示意图

设周期短、生产成本低等方面的特点，因此，该技术方法很有发展应用前景，在我国，尤其是铀、铜等金属矿床试验研究方面已经得到了广泛应用并取得了良好效果。

3.微生物浸出法

尾矿是矿产资源二次利用的重要原料，其金属的浸出回收逐渐受到了人们的重视。某些微生物及其代谢产物，能对尾矿产生溶解、氧化、还原、吸附及吸收等作用，使矿石中的不溶性金属矿物转变为具有可溶性的盐类转入水溶液中，从而为这些金属的进一步提取创造条件的方法，称为微生物浸出法。这种利用微生物的生物化学特性进行溶浸采矿，被成功地应用于工业化生产中的铀、铜和金、银等金属矿物的浸出生产，并且正在向锰、钴、锌、铝等有价金属矿物浸出生产发展。

12.2.2　水溶采矿法

水溶采矿法是通过向地下矿床注入淡水，以溶解、提取矿物的方法。与传统采矿方法相比，水溶采矿法可开采埋藏较深（目前已达 3000 m）或品位较低的矿床，具有投资少、见效快、设备和工艺简单、生产费用和能耗低、劳动条件好、环境污染小等优点；但是回采率低于40%，存在不易控制溶蚀范围、对埋藏浅的矿床往往引起地表塌陷等问题。目前，水溶采矿法可分为钻井法和硐室法两类。

1.钻井水溶法

钻井水溶法起源于古代的凿井汲卤技术，在我国已有 2000 多年的历史，其钻井、固井及完井方式，与石油和天然气钻井基本相似，常用单井生产和多井生产两种方式。

（1）单井对流水溶法

单井对流水溶法井身结构包括由井口至盐层顶部的技术套管以及套管内下至盐矿底部的中心管，生产用正循环（淡水从套筒环隙注入、卤水由中心管返出）或正、反循环交替进行。此法因回采率低（10%~20%）、生产能力小，应用受到限制。此外，在溶腔中注入不溶于岩

盐的惰性流体(石油或气体),浮于水体表面保护盐顶,以控制上溶、迫使侧溶的方法称油、气垫对流法,但是因气体不易控制和腐蚀管道,也很少采用。

(2)双井对流水溶法

与单井对流水溶法相比,双井对流水溶法工艺简单,管道不易被不溶物堵塞,产量较大,矿石回采率较高,可充分利用有限的矿产资源。衡阳建滔化工有限公司生产规模为 130 万 t/a 原矿,岩盐矿层厚 187.98~279.97 m,平均厚度 205.82 m,埋深 450~750 m,具有埋藏深,厚度大的特点。矿山前期采用单井对流水溶法,用圆盘割管自下而上分段溶采,单井生产能力平均为 12 m³/h(折合原矿 7.8 t/h),采矿回采率低于 20%,粗卤水 NaCl 质量分数为 270 g/L。

如图 12-3 所示,建滔化工改用垂直和倾斜混合孔双井对流水溶法溶采,生产井呈等腰三角形井网布置,井距沿倾斜方向 280~300 m,沿走向方向 140~150 m,双井生产能力平均为 100~140 m³/h,实际生产中,采矿回采率为 21%,粗卤水 NaCl 质量分数为 300 g/L,生产成本为 8.96 元/m³。

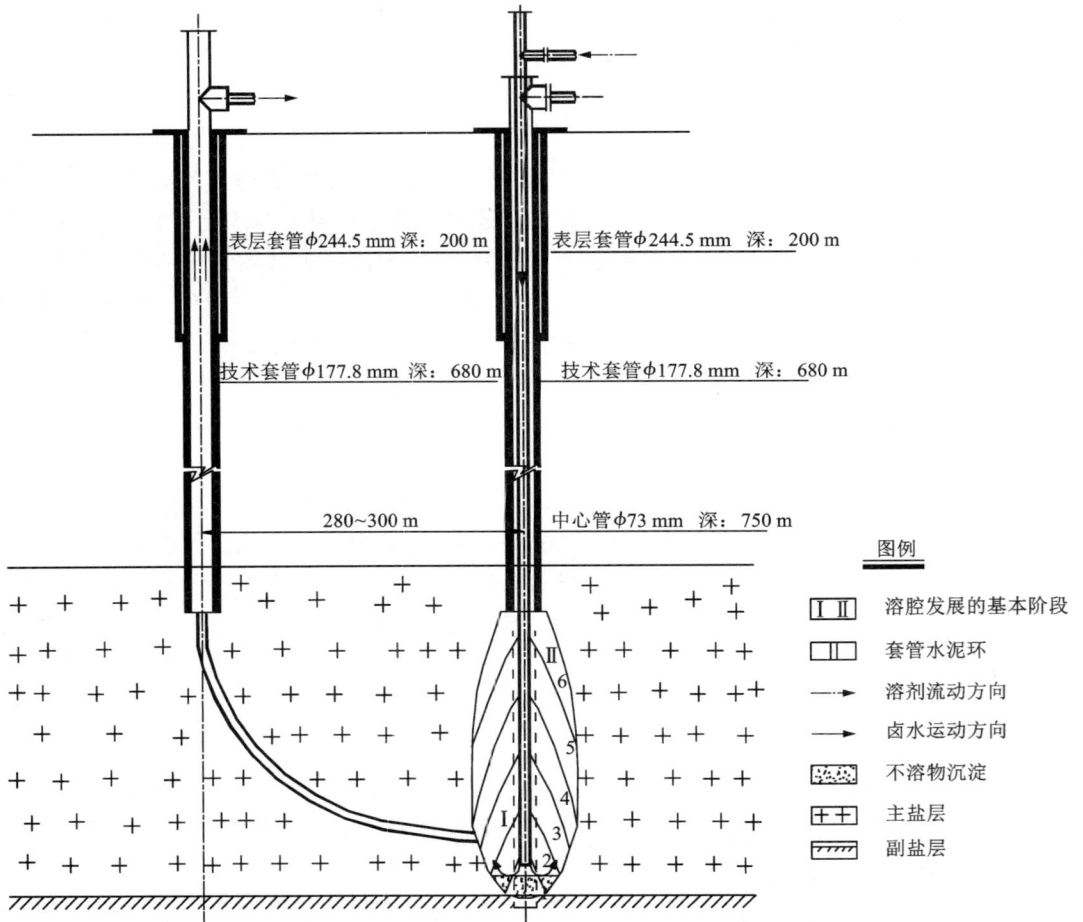

图 12-3 双井对流水溶采矿方法图

2. 硐室（坑道）水溶法

其开拓方式与房柱法相同，硐室（矿房）之间保留永久连续矿柱，淡水注入硐室的切割巷道静溶，通过井下管道水泵系统抽出浓卤。此法适用于开采含盐品位较低的岩盐矿体，劳动生产率比普通开采法高，可将不溶物遗留井下，但投资大、见效慢、开采深度有限。

湖南衡阳七里井芒硝矿隶属于湖南衡阳新澧化工有限公司，设计生产规模 300 万 t/a，矿体埋深 60~300 m，采用中深孔爆破落矿硐室水溶法，回采顺序为：掘进采准、切割巷道—中深孔打眼—切割采矿—爆破回采—堵水—注热水—放硝水。其采矿回采率为 43%，井下矿石 Na_2SO_4 浸出率为 85%，地表副产矿石 Na_2SO_4 浸出率为 35%，溶浸采矿综合回收率 33.33%；溶池矿石生产能力 36.5 万 t/a，折算硝水 45.4 万 m^3/a、1547 m^3/d；采切比 5.34 m/kt（自然米），51.36 m^3/kt（标准米），硝水生产总成本约为 17 元/m^3。

12.2.3　熔融采矿法

根据硫熔点低（112.8°）的特性，自然硫矿床可用熔融采矿法开采，即通过布置一系列的采硫井、排水井和观察井，将加压过热水注入地下自然硫矿床，使其熔化后，再将熔融状态的硫经同一钻孔排出地表完成采硫作业。

通常注水与采硫可以通过布置在同一钻孔内的一套管径不同的同心管串来完成。加压过热水从采硫井注入矿层，到达矿层后，热作用使硫开始熔化。由于热传递作用，矿层的受热范围将从采硫井井底不断向四周扩展，温度逐渐升高，熔硫量也随之增加。密度大、不溶于水的液态硫在自重作用下源源不断地汇集于采硫井井底，采用泵将液态硫从采硫管排出地表。由于注入的加压过热水在使矿层熔化的同时，会降温并失去熔硫的功能，因此，为了保证采硫工艺的正常进行，必须通过排水井不断排出熔硫后的热水，并注入加压过热水，排出的热水经处理后可循环使用。在整个工艺流程中，排水井除了起到排出熔硫后的热水的作用外，还具有保持和调节层间压力，使矿层卸压和引导热水向一定方向流动的作用。热水在流向排水井的过程中，也起到了预热矿层的作用。观察井的作用主要是观察熔融范围以外的温度场变化，一般用已采完的采硫井充当。熔融采矿法具有与钻孔水溶法相同的优点，并解决了用普通采矿法开采自然硫矿床易产生自然发火的问题。该方法的主要缺点是回收率和热效率低（一般分别为 50%~60% 和 1%~3%），并且只能用于开采自然硫矿床。

12.3　海洋采矿技术

海洋占整个地球面积的 71%，约 3.6 亿 km^2，陆地上的许多金属和非金属矿在海洋中都已被发现，而且有些矿藏的储量巨大。海洋自然资源分类如图 12-4 所示。海洋采矿是从海水、海底表层沉积物和海底基岩下获取有用矿物的过程，包括海水中溶解的矿物、海底表层矿床和海底基岩矿床等多种类型。现在，人类早就从沿海捕鱼、制盐、航行等简单领域拓展到进行海洋采矿、海上采油、潮汐发电等高科技综合开发利用领域。

（1）海水中溶解的矿物

世界海洋中约有 13.7 亿 km^3 海水，其中含有 80 多种元素，人们较为熟悉的有 60 多种。

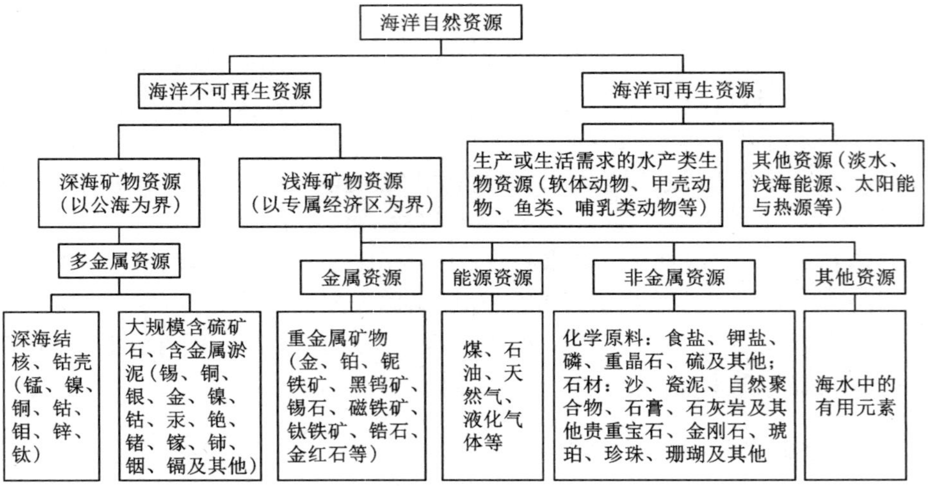

海洋自然资源
├─ 海洋不可再生资源
│ ├─ 深海矿物资源（以公海为界）
│ │ └─ 多金属资源
│ │   ├─ 深海结核、钴壳（锰、镍、铜、钴、钼、锌、钛）
│ │   └─ 大规模含硫矿石、含金属淤泥（锡、铜、银、金、镍、钴、汞、铯、锗、镓、铈、铟、镉及其他）
│ └─ 浅海矿物资源（以专属经济区为界）
│   ├─ 金属资源
│   │ └─ 重金属矿物（金、铂、铌铁矿、黑钨矿、锡石、磁铁矿、钛铁矿、锆石、金红石等）
│   └─ 能源资源
│   └─ 煤、石油、天然气、液化气体等
└─ 海洋可再生资源
   ├─ 生产或生活需求的水产类生物资源（软体动物、甲壳动物、鱼类、哺乳类动物等）
   │ └─ 非金属资源
   │   └─ 化学原料：食盐、钾盐、磷、重晶石、硫及其他；石材：沙、瓷泥、自然聚合物、石膏、石灰岩及其他贵重宝石、金刚石、琥珀、珍珠、珊瑚及其他
   └─ 其他资源（淡水、浅海能源、太阳能与热源等）
      └─ 其他资源
         └─ 海水中的有用元素

图 12-4　海洋自然资源分类

溶解在海水中的矿物，通常是由深海火山或地壳裂缝喷发出来的岩浆或热液，在高温高压下与海水发生化学反应而形成。但是，由于浅海水有用矿物浓度较低，深海水的获取难度大且保存条件苛刻，目前还没有大规模的商业利用。

（2）海底表层矿床

如图 12-5 所示，海底表层矿床大都呈散粒状或结核状存在于海底各类松散沉积层中，可以用采矿船进行开采。这种矿床根据所处位置又分为大陆架资源、大陆坡大陆裙底资源和深海底资源三种。在大陆架上的海底表层矿床中，非金属矿物如贝壳或砂砾的数量占矿床总体积的 50% 以上，重矿物如钛铁矿和锡石数量仅占矿床总体积的 10% 以下，稀有和贵重金属如金刚石或金只占矿床体积的百万分之几。在深度范围为 200～3500 m 的大陆斜坡上有两种重要的自生矿物资源，即呈砂粒状、结壳状或结核状的磷钙土以及呈软泥状或块状的热液矿床。在 3500～6000 m 的深海有遍布各处的锰结核，与陆地锰矿床不可再生不同，海底锰结核每年增生量可在 1000 万 t 以上，是名副其实的取之不尽、用之不竭的海洋宝藏之一。此外，海底的多金属软泥还富含金、银、铜、铁、锌、钴、铅等矿藏。

（3）海底基岩矿床

海底基岩矿包括非固态的石油、天然气和固态的硫黄、岩盐、钾盐、煤、铁、铜、镍、锡和重晶石等。海底石油和天然气分布范围最广，石油可采储量估计为 1350 亿 t，煤炭资源的分布也十分丰富。海底基岩矿床开采的历史较长，例如英国从 1620 年起就开始了海底采煤，但是海底采矿的规模小、范围窄、离岸近。20 世纪 60 年代以后，海底采矿受到了人们的重视，特别是海底石油和天然气的开发有了较快发展，深海锰结核和热液矿床的开发也有迅速发展的趋势。目前，全世界从海底开采出来的矿物产值以石油和天然气占首位，占总产值的 90% 以上；其次是煤，占 3%～5%；砂砾和重砂矿占 2% 左右。

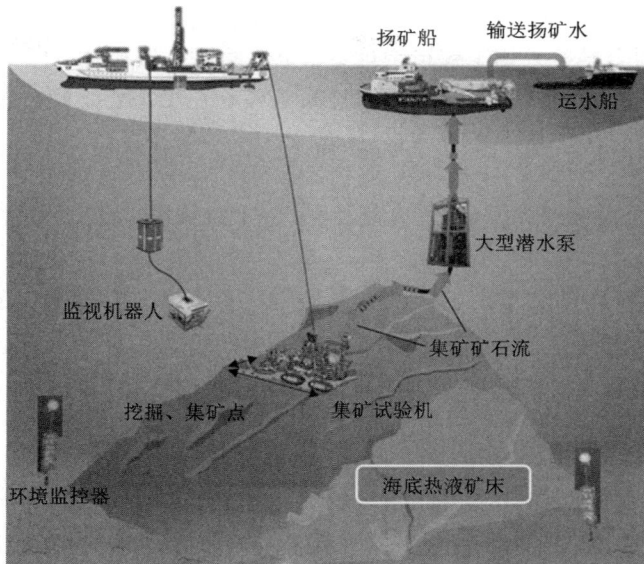

图 12-5　采矿船开采海底表层矿床示意图

12.4　复杂难采矿体开采技术

复杂难采矿体主要是指矿床的开采技术条件相对复杂，矿体的开采难度较大，采用现行的充填采矿法标准方案无法实现安全高效开采或无法取得较好的经济效益。因此，必须基于复杂难采矿体的典型特征，优选合适的采矿法方案、采场布置方式、结构参数和回采顺序，并选型配套相适应的机械化采掘装备，提高采掘效率，降低采矿成本。

（1）软弱破碎矿体

软弱破碎矿床是在矿体和围岩内部形成众多物质分异面和不连续面，如假整合、不整合、褶皱、断层、层理、节理和片理等结构面，弱化了矿体和围岩的稳定性和整体性。包括：围岩软弱破碎、矿体软弱破碎、矿岩均不稳固等类型。

（2）复杂多变矿体

复杂多变矿体是指在一个阶段或矿块内，矿体的倾角、厚度、品位及上下盘矿岩的稳定性等禀赋特征有所变化或差异，导致开采难度增大，不仅直接影响最佳采矿工艺参数的选择，还间接影响生产安全性、回采强度、采矿成本和贫损指标。因此，必须在对矿体禀赋特征系统调查分析的基础上，对矿体按倾角、厚度等参数进行分类，结合工程岩石力学调查，即矿岩的节理裂隙、抗压、抗拉强度、上下盘围岩稳固性等，进行岩体质量分级与稳定性评价、采矿方法优选和采场结构参数优化。

（3）夹层矿体

夹层矿体的主要特征就是在矿块或采场内会出现 2~3 层矿体且其中间隔着间距一般在10 m 以内的岩石夹层，在有色金属和非金属等诸多矿山均有此类型的夹层矿体开采实例。

总体而言，夹层矿体开采的难点在于多层矿体间的夹石是否回采。如果将矿体和夹石一起混采，不仅会消耗大量的凿岩爆破等采矿成本，而且还会使矿石的贫化率急剧增加；如果将两层矿体单独分采，则会导致采切工程量增加；如果仅回采一层矿体，即采用"采富弃贫"方案则会使矿石损失急剧增加。因此，夹层矿体开采的核心在于需要明确合理地确定最佳的分采和混采方案，并确定最优的采准布置方式。

（4）"三下"矿体

"三下"矿体是指赋存在铁路公路、建筑物下及大型水体下的矿石资源。鉴于"三下"资源复杂的开采技术条件，采用传统的空场法开采会不断累积并产生规模庞大的采空区群，极易发生冒顶、坍塌事故，引起上覆岩层的弯曲变形、溃曲破坏和整体塌落，进而可能引发地表沉降和塌陷，对地表河流、公路、构（建）筑物造成严重的破坏。因此，必须采用安全高效的充填采矿法进行开采，而且必须要在开采前进行安全论证与评价。

（5）深井开采

随着社会对矿产资源需求的不断增长和浅部资源的日趋枯竭，采矿业必然向深部发展。根据矿床开采工作所面临的地压问题，可按开采深度将矿山分为以下几类：

①开采深度小于300 m，称为浅井开采。在此深度内采矿时，一般地压显现不严重，即使发生地压活动，也属静压问题，易于处理。

②开采深度300~800 m，称为中深井开采。根据矿体赋存条件、矿岩的物理力学性质，在掘进或开采过程中，可能发生轻度岩爆，如岩石弹射等现象。

③开采深度超过800 m，称为深井开采。在此深度内具有二类变形特征的岩石会发生频繁的岩爆，影响作业安全。

截至目前，世界上开采深度超过千米的矿山已过百座：如南非巴伯顿金矿采矿深度达3800 m；威特沃特斯兰德盆地的采矿深度已接近地表以下4000 m，而最深竖井已达4176 m；我国云南会泽铅锌矿3号竖井井深也已达1526 m。虽然深井开采的开拓系统、采矿方法与浅部和中深部矿床开采差别不大，但随着开采深度增加，要求采用特殊的工程技术措施，以应对深井开采带来的高地压、高地温等不利的特殊开采环境。

（6）残矿资源回收

残矿资源是受开采扰动影响，存在一定采空区安全隐患、开采技术条件复杂、开采难度较大的残留矿柱资源。矿产作为不可再生的资源被加速消耗，易于开采的优质矿产资源日渐枯竭。为保持经济社会可持续发展，矿物的获取除了继续向地层深部开采外，矿山已开始关注残矿资源的二次回收，特别是当深部开采面临技术上或经济上难以克服的困难时，矿山将会更多地转向残矿资源的二次开采。井下残矿资源的开采技术条件极为复杂，尤其是开采的安全隐患突出，如何实现安全高效开采一直是当今采矿技术的一大难题。

思考题

1. 查阅文献，分析常见的煤矿充填工艺。

2. 论述溶浸开采工艺的优缺点。

3. 论述海底采矿技术的核心技术难点及发展方向。

4. 论述如何实现复杂难采矿体的安全高效开采。

第13章　采矿方法课程设计

　　中南大学采矿工程专业一般于大四上学期(每年12月—次年1月)进行《采矿方法课程设计》实践环节,时长两周,共计2个学分,这不仅是对《金属矿床地下开采》等采矿工程核心专业课程系统的总结、复习和应用,也是开展本科毕业设计的重要前奏训练。

13.1　课程设计大纲

13.1.1　设计目的

　　本课程设计是采矿与岩土工程专业教学工作中的重要环节之一,目的是使学生将本专业有关课程融会贯通,全面掌握采矿方法单体设计的内容、步骤和方法;学会查阅设计手册、定额手册、设计规范、安全规程和其他文献资料;培养学生运用所学的知识分析和解决问题的能力,并提高设计、计算和绘图的能力。本教学环节是将来毕业设计和论文工作的预演。

13.1.2　设计要求

　　(1)总体要求

　　学生应根据《课程设计命题书》所规定的条件和《采矿方法课程设计大纲》所规定的内容和要求进行设计。课程设计由说明书和图纸组成。

　　(2)说明书

　　课程设计说明书包括采矿地质条件、采矿方法选择、矿块采准工作、回采计算、矿柱回采和采空区处理、采矿方法技术经济指标等章节内容。

　　设计说明书应用标准A4纸打印装订成册。封面采用学校统一的设计(论文)封面,设计任务书装在第一页,其次为目录、正文、参考文献和致谢。文字应精简、扼要、通顺,排版应规范、整洁。说明书应附有必要的插图(3~4张初选采矿方法草图)。

　　(3)图纸

　　最终优选的采矿方法绘制一张大图,大图应用A2图纸,按比例绘制,并应符合工程制图各项要求,图纸清晰、正确和美观。具体要求如下:

　　①绘图采用A2标准图纸。

　　②图纸内容包括采矿方法图、图签、图例、技术说明及工程量表。

③图纸中图线(线型、线宽)、符号、标注、图形及画法等严格按《金属非金属矿山采矿制图标准》(GB/T 50564—2010)进行绘制。

13.1.3　成绩评定

学生应在规定的时间内完成设计的全部内容,并参加答辩,指导教师根据设计者所设计内容、质量、态度和答辩情况,按优、良、中、及格和不及格五级分制评定成绩,成绩评定表见表13-1。

表 13-1　采矿方法课程设计成绩评定表

内容		具体要求	分值
工作态度		遵守纪律;工作努力、作风严谨扎实;能就设计工作与老师、同学积极沟通与讨论;按期完成规定的任务	15
采矿方法初选		根据矿体的开采技术条件,分析和识别采矿方法选择的各种制约因素,初步选择几种技术可行的采矿方法	10
设计方案选择		能独立查阅相关文献资料,获取和分析有效的信息,对初选采矿方法经技术、经济综合分析选出合理的方案,分析论证充分,并得出有价值的结论	10
设计质量		设计依据充分,方案设计合理,参数计算正确;设计考虑了安全、法律、环境和经济的因素;设计图纸规范,符合工程要求;设计说明书内容完整,语言通顺,技术用语准确,逻辑清楚,格式符合规范;设计有应用价值	30
创新		设计工作中有创新意识;对前人工作有改进,或有独特见解	10
答辩	讲述	叙述清楚,思路清晰;语言表达准确,概念与论点正确;逻辑性强,时间把握符合要求	15
	回答问题	回答问题有理论根据,基本概念清楚,主要问题回答准确	10
综合成绩			100

13.1.4　时间安排

①准备,1 d。

②采矿方法初选,2 d。

③标准采矿方法图绘制,3 d。

④采切计算,2 d。

⑤回采计算,2 d。

⑥矿柱回采与空区处理,1 d。

⑦编写说明书,2 d。

⑧答辩,1 d。

13.2　设计任务书

由指导教师签字的设计任务书是学生进行课程设计的依据，每人一份，且不能雷同，设计任务书包括以下内容：

①矿石和矿床名称，矿床成因和类型。

②设计生产能力。

③矿体产状、厚度、倾角及其变化状况与规律，走向长度和埋藏深度。

④矿石和围岩的物理力学性质：主要有稳固性、硬度、体重、松散系数、黏结性、自燃性等。

⑤品位，主要有用成分，伴生有用成分，矿石和围岩中的品位含量。

⑥水文地质条件。

⑦地质构造和破坏、断层、节理和裂缝情况等。

⑧地表的价值和是否允许破坏等。

⑨其他与设计有关的资料。

⑩参考书目。

13.3　课程设计模板

课程设计说明书正文主要包括：采矿地质条件、采矿方法选择、矿块的采准与切割工作、回采工艺、矿柱回采和采空区处理、采矿方法技术经济指标、安全技术措施等。本节以江西某萤石矿为例，按照《采矿方法课程设计大纲》要求，进行采矿方法设计。

第一章　采矿地质条件

1.1　课程设计任务书

矿井年产量：50 万 t。

矿石名称：萤石矿。

矿床成因和类型：中低温火山热液形成的充填式脉状萤石矿床。

矿体平均厚度：60 m(中部夹石厚度 15 m)。

矿体平均倾角：75°。

矿体走向长度：700 m。

矿体埋藏深度：300 m。

矿石围岩的物理力学性质：

(1)品位：CaF_2 15.69%。

(2)体重：矿石 2.8 t/m³；围岩 2.7 t/m³。

(3) 围岩名称：上盘混合片麻岩；下盘构造角砾岩。

(4) 稳固性：矿石中等稳固；上盘围岩不稳固；下盘围岩不稳固。

(5) 坚固性系数：矿石 6~7；上盘围岩 2~4；下盘围岩 2~4。

(6) 松散系数：矿石 1.5；上盘围岩 1.6；下盘围岩 1.6。

(7) 自燃性：无。

(8) 黏结性：有。

(9) 地质破坏及水文条件：地表有河流分布。

(10) 其他附加条件：地表不允许陷落。

1.2　采矿地质条件概述

萤石是氟化工的基本原料，广泛用于化工、建材、军工、航空航天等领域，为现代工业的重要矿物原料，与战略性新兴产业密切相关，已被列入国家限制性开采矿种和战略性矿产资源名录。因此，萤石资源的合理开发和高效利用对保障国民经济的持续发展具有重要的战略意义。随着可供开采资源量的不断锐减和国家环保力度的不断加大，萤石价格持续高位运行，2024 年 1 月国内萤石粉价格达到 3350 元/t。江西省萤石资源丰富、矿床分布密集，主要分布于新干、兴国、瑞金、会昌、宁都一带，保有储量约 2000 万 t。

按照《矿产资源储量规模划分标准》（DZ/T 0400—2022），本课程设计矿山为中低温火山热液形成的充填式脉状萤石矿床，矿体走向长度 700 m，矿床储量（资源量）超过 100 万 t，属大型矿床；生产规模超过 10 万 t，属大型矿山。矿体平均厚度 60 m、平均倾角 75°，属急倾斜极厚大矿体；矿石中 CaF_2 平均品位 15.69%，折算吨矿价值约 500 元，相对较高。萤石矿体中等稳固，坚固性系数为 6~7、松散系数 1.5，有一定黏结性；上盘围岩为混合片麻岩，稳固性差，坚固性系数为 2~4、松散系数 1.6；下盘围岩为构造角砾岩，稳固性差，坚固性系数为 2~4、松散系数 1.6。矿体埋藏深度相对较浅（仅 300 m）且地表有河流分布、不允许陷落。

综上所述，本中低温火山热液萤石矿床规模为大型、开采规模为大型，属急倾斜极厚大矿体，品位较高，埋藏较浅；矿体中等稳固、上下盘稳固性差，地表有河流分布，水文和工程地质条件复杂，总体开采技术难度相对较大。

第二章　采矿方法选择

本章是根据基本的采矿地质条件，提出 2~3 种技术上可行、经济上合理的采矿方法，并对提出的采矿方法方案进行详细的评述比较，选择最优的采矿方案。

2.1　采矿方法初选

2.1.1　采矿方法选择原则

(1) 保障生产安全，有良好的作业条件和环境。

(2) 尽可能降低贫化损失率，提高生产效率。

(3) 充分考虑矿山复杂多变的矿体赋存条件，分别选择适宜的采矿方法，贯彻贫富兼采、厚薄兼采、大小兼采、难易兼采的原则。

(4) 在保证产能的前提下，尽量集中作业，减少同时生产的中段数。

(5)技术成熟，工艺简单可靠，便于工人掌握。

(6)矿体稳固性差至一般时，应优先采用机械化的采掘装备，提高回采强度，缩短顶板及边帮暴露时间。

(7)为保护地表环境，控制地压，应及时充填采空区，有效控制上覆岩层的位移和变形，减少地表尾矿排放。

2.1.2 影响采矿方法选择的主要因素

矿床地质条件对采矿方法的选择起决定性作用。一般矿山根据矿体的产状、矿石和围岩的物理力学性质就可以优选出2~3种采矿方法，但对于矿脉众多且空间分布复杂的矿体，还需考虑其空间分布情况。

1)矿、岩物理力学性质

矿石和围岩的物理力学性质，尤其是矿石和围岩的稳固性，是影响采矿方法选择的主要因素。因为矿岩稳固性决定着采场地压管理方法、采场构成要素、回采顺序及落矿方法等。

2)矿体倾角和厚度

矿体倾角主要影响矿石在采场中的运搬方式：急倾斜矿体既可采用机械运搬，也可用重力运搬；倾斜矿体可考虑爆力运搬和机械运搬；缓倾斜矿体可采用电耙运搬；而水平和微倾斜矿体则可采用无轨设备出矿。矿体厚度则主要影响落矿方法的选择以及矿块的布置方式等。如薄矿体只能采用浅孔落矿，中厚以上矿体则可考虑中深孔、深孔落矿；薄矿体矿块只能沿矿体走向布置，而中厚至厚矿体既可沿走向布置也可垂直走向布置，极厚矿体则一般垂直走向布置矿块。

3)矿体的空间分布

一般情况下，对于矿脉数量不多或矿脉分布较分散的矿床，根据矿体的倾角、厚度以及矿石和围岩的稳固性即可进行采矿方法的选择。但对于矿脉众多且空间分布复杂的矿体，采矿方法的选择需根据各矿体的空间分布情况，考虑能否实现矿体与夹石分采，以降低贫损指标，另外需考虑各矿体之间开采安全性的影响。

2.1.3 初选采矿方法

基于以下原因，初选采矿方法为分段矿房嗣后充填法以及机械化上向水平分层充填法。

(1)矿体埋藏深度相对较浅且地表有河流分布，不允许陷落，因此，必须选择安全环保的充填采矿法，实现"三下"资源的安全高效回收。

(2)矿床规模、开采规模均为大型，矿体相对厚大，因此，应优选机械化装备水平高、生产能力大的采矿方法，以满足大规模高强度开采的产能要求，可考虑采用分段矿房嗣后充填法或阶段矿房嗣后充填法。

(3)萤石矿体中等稳固，上下盘围岩稳固性差，且矿体平均厚度60 m内有约15 m的夹层，开采技术条件较为复杂，采用阶段矿房嗣后充填法损失贫化难以控制且大爆破易引发采场失稳垮塌。因此，考虑采用可以实现矿废分采、回采作业安全性较好的机械化上向水平分层充填法。

2.2 采矿方法优选

2.2.1 机械化上向水平分层充填法简介

机械化上向水平分层充填法是国内外应用最广泛的充填采矿法之一。矿块垂直矿体走向布置，将矿体划分为一步矿柱、二步矿房交替布置，先采一步矿柱，后采二步矿房，可以隔三个采一或者隔五采一。矿房自下而上分层回采，每回采一个分层后，及时进行充填以维护上下盘围岩，并创造不断上采的作业平台。垂直走向方向上矿体厚度变化较大，取平均厚度60 m，在厚度方向上分为两个采场，一步回采宽度8 m，二步回采宽度10 m，分层高度3.3 m，三个分层划分一个分段，分段高度10 m，阶段高度50 m，标准方案如图2-1所示。采准工程主要包括斜坡道、分段联络平巷、分层联络道、卸矿横巷、溜井、充填回风井和专用充填回风平巷等采准巷道。

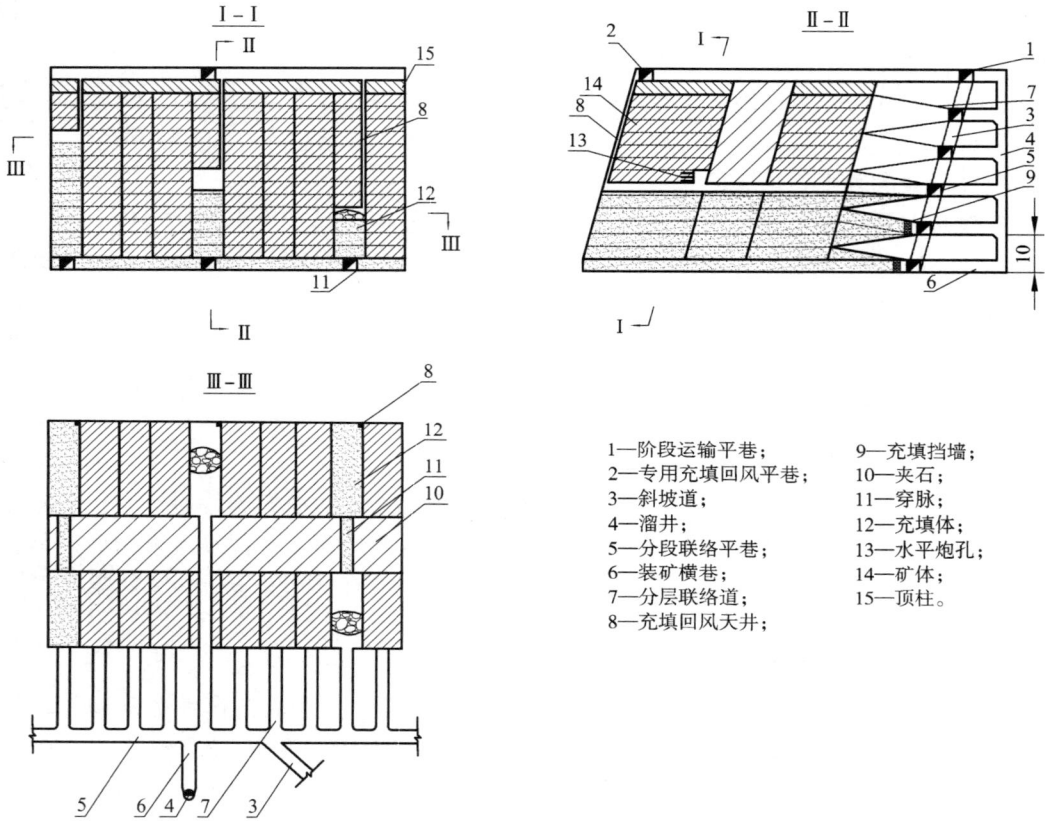

1—阶段运输平巷；　　　9—充填挡墙；
2—专用充填回风平巷；　10—夹石；
3—斜坡道；　　　　　　11—穿脉；
4—溜井；　　　　　　　12—充填体；
5—分段联络平巷；　　　13—水平炮孔；
6—装矿横巷；　　　　　14—矿体；
7—分层联络道；　　　　15—顶柱。
8—充填回风天井；

图 2-1　机械化上向水平分层充填法采矿方法图

本采矿方法的评价如下：
(1) 灵活性强，对各种倾角和厚度的矿体均有较好的适用性，采矿作业安全性好。
(2) 采用凿岩台车和铲运机等无轨机械化设备，生产效率较高。
(3) 对低品位矿石和夹石可以实现有效分采，矿石损失贫化小。

2.2.2　分段矿房嗣后充填法简介

该方法的基本特征是在阶段内将矿体交替划分为一步、二步矿房，先用分段矿房法回采一步矿房，回采完毕后，一次性进行胶结充填，形成人工充填体矿柱，在人工矿柱保护下，用同样的方法回采二步矿房，回采完毕后，进行非胶结充填。矿块垂直矿体走向布置，一步矿房宽度 18 m, 二步矿房宽度 16 m, 高度 50 m, 长度为矿体厚度(60 m), 顶柱高度 5 m, 划分 3 个凿岩分段, 分段高度 15 m, 标准方案如图 2-2 所示。

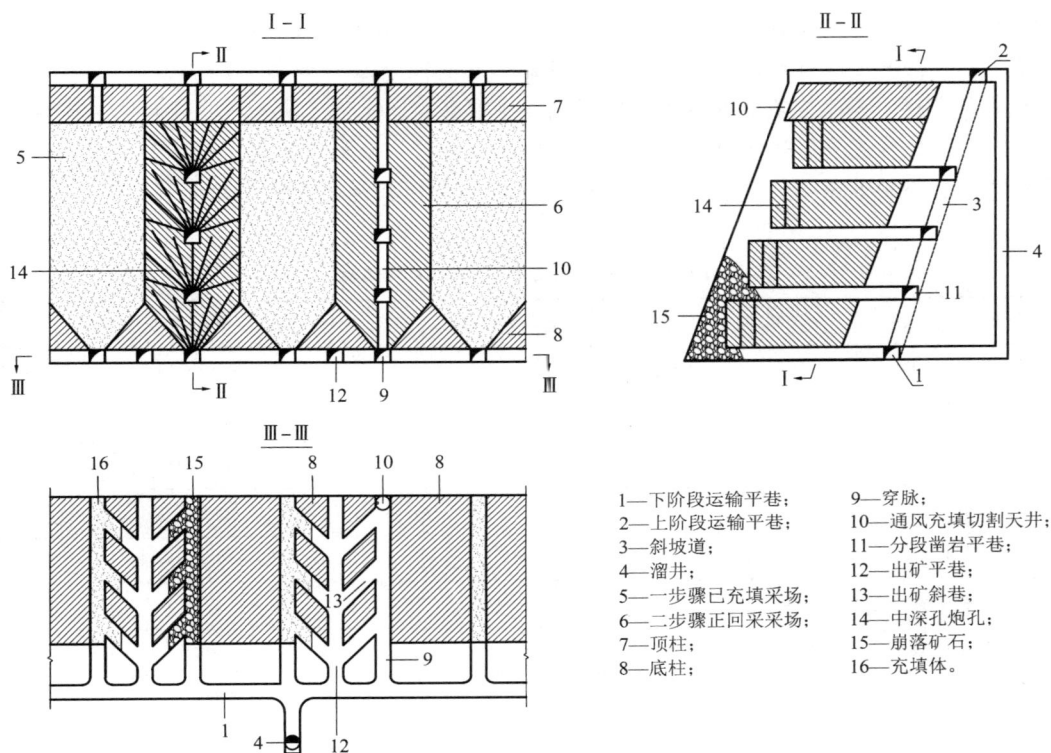

1—下阶段运输平巷;	9—穿脉;
2—上阶段运输平巷;	10—通风充填切割天井;
3—斜坡道;	11—分段凿岩平巷;
4—溜井;	12—出矿平巷;
5—一步骤已充填采场;	13—出矿斜巷;
6—二步骤正回采采场;	14—中深孔炮孔;
7—顶柱;	15—崩落矿石;
8—底柱;	16—充填体。

图 2-2　分段矿房嗣后充填法采矿方法示意图

采准工程主要包括: 阶段运输平巷、溜井、穿脉、人行通风天井、分段凿岩平巷、出矿进路等。切割工作首先是矿房最底部分层的拉底工作, 自穿脉沿矿体走向方向, 在矿体中央施工堑沟拉底平巷, 为中深孔钻机的凿岩作业创造必要的空间; 其次是采场的切割拉槽工作, 自穿脉进入矿体中央施工切割天井, 以割天井为自由面扩大爆破形成爆破自由面。

在各分段凿岩平巷和堑沟拉底平巷内采用中深孔凿岩机钻凿上向扇形中深孔, 炮孔排距 3 m; 采用散装乳化炸药爆破、数码电子雷管起爆, 各排炮孔间微差起爆, 其中上部分段超前下部分段 1~2 排炮孔。新鲜风流由下阶段运输平巷经穿脉进入采场一侧的人行通风天井, 经各分段凿岩平巷冲洗工作面后, 污风经另一侧的人行通风天井排出。采用铲运机铲装矿石, 将崩落至底部 V 形堑沟内的矿石运搬至布置在阶段运输平巷一侧的溜井内, 溜放至下一个阶段进行矿石集中运输。清理各分段凿岩平巷顶帮的松石后, 人员方能进入开展下一循环作业。

本采矿方法的评价如下:

(1) 可以多分段同时爆破, 阶段出矿, 作业集中, 回采强度高, 产能大。

(2) 作业在巷道内进行, 安全性好。

(3) 采切工程量大, 采准工程复杂。

(4) 由于采用中深孔爆破, 矿石的大块率和贫化率高, 二次损失大。

(5)顶底柱及间柱矿量大,难于回收,损失大。

(6)一次性充填量大,脱水困难。

2.2.3 采矿方法优选

针对初选的机械化上向水平分层充填法和分段矿房嗣后充填法,其详细的技术经济对比见表2-1。从表中可以看出,虽然机械化上向水平分层充填法的采场生产能力仅为分段矿房嗣后充填采矿法的一半左右,但是采切工艺简单、难度小、管理方便,使用凿岩台车凿岩、铲运机出矿机械化程度高,采场布置灵活、对矿体适应性好,分采效果好、矿石损失贫化率低、分层充填地压控制效果好。因此,推荐机械化上向水平分层充填法作为优选方案。

表2-1 采矿方法主要技术经济对比表

项目名称	机械化上向水平分层充填法	分段矿房嗣后充填法
生产能力/(t·d^{-1})	200~300	500~600
回采率/%	88~92	80~85
贫化率/%	5~8	15~20
采切比/(m·kt^{-1})	8~15	5~7
方案灵活性	好	差
地压控制效果	好	较差
实施难易程度	容易	较难
通风条件	好	较好
优点	1.使用凿岩台车凿岩,铲运机出矿,机械化程度高,采场产能大; 2.采场布置灵活,对矿体适应性好; 3.分采效果好,矿石损失贫化率低; 4.采用分层充填,地压控制效果好; 5.采切简单、难度小,管理方便。	1.采切工程量复杂,难度高; 2.回采强度高,采场产能大; 3.炸药单耗小,回采成本较低; 4.凿岩、出矿均在巷道内进行,人员不进入空场,安全性好。
缺点	1.脉外采准巷道相对较多; 2.人员在空场下作业,对顶板管理要求严格。	1.无法实现分采,损失贫化高; 2.采用中深孔崩矿,大块率高; 3.灵活性差,对矿体适应性差; 4.采场暴露面积大,稳固性要求高; 5.拉槽困难,悬拱时处理难; 6.单次爆破量和爆破振动大; 7.对一步充填体强度要求高,一次性充填大,脱水困难。

2.2.4 采矿方法结构和参数

根据采矿地质条件,按照经济、安全和效率要求,选用的机械化上向水平分层充填法,其相应的采矿方法矿块结构和参数如下:

(1)矿块垂直矿体走向布置,划分交替布置的矿房和矿柱。

（2）阶段高度 50 m。

（3）分段高度 10 m。

（4）分层的高度 3.3~3.4 m。

（5）一步骤矿房的长度为矿体的水平厚度，宽度为 8 m。

（6）二步骤矿柱的长度为矿体的水平厚度，宽度为 10 m。

（7）不留底柱，最上部 3.3 m 分层留设为顶柱。

第三章　矿块的采准与切割工作

本章是针对优选的机械化上向水平分层充填法，结合标准矿块的划分方式，进行相应的矿块采准与切割工作设计。

3.1　采掘设备选型

由于矿体埋藏较浅，适宜采用斜坡道开拓、无轨运输的方式，以减少开拓系统投资，简化运输流程。根据本矿山的开采技术条件和优选的采矿方法，选择主要的无轨采掘设备包括：载重 10 t 的矿用井下运输车、铲斗斗容为 2 m³ 的铲运机、Boomer K41 凿岩台车等。

1）矿用井下运输车

井下采用汽车运输矿石，必须获得国家《矿用产品安全标志证书》"KA"认证。如图 3-1 所示，载重 10 t 的矿用井下运输车长 5700 mm，宽 2050 mm，高 2200 mm，轴距 3260 mm。

2）铲运机

铲运机是一种利用铲斗铲削将碎土（石）装入铲斗进行运送的铲土运输机械，能够完成铲、装、运、卸和局部碾实的综合作业。铲运机根据铲斗大小的不同，可分为 0.75 m³、1 m³、1.5 m³、2 m³ 等多种型号。如图 3-2 所示，铲斗斗容为 2 m³ 的铲运机长 7309 mm，宽 1810 mm，高 2038 mm。

图 3-1　载重 10 t 的矿用井下运输车

图 3-2　铲斗斗容为 2 m³ 的铲运机

3）Boomer K41 凿岩台车

如图 3-3 所示，Boomer K41 是阿特拉斯·科普柯公司生产的适用于狭窄隧道和矿山巷道用的小型凿岩台车。设备主要尺寸如下：宽度 1220 mm；顶棚高度（最低）2010 mm；顶棚高度（最高）2710 mm；长度（配 BMH2X37 推进梁）10735 mm；最小离地间隙 240 mm；最小转弯半径 4570 mm；可覆盖最大断面：宽 4190 mm×高 4910 mm。

图 3-3　阿特拉斯 Boomer K41 液压凿岩台车

3.2　采准巷道设计

3.2.1　采准巷道断面设计

机械化上向水平分层充填法的采准工程主要包括阶段运输巷道、分段联络巷道、分层联络道、卸矿横巷、溜井、装矿巷道、充填回风井、采场联络道、穿脉、采区斜坡道等。由于矿体埋藏较浅，适宜采用斜坡道开拓、无轨运输的方式，以减少开拓系统投资，简化运输流程。井下主要的开拓井巷工程以及与机械化上向水平分层充填法配套的采准工程均采用无轨巷道的方式进行设计，巷道断面尽量保持一致。同时，由于上下盘矿岩均不稳固，布置采准工程时均需要加强支护，因此，设计在下盘布置采准工程。

根据本矿山的开采技术条件和优选的采矿方法，选择主要的无轨采掘设备包括：载重 10 t 的矿用井下运输车、铲斗斗容为 2 m³ 的铲运机、K41 凿岩台车等。由于上述设备均要从地表至井下的主斜坡道、中段运输巷道、分段联络巷道、卸矿横巷、专用充填回风平巷、采区斜坡道等主要采准巷道内通行，按照最大的设备通行宽度 2100 mm、高度 2200 mm 计算，主要采准巷道的断面设计如图 3-4 所示。

主要采准巷道内采用在矿体下盘布置无轨巷道的方式，净断面规格为宽 3.4 m×高 3.2 m。设计巷道均采用喷射混凝土支护，喷射砼强度等级 C25，喷射厚度 100 mm；遇破碎带、断层等不良地质条件时，考虑锚喷或其他临时支护形式，采用钢拱架或钢筋混凝土永久支护。主要采准巷道未设人行道，应确保行车不行人；其路面采用 200 mm 厚的 C30 混凝土硬化。

分层联络道和穿脉工程仅通行铲斗斗容为 2 m³ 的铲运机、K41 凿岩台车等设备，按照最大的设备通行宽度 1810 mm、高度 2038 mm 计算，次要采准巷道的断面设计如图 3-5 所示。

次要采准巷道采用在矿体下盘布置无轨巷道的方式，净断面规格为宽 3.1 m×高 2.8 m。设计巷道均采用喷射混凝土支护，喷射砼强度等级 C25，喷射厚度 100 mm；遇破碎带、断层等不良地质条件时，考虑锚喷或其他临时支护形式，采用钢拱架或钢筋混凝土永久支护。

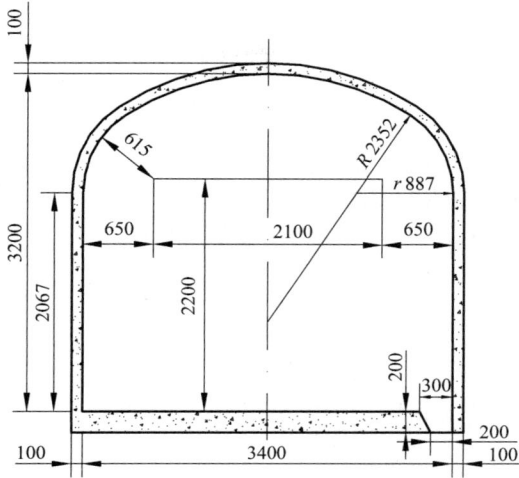

图 3-4 主要采准巷道断面设计

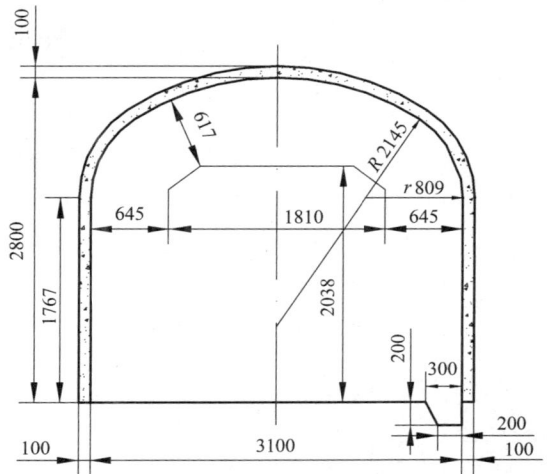

图 3-5 次要采准巷道断面设计

3.2.2 天溜井断面设计

考虑到矿体下盘围岩稳固性较差，且溜井通过的矿量大，服务周期长，溜井断面尺寸 $\phi2.5$ m，全高应采用锰钢板护壁支护，锰钢板与溜井壁之间的空隙应注入水泥砂浆。充填回风井是采场通风和下放充填料浆的重要通道，沿矿体倾向布置于采场一端靠近上盘的矿体中，同时兼作采场安全出口，断面尺寸 $\phi2.0$ m。如图 3-6 所示，充填回风井、溜井均由天井钻机施工，充填回风井不支护，溜井全高应采用 10 mm 锰钢板护壁支护，锰钢板与溜井壁之间的空隙应注入水泥砂浆。

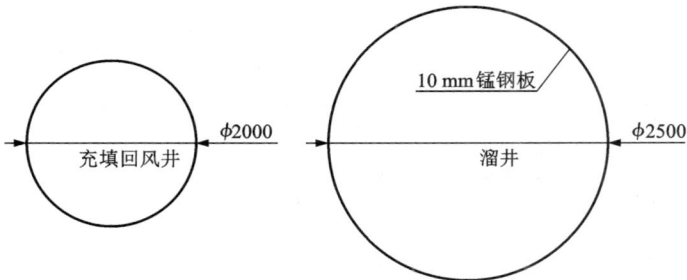

图 3-6 天溜井断面设计

3.3 采准与切割工作

采准工程包括阶段运输巷道、分段联络巷道、分层联络道、卸矿横巷、溜井、装矿巷道、充填回风井、采场联络道、穿脉、采区斜坡道等，采切工程量见表 3-1，矿量分配表见表 3-2。

表 3-1　机械化上向水平分层充填法标准矿块采切工程量

工程名称	条数	断面规格/(m×m 或 m)	断面面积/m²	单长/m 脉内	单长/m 脉外	单长/m 合计	总长/m 脉内	总长/m 脉外	总长/m 合计	工程量/m³ 脉内	工程量/m³ 脉外	工程量/m³ 合计	工业矿量/t
阶段运输巷道	1	3.4×3.2	10.10		60	60		60	60		606	606	
分段联络巷道	4	3.4×3.2	10.10		60	60		240	240		2424	2424	
分层联络道	12	3.1×2.8	8.04		20	20		240	240		1929.6	1929.6	
充填回风平巷	1	3.4×3.2	10.10		60	60		60	60		606	606	
溜井	0.5	φ2.5	4.9		50	50		25	25		122.5	122.5	
装矿巷道	4	3.4×3.2	10.10		15	15		60	60		606	606	
充填回风天井	1	φ2.0	0.79	50		50	50		50	39.5		39.5	110.6
穿脉	2	3.1×2.8	8.04		15	15		30	30		241.2	241.2	
采区斜坡道	1/10	3.4×3.2	10.10		52	52		5.2	5.2		52.52	52.52	
拉底巷道	1	3.4×3.2	10.10	18		18	18		18	181.8		181.8	509.04
合计							68	720.2	788.2	221.3	6587.82	6809.12	619.64
千吨采切比		6.95 m/kt(60.05 m³/kt)											

表 3-2　机械化上向水平分层充填法标准矿块矿量分配表

项目名称		体积/m³	工业矿量/t	回采率/%	贫化率/%	采出矿量/t 矿石	采出矿量/t 岩石	采出矿量/t 小计	占采出矿量比例/%
回采	盘区矿柱	2835	7938	85	10	6747.30	753.30	7497.00	6.98
	矿房回采	37045.36	103727.01	90	6	93354.31	5958.79	99313.10	92.46
	副产	619.64	1734.99	90	6	557.68	35.60	593.28	0.56
	矿块	40500	113400	88.76	6.28	100659.29	6747.69	107403.38	100

1）阶段运输巷道

阶段运输巷道沿走向布置在下盘脉外，距离矿体下盘边界 20 m，作为矿石运输主要通道。巷道断面尺寸 3.4 m×3.2 m（宽×高），最小转弯半径 10 m。

2）分段联络巷道

分段联络巷道沿走向布置在下盘脉外，距离矿体下盘边界 20 m，共划分 4 个分段，每个分段负责 3 个分层，分层高度 3.3 m，分段之间垂直高度为 10 m。巷道断面尺寸 3.4 m×3.2 m（宽×高），最小转弯半径 10 m。

3）分层联络道

从分段联络巷道在矿房中央位置掘进分层联络道通达矿体下盘，下向分层联络道为重车上坡，坡度不大于 15%；上向分层联络道为重车下坡，坡度不大于 20%。下向分层联络道采用普通掘进方法，水平分层联络道由下向分层联络道挑顶形成，上向分层联络道由水平分层联络道挑顶形成，挑顶崩落的废石，就地充填该分层联络道。断面尺寸 3.1 m×2.8 m（宽×高），最小转弯半径 6 m。

4）卸矿横巷

分段联络巷道和溜井之间用卸矿巷道连通，卸矿巷道与分段联络巷道间保证 6 m 以上的转弯半径，卸矿巷道长度应不小于铲运机长度，断面尺寸 3.4 m×3.2 m（宽×高）。

5）溜井

考虑到铲运机有效运输距离为 200 m 以内，溜井间距取 100 m，断面规格 φ2.5 m，溜井底部设置振动放矿机。分段间采用分支溜井连通。考虑到矿体下盘围岩稳固性较差，且溜井通过的矿量大，服务周期长，溜井全高应采用锰钢板护壁支护，锰钢板与溜井壁之间的空隙应注入水泥砂浆。

6）专用充填回风平巷

在每个阶段顶部靠近矿体上盘位置，布置一条专用充填回风平巷作为专用充填回风巷道（为保护专用回风巷道的安全，需要在回风巷道底板留设 3.3 m 的顶柱，阶段上行式回采时可在上一阶段回收），断面尺寸规格为 3.4 m×3.2 m（宽×高）。

7）充填回风井

充填回风井是采场通风和下放充填料浆的重要通道，沿矿体倾向布置于采场一端靠近上盘的矿体中，同时兼作采场安全出口。断面尺寸 φ2.0 m。

8）采区斜坡道

采区斜坡道是铲运机、凿岩台车、材料设备及人员在不同分段和中段之间实现自由快速移动的重要通道，断面尺寸 3.4 m×3.2 m（宽×高），最小转弯半径 12 m，最大坡度 15%。

9）穿脉

沿矿体厚度方向布置两个采场并行回采时，采场之间通过穿脉相互连通，断面尺寸规格为 3.1 m×2.8 m（宽×高）。

切割工作主要为拉底，在采场最下一分层自分层联络道垂直矿体布置一条拉底巷道，断面尺寸 3.4 m×3.2 m（宽×高）。以拉底巷道为自由面向两边扩帮，直至采场两边边界，为回采创造自由面，形成拉底空间。

第四章 回采工艺

4.1 凿岩爆破

采用液压凿岩台车凿岩,为了便于分层采场顶板的安全管理,采用水平炮孔的布孔方式。设计孔距1.0 m左右、排距0.8 m,边孔与采场轮廓线间距0.3 m,炮孔直径45 mm,孔深4 m(如图4-1和图4-2)。采用人工装填32 mm柱状药卷(采购装药台车后可改用装药台车装填粉状药),数码电子雷管起爆。为减小爆破震动,采用排间微差起爆方式。

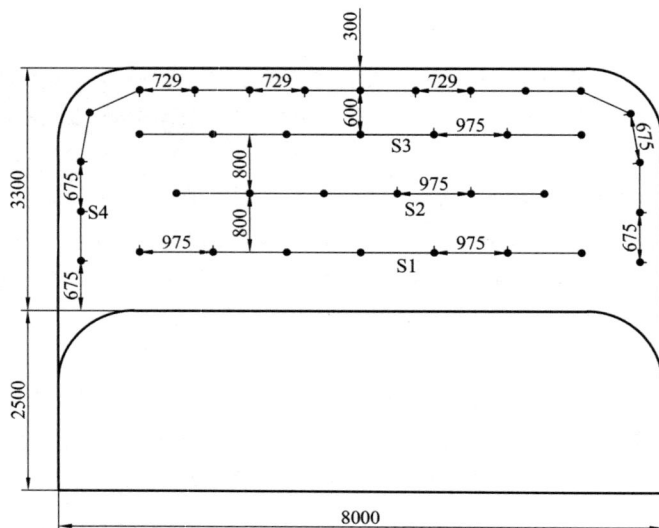

图 4-1 水平炮孔布置图(8 m 跨度采场)

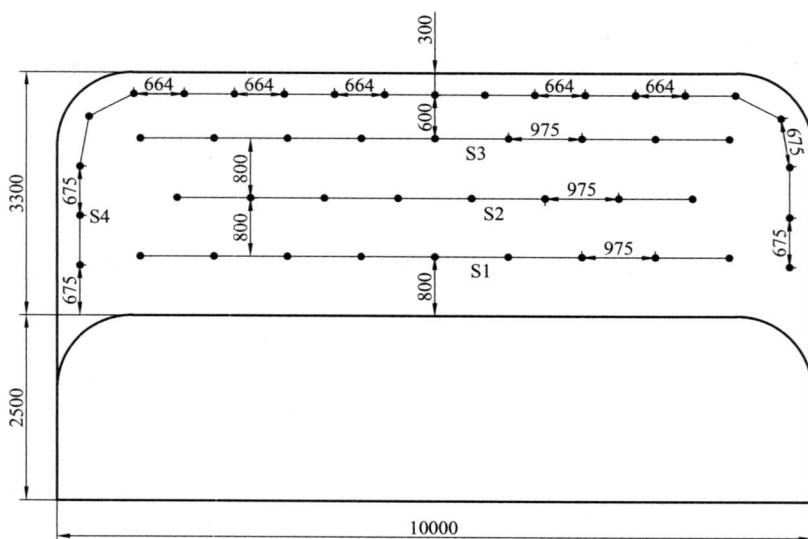

图 4-2 水平炮孔布置图(10 m 跨度采场)

1）炮孔数量

在一个分层内，凿岩高度是 3.3 m，其中一步回采宽度为 8 m，共需布置炮孔 37 个，孔深共 37×4＝148 m；二步回采宽度为 10 m，共需布置炮孔 47 个炮孔，孔深 47×4＝188 m。每个炮孔装药长度 3.2 m，堵塞长度 0.8 m。两步回采都需要 11 个循环，一步回采炮孔 407 个，孔深 1628 m；二步回采炮孔 517 个，孔深 2068 m；累计炮孔 924 个，累计孔深 3696 m。

2）循环崩矿量

$$Q = \alpha HLl \qquad (4-1)$$

式中：α 为矿石的容重，2.8 t/m³；H 为采幅高度，3.3 m；L 为一次崩矿总长度，一步回采 8 m，二步回采 10 m；l 为平均炮孔深度，4 m。

代入数据可得：

一步回采一次崩矿量：$Q = 2.8×3.3×8×4 = 295.7$ t；

二步回采一次崩矿量：$Q = 2.8×3.3×10×4 = 369.6$ t。

3）每米炮孔崩矿量

一步回采采场宽度 8 m，采用 2 号岩石乳化炸药，装药长度 3.20 m，炮泥堵塞长度 0.8 m；主爆孔 20 个，采用连续装药，药卷 ϕ32 mm、长 200 mm、150 g/节，单孔装药量为 2.4 kg，总装药量为 48 kg；光爆孔 17 个，减少装药量，药卷 ϕ27 mm、长 200 mm、100 g/节，单孔装药量 1.6 kg，总装药量为 27.2 kg；经计算炸药单耗为：(48+27.2)/295.7 = 0.254 kg/t，每米炮孔崩矿量为：295.7/148 = 2.00 t/m。

二步回采采场宽度 10 m，采用 2 号岩石乳化炸药，装药长度 3.20 m，炮泥堵塞长度 0.8 m；主爆孔 26 个，采用连续装药，药卷 ϕ32 mm、长 200 mm、150 g/节，单孔装药量为 2.4 kg，总装药量为 62.4 kg；光爆孔 21 个，减少装药量，药卷 ϕ27 mm、长 200 mm、100 g/节，单孔装药量 1.6 kg，总装药量为 33.6 kg；经计算炸药单耗为：(62.4+33.6)/369.6 = 0.26 kg/t，每米炮孔崩矿量为：369.6/188 = 1.97 t/m。

4）单个分层凿岩所用时间

$$T_{凿岩} = \frac{L}{np} \qquad (4-2)$$

式中：L 为单个分层凿岩炮孔长度，一步回采 1628 m，二步回采 2068 m；n 为矿房内需要的凿岩台车数目，1 台；p 为凿岩效率，取 400 m/台班。

代入数据可得，一步回采：1628/400≈4 台班；二步回采：2068/400≈5 台班。

4.2 通风

每次爆破后，必须经充分通风，通风时间不少于 40 min，人员才能进入采场。新鲜风流由分段联络巷道经分层联络道进入采场，冲洗工作面后，污风经充填回风天井，排入上中段回风巷道。为了改善通风效果，可以在充填井顶部设置辅扇加强通风。

4.3 出矿

经通风排出炮烟、顶板安全检查后，采用 2.0 m³ 铲运机铲装矿石，经分层联络道、分段联络巷道、卸矿巷道运至溜井卸至下部主运输水平。

铲运机出矿能力按下式计算：

$$Q_c = \frac{3600\mu\gamma k}{mt} \tag{4-3}$$

式中：Q_c 为铲运机理论出矿能力，t/h；μ 为铲斗容积，2 m³；γ 为矿石密度，2.8 t/m³；k 为铲斗装满系数，$k=0.85$；m 为矿石松散系数，$m=1.5$；t 为铲运机铲装、运、卸一斗的循环时间，s。

$$t = t_1 + t_2 + t_3 + t_4 + t_5 \tag{4-4}$$

式中：t_1 为装载时间，30 s；t_2 为卸载时间，20 s；t_3 为掉头时间，40 s；t_4 为其他影响时间，20 s；t_5 为空重车运行时间，s，$t_5=2l/v$（$2l$ 为装运卸一次作业循环往返运距，取 200 m；v 为铲运机的运行速度，取 2.2 m/s）。

铲运机的台班生产能力：

$$Q = Q_c Tq \tag{4-5}$$

式中：T 为班工作时间，取 8 h；q 为工时利用率，取 0.55。

由此可以估算出铲运机台班生产能力 $Q=250$ t/台班。

4.4 充填

一步矿房采用较高配比胶结充填，二步矿房充填采用低配比或非胶结充填。矿房第一分层和每分层胶面采用高标号胶结充填，3 d 龄期抗压强度不低于 1.0 MPa，以提高下阶段矿石回采率防止铲运机破坏充填体底板造成贫化，要求充填配比参数如表 4-1。

表 4-1　推荐充填配比参数

充填用途	3 d 强度/MPa	泌水率/%
胶面	1.0	<5
一步采打底充填	0.5	<5
二步采打底充填	0.2	<5

4.4.1 充填准备

所有需要充填的采场，充填前的准备工作包括：

（1）接长泄水管。由于脱滤水井人工架设工程量大，施工困难，为降低充填成本，提高分层充填效率，采用使用效果较好的 PVC 塑料脱水管（φ150 mm），在管壁均匀钻凿泄水孔，管外包裹两层纱布。脱水管采用快速活动接头，每分层充填前首先接长脱水管。

（2）构筑采场与联络道间的密闭墙。

（3）接通采场充填管路。从上中段穿脉经充填回风井或分层联络道往采场接通充填软管，并将充填软管用木质三脚架固定在适当位置，以便均匀充填。

（4）检查地表充填制备站与充填采场之间的通信系统和充填线路，确保充填管路无损坏泄漏情况。

4.4.2 充填挡墙构筑

采空区充填的关键工序之一是构筑封闭待充采空区与外界联系的通道，充填挡墙不仅要求承受采空区内充填浆体压力，而且要具有良好的脱滤水性能。如图 4-3 所示，钢筋网柔性充填挡墙采用圆钢+工字钢、钢丝网、双层土工布和钢丝网 4 层结构，构筑工艺如下：

（1）第 1 层框架横向采用 I12a 工字钢（或废旧钢轨），纵向采用 ϕ50 mm 圆钢，互为井字形结构，相互间距为 650 mm，工字钢横纵均与圆钢焊接，圆钢穿过翻边的土工布埋入周边岩体事先打好的孔内并用水泥砂浆封填，埋深不应小于 250 mm。

（2）钢丝网采用 8#钢丝网，第 2 层钢丝网夹在土工布和钢结构之间，第 4 层钢丝网在最内侧，绑扎在工字钢上。

（3）第 3 层土工布采用双层，夹在两层铁丝网中间，将土工布翻边后，经圆钢穿过锚固后，采用喷浆机喷浆固定在巷道上，土工布层应拉紧铺平，使其能够承受一定压力，但要避免拉拽过紧，防止大面积脱落和撕裂。

（4）充填挡墙外侧采用木斜撑支撑，上端按示意图捆绑牢固，下端置于梁窝内，梁窝深度不应小于 200 mm。

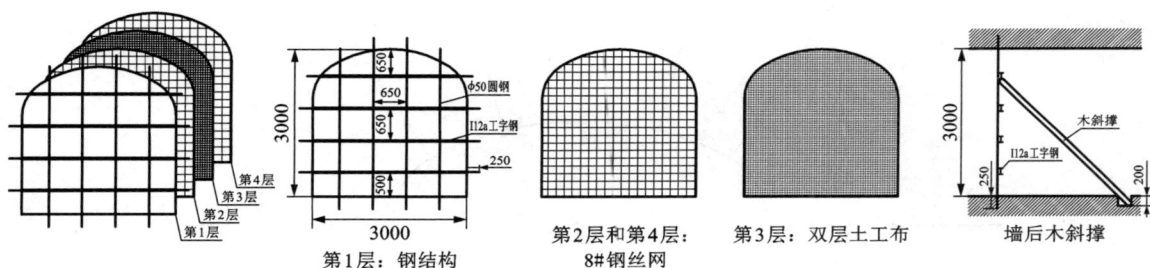

图 4-3　钢筋网柔性充填挡墙构筑工艺示意图

4.4.3　充填工作

充填准备工作完成后，即可进行采场充填，为保证充填质量应做到：

（1）通管水及洗管水严禁进入待充采场。

（2）要按设计留够最小作业高度。

（3）采场浇面层厚度 0.5 m。

（4）采场浇面层充填到位，达到可以通行凿岩台车和铲运机的条件后，方可进行下一分层的回采作业。

4.4.4　充填接顶

良好的接顶率是保障充填体支撑效果的有效途径。最后一个分层充填时，应使充填井处于顶板最高位置。

4.5　地压管理

1）采场顶板管理

采场爆破并经过有效通风排除炮烟后，安全人员进入采场清理顶板和边帮松石。如果顶板矿岩异常破碎，经撬毛处理后，仍无法保证正常作业，可考虑其他顶板支护方式，如悬挂金属网及布置锚杆等。

2）巷道或采场支护材料和方式

结合矿岩稳固性中等至差等的实际情况，主要采准工程巷道均布置在稳固性差的下盘内，因此必须要采用喷锚网的综合支护方式，以确保采准巷道的安全。

如图4-4所示，喷锚网支护设计锚杆直径20 mm、长度2.4 m，锚杆专用螺纹钢屈服强度400 MPa以上，采用加长锚固锚杆、端部机械化锚固与慢速固化锚固剂相结合的方法，既能达到对围岩施加预紧力，又能保证全长锚固，进而提支护效果。喷浆+锚杆+金属网联合支护密度设计为：间距0.5~0.9 m、排距0.8~1.0 m。金属网采用菱形铁丝网。为保持良好的自稳能力，应根据围岩收敛变形的现场情况，调整喷射混凝土的时间：第一，要做到及时初喷；第二，复喷应安排在巷道开挖相对稳定期后进行；第三，现场发现喷层破裂、剥落应及时进行补喷。

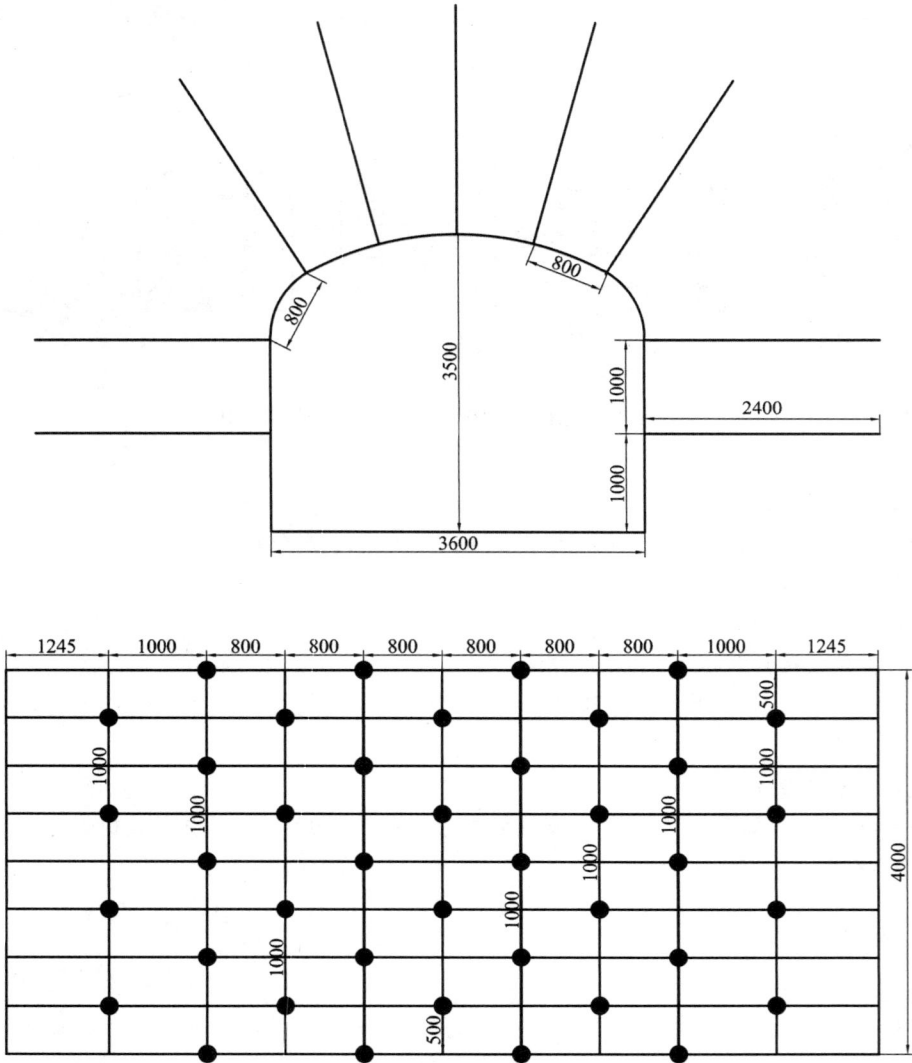

图4-4 采准巷道锚杆支护方案示意图

第五章   矿柱回采和采空区处理

5.1   矿柱回采

　　机械化上向水平分层充填法矿块垂直矿体走向布置，将矿体划分为一步矿柱、二步矿房交替布置，先采一步矿柱，后采二步矿房，因此未留设连续矿柱和点柱。机械化上向水平分层充填法矿房自下而上分层回采，每回采一个分层后，及时进行充填以维护上下盘围岩，并创造不断上采的作业平台。

　　当仅有一个中段同时生产，则采用自下而上的上行式开采工艺，因此不需要留设顶底柱，也不存在顶底柱回收的问题。当需要两个中段同时生产以满足采矿产能的要求的情况下，则往往需要在下阶段矿块内留设顶柱，顶柱高度为 3.3~3.4 m，即一个分层的高度，以避免两个生产中段的相互干扰。

　　为回收下阶段矿块内留设的顶柱，则需要在上阶段的第一个分层回采结束后，在采场内铺设钢筋网，构筑高强度人工假顶，并在人工假顶的保护下，进行下阶段矿块内留设顶柱的回采工作。

5.2   采空区处理

　　机械化上向水平分层充填法采用采一层充一层的充填工艺，采场回采结束后即刻进行充填，因此，不存在大规模暴露的采空区需要单独处理，相应的采场充填工艺见4.4节内容。本节仅论述与机械化上向水平分层充填法配套的地表充填制备工艺。

　　如图5-1所示，选厂产生的全尾砂浆体经渣浆泵泵送至深锥浓密机内，在重力和絮凝剂

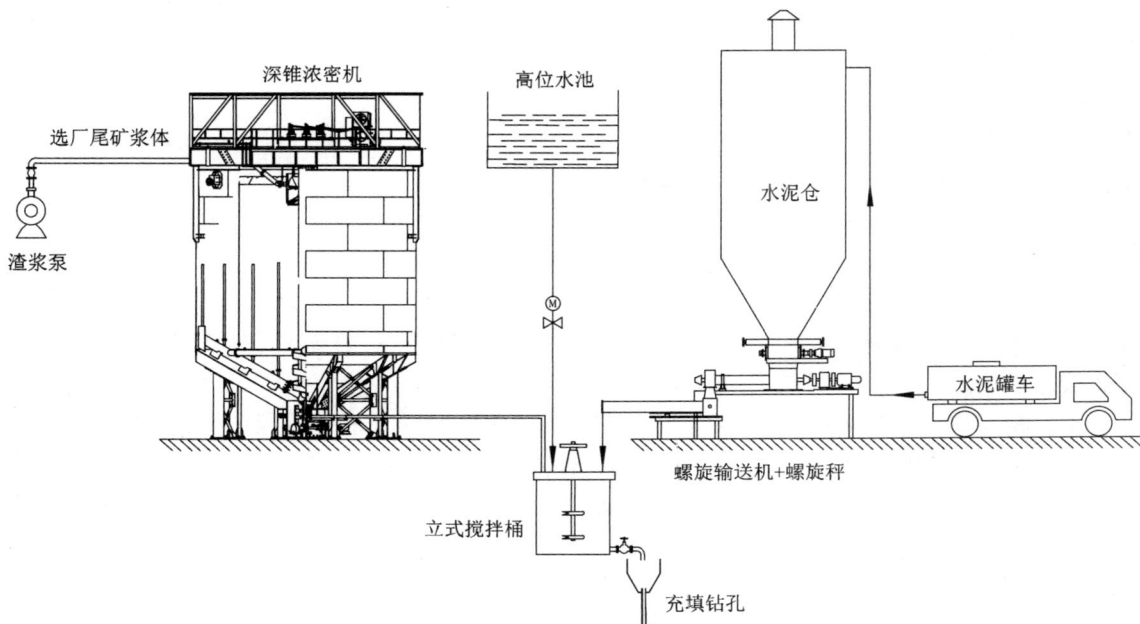

图5-1   深锥浓密机全尾砂充填系统

的共同作用下全尾砂快速沉降，形成浓度相对较高的底流和相对澄清的溢流。溢流水一般直接返回选厂循环利用，高浓度底流则从深锥浓密机底部放出，泵送至立式搅拌桶内。胶凝材料一般选用散装水泥，采用水泥罐车将其输送至充填站水泥仓内，通过精确计量后经螺旋输送机向搅拌桶均匀供料。充填用水一般由高位水池提供，浓缩后的全尾砂和水泥以及水在立式搅拌桶内，经高速搅拌、均匀拌和成合格的充填料浆，再经充填钻孔和管道输送至空区内。

为满足本矿山 50 万 t/a 的充填采矿需要，设计充填系统能力为 120 m^3/h，深锥浓密机直径 16 m、边墙高度 10 m(上部 2 m 为清水溢流层)，池底板锥角 30°，泥层总体积 1918 m^3。水泥仓选择购置成品 300 t 水泥仓，仓底接双轴称重式螺旋给料机向搅拌桶供料。此外，还在水泥仓顶部安装 HD 单机除尘器，在仓底部周围安装气化板。搅拌系统布置于充填厂房内，搅拌桶规格为 ϕ2000 mm×h2100 mm，有效容积为 5.9 m^3，满足搅拌质量要求。

第六章 采矿方法技术经济指标

6.1 矿块生产能力

6.1.1 一步回采生产能力

(1)单分层凿岩时间：按照一次循环 1 班，则单分层凿岩共需要 11 班，按 12 层计算共需要 132 班。

(2)单分层装药爆破时间：按照一次循环 1 班，则共需要 11 班，按 12 层计算共需要 132 班。

(3)单分层通风时间：按照一次循环 1 班，则共需要 11 班，按 12 层计算共需要 132 班。

(4)单分层出矿时间：295.7×11/250＝13 台·班，按 12 层计算共需要 156 班。

(5)充填与养护时间：单个分层充填准备时间 2 d，即 6 班；纯充填时间需要 2 班；充填结束后养护时间不得低于 72 h，因此按照 9 班计算；故单层充填与养护时间合计 17 班，按 12 层计算共需要 204 班。

(6)合计 756 班。

生产能力：45×50×8×2.8×3/756＝200 t/d。

6.1.2 二步回采生产能力

(1)单分层凿岩时间：按照一次循环 1 班，则单分层凿岩共需要 11 班，按 12 层计算共需要 132 班。

(2)单分层装药爆破时间：按照一次循环 1 班，则共需要 11 班，按 12 层计算共需要 132 班。

(3)单分层通风时间：按照一次循环 1 班，则共需要 11 班，按 12 层计算共需要 132 班。

(4)单分层出矿时间：369.6×11/250＝16 台班，按 12 层计算共需要 192 班。

(5)充填与养护时间：单个分层充填准备时间 2 d，即 6 班；纯充填时间需要 2 班；充填结束后养护时间不得低于 72 h，因此按照 9 班计算；故单层充填与养护时间合计 17 班，按 12 层计算共需要 204 班。

(6)合计 792 班。

生产能力：45×50×10×2.8×3/792＝239 t/d。

6.1.3 矿块生产能力计算

（1）生产能力：45×50×18×2.8×3/1548＝220 t/d。

（2）同时生产矿块数量：按照每年工作330天计，要达到40万t/a或50万t/a，分别需要同时生产6个或7个矿块。

6.2 采矿成本

根据类似条件矿山经验，计算机械化上向水平分层充填法采矿成本见表6-1。

表6-1 机械化上向水平分层充填法采矿成本表

序号	成本项目	单位	单价/元	单耗	单位成本/(元·t⁻¹)
一、	原、辅助材料				
1	炸药	kg	12.69	0.2	2.54
2	非电雷管	发	2.93	0.2679	0.78
3	延期雷管	个	6.7	0.001608	0.01
4	导爆管	m	0.76	1.5	1.14
5	钎钢	kg	5	0.048	0.24
6	钻头	个	30.77	0.045	1.38
7	轮胎	条	9000	0.000102	0.92
8	坑木	m³	600	0.0027	1.62
9	柴油	kg	8	0.12	0.96
10	机油	kg	3.85	0.05	0.19
11	钢丝绳	kg	9.4	0.04	0.38
12	水泥	t	340	0.02956	10.05
13	水	t	0.8	0.06224	0.06
14	圆钢	kg	6.6	0.07	0.46
15	泄滤水井材料				0.58
16	电	kWh	0.5	34.37	17.19
17	其他				4.72
小计					43.23
二、	工资福利				9.92
三、	固定性制造费				2.12
四、	维检费				8.00
五、	资源税				10.00
六、	矿产资源补偿费				0.40
合计					73.65

6.3 主要技术经济指标

机械化上向水平分层充填法主要技术经济指标见表6-2。

表6-2 机械化上向水平分层充填法主要技术经济指标

序号	指标		单位	数值	备注
1	矿体厚度		m	60	平均厚度
2	矿体倾角		°	75	平均倾角
3	矿块构成要素	长	m	60	夹石 15 m
		宽	m	90	
		高	m	50	
4	分层高度		m	3.3	
5	回采率		%	88.76	
6	贫化率		%	6.28	
7	千吨采切比		m/kt	6.95	
			m³/kt	60.05	
8	铲运机出矿能力		t/台班	250	WJ-2 铲运机
9	单位炸药消耗量	一步回采	kg/t	0.254	
		二步回采		0.260	
10	每米炮孔崩矿量	一步回采	t/m	2.00	
		二步回采		1.97	
11	生产能力	一步回采		200	
12		二步回采	t/d	239	
13		矿块		220	

第七章 安全技术措施

为确保矿山生产实现本质安全,应严格按照《金属非金属矿山安全规程》(GB 16423—2020)和《爆破安全规程》(GB 6722—2014)的安全操作规程以及有关矿山规章制度的相关要求进行采矿作业活动,树立安全意识,杜绝安全事故。

7.1 凿岩爆破与掘进施工

(1)严格按《爆破安全规程》(GB 6722—2014)和设计图纸进行炮孔施工、连线和爆破等工作,各同时工作采场爆破时间应尽量统一。

(2)炮孔钻凿完毕后需有专人进行测量验孔,无特殊情况下钻孔未达到设计深度或钻孔角度偏差过大时，应延缓装药，重新补孔后再实施装药工作。

(3)专人严格按设计进行数码电子雷管起爆网路的连接，已经联好的网路经检查合格后，应由专人看护防止起爆网路遭到破坏。

(4)爆破作业过程中，需做好起爆雷管、连接雷管和导爆索附近的安全措施，清理周围碎石，防止飞石导致起爆网路断路。

(5)需精心组织爆破实施工作，有必要设置专门的爆破安全管理小组，加强爆破警戒，爆破实施前，所有井下人员(除起爆人员)必须撤离至警戒点之外，所有机械设备撤离至井下爆破安全警戒线之外的稳固巷道中。

(6)爆破后必须保证充分通风时间(采用局扇压抽混合通风，其时间应不少于40 min)，确认排出炮烟后，人员、设备方能进入工作面进行下一工作循环。

(7)各掘进巷道100 m范围内有其他巷道掘进爆破作业，本巷道工作人员躲炮后回到本工作面工作前，必须首先检查顶板，以避免临近巷道掘进爆破对本巷道顶板稳固性造成破坏而引发安全事故。

(8)各掘进及回采工作面应设局扇辅助通风以满足排尘和排烟风量，掘进工作面中空气的含氧量不低于20%，风速不低于0.25 m/s，CO浓度不得大于24×10^{-6}。

(9)在施工时如遇到顶帮矿岩松软、层理、节理较发达、地质构造复杂的地段，除了一般的敲帮问顶工作外，还应加强支护，视稳固情况灵活采取锚杆支护、喷锚网支护、钢拱架或钢筋混凝土永久支护。

7.2 矿房回采与出矿

(1)人员需要进入的采场应有良好的照明。

(2)每个采场必须严格按照设计施工，确保至少2个安全出口，同时形成贯穿风流通风。采场中的顺路行人井、溜矿井、充填回风井、泄水井，应保持畅通。

(3)所有的回采采场、独头巷道掘进工作面以及通风困难地段必须采用局扇+风筒进行辅助通风。

(4)采场爆破并经过有效通风排除炮烟后，必须先清理顶帮松石后，人员才能进入采场。如果顶板矿岩异常破碎，经撬毛处理后，仍无法保证正常作业，可考虑其他顶板支护方式，如喷射混凝土、悬挂金属网及布设锚杆等。

(5)采场控顶高度不宜大于4.5 m，当采场有撬毛台车可保证作业安全时，控顶高度可为6~8 m。

(6)鉴于矿山部分地段工程地质条件复杂，采空区存在安全隐患，在生产过程中，严格坚持"有疑必探，先探后掘"的原则。工作面或其他地点发现异常现象时，应立即停止工作，上报相关部门和主管领导，撤出所有可能受威胁人员，并及时采取措施进行处理。

(7)用组合式钢筒作行人、滤水、放矿的顺路天井时，钢筒组装作业前应在井口悬挂安全网。

(8)溜矿井底部应按要求安装振动放矿机出矿，为防止上下出矿分段相互干扰，各分段溜井开口处应安装安全隔离门；当上分段进行卸矿作业时，下部各分段隔离门应保持关闭状态，禁止人员通过，以确保人员安全。

(9)溜井不应放空，大块矿石、废旧钢材、木材和钢丝绳等杂物严禁进入井内，溜井口不应有水流入，人员不应直接站在溜井、漏斗内堆存的矿石上或进入溜井与漏斗内处理堵塞，采用特殊方法处理溜井堵塞应经矿山企业主要负责人批准。

7.3 充填与养护

(1) 为保证采空区稳定，采场出矿完毕后应及时进行充填，避免因空区暴露时间过长出现冒顶、片帮等状况；最后一个分层回采完后应接顶密实。

(2) 应设立充填安全巡检员：在充填作业前负责检查充填管路连接处是否有断裂、变形，阀门开启关闭是否灵活、可靠、到位，清洗管路时检查管路有否漏水现象，井下与充填站的通信线路是否通畅，充填挡墙有无漏点，无误后通知充填站开始正式充填作业；充填时控制三通阀门开闭，勿将洗管水排至采场内，同时巡检充填管路，观察充填动态，发现异常应立即上报，必要时立即通知充填站停止充填作业。

(3) 采场两帮和下层的充填体必须达到足额的养护时间，满足设计的强度要求。

(4) 采用两步骤上向水平分层充填法采矿时，一步骤人工矿柱两侧采场应错开一定距离。

7.4 安全教育与管理

(1) 落实领导带班下井与班前会议制度。

(2) 加强安全监督管理和教育，制订矿山安全事故处理应急预案，万一出现安全事故，应按该应急预案实施救援等措施。

(3) 严格遵守《金属非金属矿山安全规程》(GB 16423—2020)及其他有关法律法规规定的安全技术措施。

(4) 除了上述安全技术措施外，生产过程中要加强实时安全检查，保证每个工作班组都有专职安全人员，在各生产工作面进行不间断安全巡查，发现问题及时处理。

7.5 设计图纸

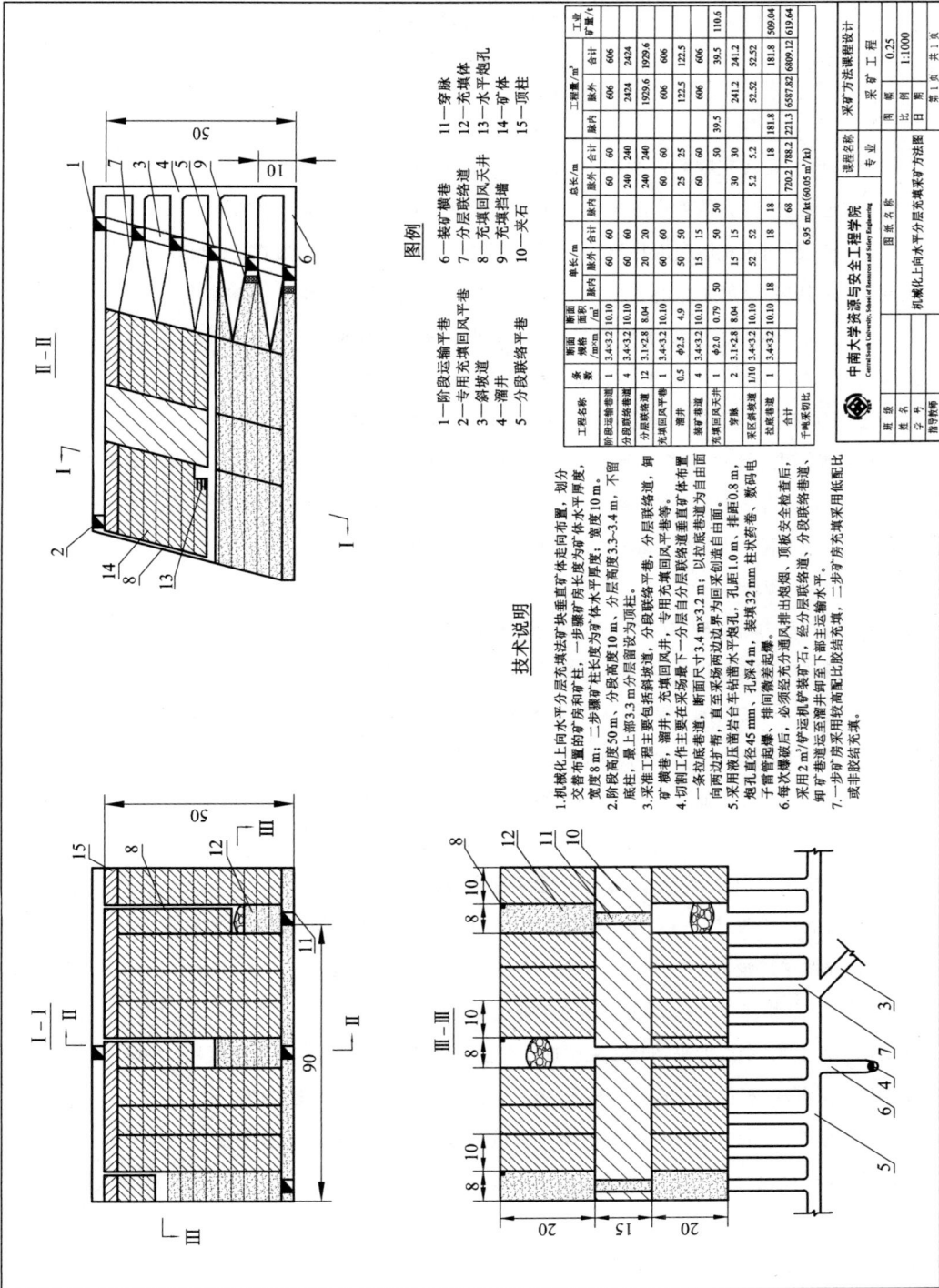

图例

1—阶段运输平巷	6—装矿横巷	11—穿脉
2—专用充填回风平巷	7—分层联络道	12—充填体
3—斜坡道	8—充填回风天井	13—水平炮孔
4—溜井	9—充填挡墙	14—矿体
5—分段联络平巷	10—夹石	15—顶柱

技术说明

1. 机械化上向水平分层充填法将矿块重直矿体走向布置,划分交替布置的矿房和矿柱。一步骤矿房长度为矿体水平厚度,宽度10 m,不留底柱。最上留3.3 m分层留设为顶柱。
2. 阶段高度50 m;分段高度10 m。
3. 采准工程主要包括斜坡道、分段联络平巷、充填回风天井、专用充填回风平巷、分层联络平巷、装矿横巷、溜井、充填回风天井、充填挡墙等。
4. 切割工程在采场最下一分层自分层联络道重直矿体布置,断面尺寸3.4 m×3.2 m;以拉底成巷道为自由面,向两边扩帮,直至采场最下一分层联络道为拉底巷道。
5. 采用液压凿岩台车钻水平炮孔,孔距1.0 m,排距0.8 m,装填32 mm柱状药卷,数码电子雷管起爆,孔内微差爆破。
6. 每次爆破后,必须充分通风排出炮烟,顶板安全检查后,采用2 m³铲运机铲装矿石,经分层联络道、装矿横巷卸入溜井,卸矿溜斗运至下部主运输水平。
7. 一步骤采用高配比胶结充填,二步骤矿房充填采用低配比或非胶结充填。

工程名称	条数规格	断面规格/mm·m	断面面积/m²	单长/m 脉外	脉内	合计	总长/m 脉外	脉内	合计	工程量/m³ 脉外	脉内	合计	工业矿量/t 合计
阶段运输平巷	1	3.4×3.2	10.10	60		60	60		60	606		606	606
分段联络道	4	3.4×3.2	10.10	60		60	240		240	2424		2424	2424
充填联络道	12	3.1×2.8	8.04	20		20	240		240	1929.6		1929.6	1929.6
矿横巷	0.5	φ2.5	4.9	50		50	25		25	122.5		122.5	122.5
溜井	4	3.4×3.2	10.10	15		15	60		60	606		606	606
充填回风天井	2	φ2.0	0.79	50		50	30		30	39.5		39.5	110.6
穿脉	1/10	3.1×2.8	8.04	15		15	15		15	241.2		241.2	241.2
采区斜坡道	1	3.4×3.2	10.10	52		52	5.2		5.2	52.52		52.52	52.52
拉底巷道	1	3.4×3.2	18		18	68			18	181.8		181.8	509.04
合计									720.2	788.2	221.3	6587.82	6809.12	619.64
千吨采切比						6.95 m³/kt(60.005 m³/kt)							

中南大学资源与安全工程学院
Central South University, School of Resources and Safety Engineering

课程名称	采矿方法课程设计		专业	采矿工程
	图名称	机械化上向水平分层充填采矿方法图		
班级			间图	1:1000
姓名			比例	0.25
学号			日期	
指导教师			第1页 共1页	

参考文献

[1] 李帅，王新民.当代充填采矿法[M].长沙：中南大学出版社，2024.

[2] 李帅，王新民.当代充填采矿技术及应用[M].长沙：中南大学出版社，2024.

[3] 李帅，王新民.当代充填理论基础与工程应用[M].长沙：中南大学出版社，2024.

[4] 张钦礼，王新民.金属矿床地下开采技术[M].长沙：中南大学出版社，2016.

[5] 解世俊.金属矿床地下开采[M].北京：冶金工业出版社，2008.

[6] 任凤玉.金属矿床地下开采[M].北京：冶金工业出版社，2018.

[7] 何晓光.金属矿床地下开采[M].北京：中国石化出版社，2020.

[8] 王新民，古德生，张钦礼.深井矿山充填理论与管道输送技术[M].长沙：中南大学出版社，2010.

[9] 王新民，肖卫国，张钦礼.深井矿山充填理论与技术[M].长沙：中南大学出版社，2005.

[10] 王运敏.现代采矿手册[M].北京：冶金工业出版社，2011.

[11] 王运敏.中国采矿设备手册[M].北京：科学出版社，2007.

[12] 李夕兵.岩石动力学基础与应用[M].北京：科学出版社，2014.

[13] 李夕兵.凿岩爆破工程[M].长沙：中南大学出版社，2011.

[14] 刘爱华，李夕兵，赵国彦.特殊矿床资源开采方法与技术[M].长沙：中南大学出版社，2009.

[15] 陈玉民，李夕兵.海底大型金属矿床安全高效开采技术[M].北京：冶金工业出版社，2013.

[16] 古德生，李夕兵.现代金属矿床开采科学技术[M].北京：冶金工业出版社，2006.

[17] 古德生.采矿手册[M].长沙：中南大学出版社，2022.

[18] 于润沧.采矿工程师手册[M].北京：冶金工业出版社，2009.

[19] 于润沧.金属矿山胶结充填理论与工程实践[M].北京：冶金工业出版社，2020.

[20] 刘同有.充填采矿技术与应用[M].北京：冶金工业出版社，2001.

[21] 王青，任凤玉.采矿学[M].北京：冶金工业出版社，2013.

[22] 徐文彬，宋卫东.高浓度胶结充填采矿理论与技术[M].北京：冶金工业出版社，2016.

[23] 蔡嗣经，王洪江.现代充填理论与技术[M].北京：冶金工业出版社，2012.

[24] 郑西贵，杨军伟，胡国忠.采矿概论[M].徐州：中国矿业大学出版社，2022.

[25] 陈国山.采矿概论[M].北京：冶金工业出版社，2016.

[26] 陈国山，李毅.采矿学[M].北京：冶金工业出版社，2013.

[27] 张晓宇.采矿学[M].长春：吉林大学出版社，2015.

[28] 马立峰.矿山机械[M].北京：冶金工业出版社，2021.

[29] 任瑞云，卜桂玲.矿山机械与设备[M].北京：北京理工大学出版社，2019.

[30] 张遵毅，聂兴信.矿山机械与运输[M].北京：冶金工业出版社，2023.

[31] 彭苏萍.绿色矿山先进适用装备技术[M].北京：地质出版社，2023.

[32] 邹光华，田多.采矿新技术[M].徐州：中国矿业大学出版社，2013.

[33] 杜计平，孟宪锐.采矿学[M].徐州：中国矿业大学出版社，2008.

普通高等教育新工科人才培养采矿工程专业精品教材

《当代充填采矿法》

《当代充填采矿技术及应用》

《当代充填理论基础与工程应用》

■ 《矿床地下开采学》

责任编辑：伍华进

装帧设计：易　勇

ISBN 978-7-5487-5880-8

定价：45.00元

9787548758808